U0182004

国家出版基金项目
NATIONAL PUBLICATION FOUNDATION

"十三五"国家重点出版物出版规划项目

光电子科学与技术前沿丛书

有机热电：从材料到器件

朱道本 等/著

科学出版社
北京

内 容 简 介

有机热电是有机电子学和能源领域的交叉前沿研究方向之一，自 2010 年以来取得快速发展。作为快速起步的新兴研究方向，有机热电材料与器件缺乏聚焦该方向的专著。本书围绕分子体系的热电能量转换过程、机制、功能与应用，系统阐述有机热电领域的发展机遇、现状与挑战，对推动该领域的快速发展具有重要学术价值。本书根据该领域的特点和自身发展现状，并结合作者多年的研究积累及对相关原始文献的解读，系统介绍有机热电材料与器件。尤其是从分子体系热电转换的基本原理与机制出发，重点介绍有机热电材料的设计策略与基本思想、有机热电器件的构建技术与集成方法，系统介绍有机热电的研究方向、前沿进展和发展趋势，期望形成对相关学科领域的系统认知。

本书可以作为化学、能源、材料等专业师生学习的教材，也可作为相关领域研究人员的参考读物。

图书在版编目(CIP)数据

有机热电：从材料到器件/朱道本等著. —北京：科学出版社，2020.9
（光电子科学与技术前沿丛书）

"十三五"国家重点出版物出版规划项目　国家出版基金项目

ISBN 978-7-03-065830-2

Ⅰ. 有… Ⅱ. 朱… Ⅲ. 热电器件 Ⅳ. TN37

中国版本图书馆 CIP 数据核字(2020)第 151901 号

责任编辑：张淑晓　付林林/责任校对：杜子昂
责任印制：吴兆东/封面设计：黄华斌

科 学 出 版 社 出版
北京东黄城根北街 16 号
邮政编码：100717
http://www.sciencep.com
北京虎彩文化传播有限公司 印刷
科学出版社发行　各地新华书店经销
*
2020 年 9 月第 一 版　开本：720×1000 1/16
2024 年 1 月第四次印刷　印张：16 1/2 插页：2
字数：315 000

定价：138.00 元
（如有印装质量问题，我社负责调换）

丛书序

光电子科学与技术涉及化学、物理、材料科学、信息科学、生命科学和工程技术等多学科的交叉与融合，涉及半导体材料在光电子领域的应用，是能源、通信、健康、环境等领域现代技术的基础。光电子科学与技术对传统产业的技术改造、新兴产业的发展、产业结构的调整优化，以及对我国加快创新型国家建设和建成科技强国将起到巨大的促进作用。

中国经过几十年的发展，光电子科学与技术水平有了很大程度的提高，半导体光电子材料、光电子器件和各种相关应用已发展到一定高度，逐步在若干方面赶上了世界水平，并在一些领域实现了超越。系统而全面地整理光电子科学与技术各前沿方向的科学理论、最新研究进展、存在问题和前景，将为科研人员以及刚进入该领域的学生提供多学科、实用、前沿、系统化的知识，将启迪青年学者与学子的思维，推动和引领这一科学技术领域的发展。为此，我们适时成立了"光电子科学与技术前沿丛书"专家委员会，在丛书专家委员会和科学出版社的组织下，邀请国内光电子科学与技术领域杰出的科学家，将各自相关领域的基础理论和最新科研成果进行总结梳理并出版。

"光电子科学与技术前沿丛书"以高质量、科学性、系统性、前瞻性和实用性为目标，内容既包括光电转换导论、有机自旋光电子学、有机光电材料理论等基础科学理论，也涵盖了太阳电池材料、有机光电材料、硅基光电材料、微纳光子材料、非线性光学材料和导电聚合物等先进的光电功能材料，以及有机/聚合物光电子器件和集成光电子器件等光电子器件，还包括光电子激光技术、飞秒光谱技术、太赫兹技术、半导体激光技术、印刷显示技术和荧光传感技术等先进的光电子技术及其应用，将涵盖光电子科学与技术的重要领域。希望业内同行和读者不吝赐教，帮助我们共同打造这套丛书。

在丛书编委会和科学出版社的共同努力下，"光电子科学与技术前沿丛书"获得 2018 年度国家出版基金支持，并入选了"十三五"国家重点出版物出版规划项目。

我们期待能为广大读者提供一套高质量、高水平的光电子科学与技术前沿著作，希望丛书的出版为助力光电子科学与技术研究的深入，促进学科理论体系的建设，激发创新思想，推动我国光电子科学与技术产业的发展，做出一定的贡献。

最后，感谢为丛书付出辛勤劳动的各位作者和出版社的同仁们！

"光电子科学与技术前沿丛书"编委会

2018 年 8 月

前　言

　　自 T. J. Seebeck 博士于 1821 年发现热电转换的第一个物理效应之后，热电材料研究经历了漫长的发展过程。直至 20 世纪 50 年代，得益于窄带隙半导体的发展，热电材料的性能才得到大幅提升。90 年代以来，人们相继提出声子玻璃–电子晶体理论模型和低维热电材料调控方法，热电材料实现性能突破，开始向广阔应用的方向发展。近年来，鉴于柔性电子器件在健康监测与物联网等战略新兴领域的重大应用前景，柔性化低温热致发电与制冷器件成为能源领域的重要研究方向。有机热电材料具有柔性好、本征热导率低和室温区性能优异等特点，是满足该领域发展需求的关键材料体系之一。有机热电在过去 10 年中开始得到关注并取得快速发展，多种材料体系的室温热电优值超过 0.1，器件功能应用范围不断拓展，持续扩充热电材料与有机电子学的科学内涵。

　　过去 50 余年我一直从事导电分子体系的研究，有幸经历了有机热电材料领域的孕育和快速发展期。早在 20 世纪 80 年代，我们开始利用塞贝克(Seebeck，也有人译为泽贝克)效应研究有机导体的电荷输运这一基本科学问题，2005 年以来部署课题组较为全面地开展导电分子体系的热电性能与器件功能化研究。本书以课题组的研究积累为基础，试图全面梳理和总结有机热电材料领域的最新研究成果，阐述分子体系热电能量转换性能提升的策略与方法，希望对相关领域的研究人员有所帮助，并促进我国有机热电领域科学研究的快速发展。

　　本书按照热电转换的基本效应与机制—有机热电材料体系—器件构建和测试方法的顺序展开，共分 8 章。第 1 章绪论中简述热电能量转换的基本效应、有机热电领域的发展概况和关键科学问题，由朱道本、狄重安、邹业执笔；第 2 章介绍有机热电的基本过程与机制，由张凤娇、邹业执笔；第 3～5 章介绍 p 型、n 型以及复合与杂化的有机热电材料的研究发展和性能优化策略，由孙祎萌执笔；

第 6 章介绍有机体系离子热电能量转换的基本原理和研究进展，由焦飞执笔；第 7 章介绍有机热电材料的主要器件结构、制备技术和功能化策略，由狄重安执笔；第 8 章介绍有机热电材料核心参数的测试方法和关键影响因素，由狄重安、张凤娇执笔。全书由朱道本和狄重安统稿。

本书基本素材主要取自作者研究团队多年来的创新研究成果，同时汇聚了国内外有机热电材料与器件研究的论文与专利，在撰写过程中得到国内外同行的大力支持！衷心感谢本团队老师和研究生对科研工作的贡献！在本书的写作过程中，承蒙美国化学会、施普林格·自然出版集团、英国皇家化学会、约翰·威利、爱思唯尔、美国物理联合会等机构主办的诸多学术刊物的惠允，引用了大量的图表。在此，一并表示诚挚的谢意。

在本书的出版过程中，我们得到了科学出版社的大力支持和鼓励，并得到国家出版基金的资助，在此表示衷心的感谢。

限于作者水平与精力，书中难免存在疏漏或不当之处，敬请读者批评指正。

朱道本

2020 年 2 月于中国科学院化学研究所

目 录

第 *1* 章

绪　论

1.1　有机热电材料的发展概况

　　21 世纪以来,能源问题和环境问题日益凸显,成为人类共同面对的重大挑战,发展绿色能源转换方式是应对这两大挑战的重要研究方向。从能量利用效率考虑,目前世界能源利用效率总体不足 40%,剩余的能量主要以热量形式散失。从能量来源结构考虑,太阳能可提供规模巨大的能量,以光伏和光热为代表的太阳能转换将在未来 10~30 年发展成为极为重要的清洁能量来源。从应用需求的趋势考虑,以便携和可穿戴为特征的分散式能源供给方式开始得到人们关注,环境热甚至人体热的利用正在孕育新的能源产业。这些领域性发展趋势表明热能的高效应用是能源领域的重要方向。

　　热电材料可以实现热能和电能的直接转换,为废热与自然界热提供简单有效的利用方式。1821 年,德国科学家 Seebeck 发现两种不同金属连接处的温差导致磁针偏转的现象,后续研究表明该现象是由于温差引起电势差,进而引起电流回路和磁场变化。这一实验现象描述了热电能量转换的首个物理效应——塞贝克效应(Seebeck effect,也称泽贝克效应)。之后,法国科学家 Peltier 于 1834 年发现两种金属的闭合回路中的不同接头处会出现放热和吸热现象,从而衍生了另一热电效应——珀尔帖效应(Peltier effect,也称佩尔捷效应、帕尔贴效应),基于该效应可以实现电致加热与制冷。1855 年,英国科学家 Thomson 从理论角度解析了塞贝克效应和珀尔帖效应的关系,在此基础上发现了汤姆逊效应(Thomson effect,也称汤姆孙效应)。这三种热电基本效应和焦耳热效应共同构成了描述热电能量转换过程的物理基础。

　　热电效应发现后的 100 年内,热电材料领域整体发展相对缓慢,材料种类集中于金属材料,应用范围十分狭窄,主要用于测温热电偶。20 世纪前期和中期,伴随着量子力学与半导体理论的出现和快速发展,人们发展了以 Bi_2Te_3、$PbTe$ 等为代表的窄带隙半导体，热电材料的性能开始快速提升，ZT 值 (thermoelectric figure of merit，热电优值，或称温差电优值) 接近 1.0[1]。尽管基于热电材料的温差发电和固态制冷器件开始走向应用，但热电体系的理论模型并不完善，性能也有待进一步提高。自 20 世纪 90 年代以来，人们相继提出声子玻璃-电子晶体理论模型、低维热电材料设计策略以及材料结构跨尺度调控方法，直接推动热电材料的基本理论、材料种类、技术体系的大幅拓展，热电优值突破 1.0，功能应用得以长足发展。近年来，鉴于柔性电子器件在人工智能、健康监测与物联网等新兴领域的重大应用前景，热电材料开始呈现多种新的发展趋势。一是持续拓展新的材料体系和性能调控方式，发展新一代材料并带动热电优值的新突破；二是开发高性能的中低温柔性热电材料，拓展热电材料在微温差发电方面的应用；三是发挥热电材料可逆能量转换的优势，推动热电材料在固态制冷等方面的广泛应用。

分子材料是靠分子间弱相互作用聚集的材料体系，这类材料的结构特征和聚集方式使其具有独特的功能性质。就热电功能而言，有机热电材料具有柔性好、本征热导率低和室温区性能优异等特点，在低温微温差发电和制冷等方面具有优势，有望和传统的无机热电材料互补，成为新一代柔性电子器件的重要能源器件之一。尽管有机热电近年来才开始得到关注，但早在 20 世纪 80 年代人们就已经开始利用塞贝克效应研究分子晶体电荷输运的关键科学问题。1986 年，中国科学院化学研究所的朱道本研究员与德国 Schweitzer 教授等研究了二维有机导体 β-(BEDT-TTF)$_2$BrI$_2$ 的电学性质 (图 1-1)[2]。他们不仅精确测定了 β-(BEDT-TTF)$_2$BrI$_2$ 在不同温度下的塞贝克系数，还发现塞贝克系数随温度变化产生的符号变化，证明了这类材料优异的双极性电荷输运行为。值得注意的是，这一材料在不同温度区间的 p 型和 n 型热电功率因子分别达到了 2.2 μW/(m·K^2) 和 0.05 μW/(m·K^2)，是十分优异的有机热电材料体系。这些前期研究进展为有机热电在近年来的快速发展奠定了基础。

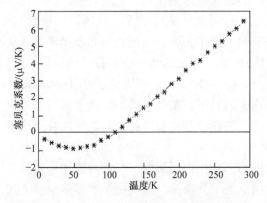

图 1-1 β-(BEDT-TTF)$_2$BrI$_2$ 单晶的塞贝克系数随温度的变化曲线[2]

　　有机热电材料性能的大幅提升和快速发展主要得益于聚 3, 4-乙撑二氧噻吩聚合物（PEDOT）和乙烯基四硫醇镍的金属配位聚合物体系 poly[K_x(Ni-ett)]在过去 10 年内的性能突破[3-5]。在 p 型材料方面，PEDOT 是目前研究得最为广泛的导电聚合物，在有机薄膜太阳电池、透明电极等方面展现了广阔的应用前景。借鉴前人对导电分子体系的研究，韩国高丽大学 Joo 等研究了溶剂对 PEDOT：PSS（聚苯乙烯磺酸）薄膜电导率和塞贝克系数的影响，是早期开展该体系热电基本性能研究的工作[6,7]。之后，我国江西科技师范大学徐景坤等在 2008 年报道了二甲基亚砜和乙二醇掺杂 PEDOT：PSS 薄膜的热电性能，包括相关体系的 ZT 值（1.75×10^{-3}），但由于性能较低并未得到广泛关注[8]。2011 年，瑞典林雪平大学 Crispin 课题组研究了掺杂程度对 PEDOT：Tos（对甲苯磺酸盐）热电性能的影响，通过精确调控氧化程度，薄膜 ZT 值达到了 0.25[9]。相比 p 型材料，n 型有机热电材料的开发更具挑战。经过数年的持续研究，中国科学院化学研究所的朱道本团队于 2012 年在国际上首次报道了基于乙烯基四硫醇的 n 型金属有机配合物热电材料，通过离子配位调控材料的性能和极性，获得了高达 0.2 的 ZT 值[10]。此后，通过电化学方法制备了多晶薄膜，利用聚集态结构调控方法将该材料的 ZT 值提高到 0.3[11]。这些高性能 p 型和 n 型有机热电材料的突破引起了国际上多个课题组的关注和迅速跟进，直接推动了有机热电材料与器件的快速发展。近年来，人们开始尝试引入不同分子体系开展热电研究，并将传统热电材料的基础理论与有机热电材料研究进行融合，在有机热电材料的复合与杂化、有机半导体热电材料、共轭分子的化学掺杂和功能有机热电器件等多个方面开展了系列研究工作，各类材料的性能持续提升，逐步构成有机热电发展的基本现状。

　　有机热电材料自 2013 年开始逐步进入备受关注的新时期，中国、美国、瑞典、日本、西班牙、德国、新加坡等国家的数十个课题组先后开展相关研究。在我国，有机热电研究起步早、发展快，在导电聚合物热电材料、有机半导体热电材料、杂化与复合有机热电材料方面的多个方向都取得重要进展。朱道本等四位科学家于 2016 年组织了以"热电转换：分子材料的新机遇与挑战"为主题的香山科学会议，围绕有机热电领域关键问题和我国的发展机遇开展了深入研讨。在国际上，2016 年在日本召开了首届有机与杂化热电材料会议，我国科学家朱道本研究员和瑞典林雪平大学 Crispin 教授作为有机热电领域最具影响力的推动者分别做大会报告，系统探讨了该领域的挑战与发展方向。之后，该会议发展成为系列会议，第二届会议于 2018 年 1 月在西班牙召开，我国多位学者在会议上做邀请报告。经过数年的发展，有机热电材料与器件不仅成功发展成为有机电子学的重要前沿，也已成为热电领域的重要组成部分。2018 年，英国工程和自然科学研究委员会的热电材料联盟发布了热电领域发展路线图，将有机热电材料列为重要的材料体系之一，印证了有机热电已成为受到广泛关注的交叉前沿方向。

尽管有机热电近年来的发展速度很快，但整体尚处于初期阶段，在分子结构与性能的关系、有机体系热电能量转换的基本物理图像、共轭分子体系的掺杂机制、材料图案化关键技术和功能应用方向等诸多方面面临挑战。面向未来，有机热电应重点发展热电优值达到 1.0 的高性能模型分子体系、精确可控的掺杂方法、分子体系的电荷输运与电声耦合效应的基本机制、多级能量转换与自旋热电效应、低温柔性发电器件、有机热电制冷器件等。在产业机遇方面，有机热电材料将以低温微温差发电为应用出口，发展面向环境热高效利用的便携式单元器件，特别是推动该类器件与低功耗传感器件的集成应用，构建分散式柔性自供电传感系统；拓展有机热电器件与有机光伏等器件的集成方案，提高太阳能发电器件的能量转换效率，推动有机热电向形成新兴能源产业的方向发展。

本章将简要阐述热电能量转换的基本原理、物理效应、性能参数与材料性质的关系。在此基础上，结合有机材料的特点概述有机热电的关键问题。

1.2 热电能量转换的基本效应

热电能量转换基于载流子的扩散运动实现热能和电能的相互转换，主要包括三种基本物理现象：塞贝克效应、珀尔帖效应和汤姆逊效应，统称为热电效应（thermoelectric effect）。

1.2.1 塞贝克效应

塞贝克效应也称作第一热电效应，可以将热能直接转换为电能，最早于1821 年由德国科学家托马斯·约翰·塞贝克（Thomas Johann Seebeck）发现。如图 1-2 所示，将两种不同的导体材料 a 和 b 首尾相连形成回路，通过加热其中一个连接结点 W，使得两个结点 W 和 X 之间形成一定的温差，此时导体中的载流子会从高温端向低温端移动，两个结点之间由此产生电势差，整个回路中产生电流，这种温差发电现象即为塞贝克效应。利用塞贝克效应，可以将环境中的温

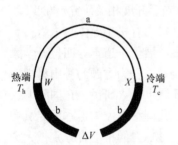

图 1-2 塞贝克效应原理图

度差转换为电势差，达到温差发电的目的。假设热端的温度为 T_h，冷端的温度为 T_c，则两结点之间的电势差 V_{ab} 可表示为

$$V_{ab} = S_{ab}(T_h - T_c) \tag{1-1}$$

式中，S_{ab} 为这两种材料的相对塞贝克系数（differential Seebeck coefficient），单位

为微伏每开尔文(μV/K)。电势差 V_{ab} 的方向与构成回路的两种材料本身的特性和温度梯度的方向有关。在图 1-2 中，W 端的温度高于 X 端，若此时由塞贝克效应产生的电流是沿着 ab 的顺时针方向，则 ab 具有正的相对塞贝克系数。

　　上述关于塞贝克效应的介绍是基于两种不同的导体或半导体材料形成回路。对于单一均质材料而言，定义其在温度 T 的绝对塞贝克系数(absolute Seebeck coefficient)为

$$S = \lim_{\Delta T \to 0} (\Delta V / \Delta T) \tag{1-2}$$

图 1-2 回路中测量的相对塞贝克系数 S_{ab} 与这两种材料的绝对塞贝克系数(S_a、S_b)之间存在的关系为：$S_{ab} = S_a - S_b$。

　　绝对塞贝克系数与温度场的方向无关，只与材料本身的性质有关。对于 p 型和 n 型材料(对应的载流子分别为空穴和电子)，在温度场的作用下载流子均从热端向冷端移动，但由于两种材料的载流子符号不同，p 型材料的温差电动势的方向是从热端指向冷端，其绝对塞贝克系数为正；相反，n 型材料的温差电动势的方向是从冷端指向热端，其绝对塞贝克系数为负。在本书的后续部分，如无特殊说明，所提到的塞贝克系数均指绝对塞贝克系数。

1.2.2　珀尔帖效应

　　珀尔帖效应又称作第二热电效应，是和塞贝克效应效果相反的一种现象，于1834 年由法国科学家 Peltier 首先发现。珀尔帖效应可以将电能直接转换为热能，从而达到热电制冷或者制热(热能泵浦)的目的。在图 1-3 中，当有电流通过两个不同导体 a 和 b 组成的回路时，除了由电阻损耗产生的焦耳热外，在两种材料形成回路的两个接头结点 W 和 X 处将产生温差，两个结点分别出现吸收和释放热量的现象，形成与电流方向相关的制冷或加热效应。利用珀尔帖效应，可以制成制冷或加热设备。假设施加的电流强度为 I，当电流从 a 流向 b 时，在 X 结点处单位时间吸收或释放的热量为

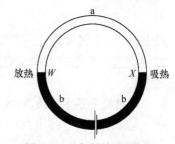

图 1-3　珀尔帖效应原理图

$$dQ/dt = \Pi_{ab} I \tag{1-3}$$

式中，Π_{ab} 为电流从 a 流向 b 的相对珀尔帖系数(differential Peltier coefficient)，单位为伏(V)。热量交换的方式(吸热或放热)与构成回路的两种材料本身的特性和外加电流的方向有关。图 1-3 中，如果由 ab 顺时针方向的电流 I 引起结点 W 位置

放热和结点 X 位置吸热，则 ab 的相对珀尔帖系数为负。

珀尔帖效应源于载流子在不同材料中的势能不同。当载流子在电场作用下从一种材料通过结点进入到另一种材料时，由于势能的不同会发生能量交换。当载流子(电子)从高能级的材料向低能级的材料运动时将释放能量，在宏观上表现为放热效应；相反，从低能级的材料向高能级的材料运动时将吸收能量，在宏观上表现为吸热效应。正是这种载流子通过结点处时发生的能量交换，形成了制冷或者加热的效果。

与塞贝克系数的情况相同，回路结点的相对珀尔帖系数 Π_{ab} 与构成回路的两种材料的绝对珀尔帖系数(Π_a、Π_b)间存在的关系为：$\Pi_{ab}= \Pi_a-\Pi_b$。绝对珀尔帖系数与电流方向无关，只与材料本身的性质相关。目前已报道的有机分子材料的珀尔帖系数在几十毫伏(mV)的量级[12]。

1.2.3　汤姆逊效应

1855 年，英国科学家威廉·汤姆逊(William Thomson)从单一均匀材料出发，将热力学理论应用于热电效应的分析，建立了塞贝克系数和珀尔帖系数之间的关系。这一理论研究还表明，在均质导体中将存在第三种热电效应，即现在所称的汤姆逊效应。具体描述为：当存在温度梯度(∇T)的均匀导体中通过电流 I 时，除了产生焦耳热以外，为了维持原有的温度梯度，导体还需要吸收或者释放一定的热量。这种效应于 1867 年成功得到了后人的实验验证。均匀导体上电流所进行的热量吸收(或释放)速率为

$$dQ/dt = \beta I \Delta T \tag{1-4}$$

式中，β 为比例常数，后来被人们定义为汤姆逊系数，单位为伏每开尔文(V/K)；ΔT 为温差。当电流方向与温度梯度方向一致且导体吸热时，汤姆逊系数为正，反之为负。

塞贝克效应和珀尔帖效应的发现均是涉及两种材料连接在一起所构成的回路，起源于不同导体中载流子所携带能量的不同；而汤姆逊效应则是在同一物体中产生的现象，即载流子在同一导体内不同温度下所具有的能量不同，由此载流子在温度梯度下输运时将产生热量交换。在热电转换过程中，由于汤姆逊效应对能量转换产生的贡献很小，因此在热电器件设计及能量转换分析中通常被忽略。

汤姆逊利用平衡热力学理论近似推导得出塞贝克系数(S)、珀尔帖系数(Π)和汤姆逊系数(β)三个热电参数之间的关系：

$$\Pi = ST \tag{1-5}$$

$$\beta = TdS/dT \tag{1-6}$$

式中，T 为热力学温度。这两个公式后来被称为开尔文关系，其严格推导需要利用非可逆热力学理论。开尔文关系式表明，β 和 Π 的值可以直接从 S 计算得到。这三个参数是表征材料热电性质的重要参数，其中 S 和 Π 分别被广泛应用于评估材料的温差发电和热电制冷的能力。

1.2.4 热电相关的其他效应

当电荷在垂直于磁场方向上运动时，将受到磁场的洛伦兹力作用而发生方向偏转。与磁场对电荷输运性质的影响相似，热电效应在垂直磁场的作用下也将发生变化，并产生一些新的效应，统称为横向热电磁效应，简称热电磁效应。只有当磁场强度很强，并且材料的载流子迁移率很高的情况下，磁场对塞贝克效应和珀尔帖效应的作用才能表现得比较明显。

图 1-4 总结了霍尔效应和磁场对热电性能影响的三种效应，分别对应电流或温差在磁场作用下在垂直方向产生新的电场或温差的现象。如图 1-4 所示的空间三维坐标系中，将一个各向同性的样品放置于磁场强度为 B_z 且方向沿纵轴 (z) 的匀强磁场中，沿横轴 (x) 对样品施加一个电流 I_x 或温度梯度 dT/dx，则样品在磁场 B_z 作用下将在竖轴 (y) 方向产生一个新的电场 E_y 或温度梯度 dT/dy。

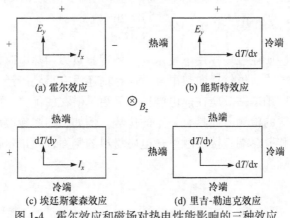

图 1-4 霍尔效应和磁场对热电性能影响的三种效应

当电流垂直于外磁场通过样品时，电荷在磁场作用下将发生偏转，在垂直于电流和磁场的方向会产生新的附加电场，这便是我们熟知的霍尔效应 (Hall effect)。在图 1-4(a) 所示的霍尔效应中，如果横向电流密度为 I_x，纵向磁场强度为 B_z，竖向产生的电场强度 $E_y = dV/dy$，则霍尔系数 R_H 的表达式为：$|R_H| = \dfrac{dV/dy}{I_x B_z}$。霍尔效应通常不直接应用于能量转换，但它是解释载流子输运行为的极其重要而有效的工具。

与能量转换更直接相关的热电磁效应是能斯特效应(Nernst effect)和埃廷斯豪森效应(Ettingshausen effect)。能斯特效应与霍尔效应相似，是指在温差方向施加一垂直磁场，此时在温差$(\mathrm{d}T/\mathrm{d}x)$和磁场$(B_z)$的正交垂直方向将探测到电场强度的信号。能斯特系数 N 的表达式为：$|N| = \dfrac{\mathrm{d}V/\mathrm{d}y}{B_z \mathrm{d}T/\mathrm{d}x}$，其中，$\mathrm{d}V/\mathrm{d}y$ 为产生的正交电场强度，能斯特效应的符号如图 1-4(b)所示。与霍尔效应的区别在于，霍尔效应的符号与载流子的电荷正负性相关，而能斯特效应的符号与载流子的正负性无关，只与温差方向和磁场方向相关。

埃廷斯豪森效应是指在垂直于正交的电流和磁场方向上将产生温差。埃廷斯豪森效应和能斯特效应的关系与珀尔帖效应和塞贝克效应的关系相类似，区别在于前者的温差和电场方向垂直[图 1-4(c)]，后者的温差和电场方向平行。埃廷斯豪森系数 P 的表达式为：$|P| = \dfrac{\mathrm{d}T/\mathrm{d}y}{I_x B_z}$，其中，$\mathrm{d}T/\mathrm{d}y$ 为产生的竖向温差。能斯特系数和埃廷斯豪森系数之间的关系为 $P\kappa = NT$，其中κ为材料的热导率。

此外，还有另外一种热电磁效应即里吉-勒迪克效应(Righi-Leduc effect)存在[图 1-4(d)]。里吉-勒迪克效应是指在横向温度梯度的热流方向$(\mathrm{d}T/\mathrm{d}x)$与纵向磁场方向$(B_z)$正交垂直的竖直方向上将产生新的温度梯度$(\mathrm{d}T/\mathrm{d}y)$的现象，对应的里吉-勒迪克系数 M 的表达式为：$|M| = \dfrac{\mathrm{d}T/\mathrm{d}y}{B_z \mathrm{d}T/\mathrm{d}x}$。

热电器件的性质在磁场作用下发生变化的现象可以用热电磁效应表述，是一种新的能量转换方式。虽然横向热电磁效应目前还没有得到广泛的实际应用，但埃廷斯豪森效应比珀尔帖效应在热电制冷方面更具潜在的优势；能斯特效应比塞贝克效应在热辐射的检测方面具有一定的优势。例如，在制冷应用方面，埃廷斯豪森效应的热源和散热端直接接触于热电磁材料的侧面，而珀尔帖效应的热源和散热端是电学接触。

1.3 热电的主要性能参数

1.3.1 基本参数

与温差发电即塞贝克效应相关的基本性能参数有塞贝克系数、电导率和热导率。如 1.2.1 节所述，塞贝克系数用于表征塞贝克效应的大小，其表达式为 $S = \Delta V/\Delta T$，其中，ΔT 为热电材料上两个位置之间的温差；ΔV 为这两个位置之间相应的温差电动势。塞贝克系数的单位通常用微伏每开尔文($\mu\mathrm{V/K}$)。

电导率是电阻率(ρ)的倒数，用于描述材料传输电荷的能力，用字母 σ 表示。电导率越大则导电性能越强，反之越弱。对于固体材料体系，电导率的大小由公式 $\sigma = (I/V)(A/L)$ 确定，其中，A 和 L 分别为样品的横截面积和长度；I 为流过样品横截面积的电流；V 为长度 L 两端对应的电势差。电导率的标准单位是西门子每米(S/m)，在热电材料中常用的电导率单位是西门子每厘米(S/cm)。

热导率又称导热系数，是描述物质直接传导热量能力的量度，用字母 κ 表示。热导率定义为单位截面和单位长度的材料在单位温差下和单位时间内直接传导的热量，公式为 $\kappa = (Q/t)(L/A\Delta T)$，其中，$\Delta T$ 为温差；t 为时间；Q 为热量。热电材料的热导率主要由载流子热导率(κ_c)和声子热导率(κ_L)共同构成，即：$\kappa = \kappa_c + \kappa_L$。热导率的单位为瓦特每米开尔文[W/(m·K)]。

与热电制冷即珀尔帖效应相关的基本性能参数有珀尔帖系数、电导率和热导率。如 1.2.2 节所述，珀尔帖系数用于表征珀尔帖效应的大小，其表达式为 $\Pi = \dfrac{\mathrm{d}Q}{I\mathrm{d}t}$，其中，$\mathrm{d}Q/\mathrm{d}t$ 为单位时间吸收或释放的热量；I 为电流。珀尔帖系数的单位为伏(V)或毫伏(mV)。

1.3.2 能量转换效率与热电优值

常规的热电转换器件按照工作方式主要分为温差发电器件和热电制冷器件两种，它们的器件结构相似而能量转换过程相反。图 1-5 为热电器件的发电和制冷两种主要应用形式的工作原理。如图所示，热电转换器件通常把 p 型和 n 型热电材料串联起来构成热电器件回路的基本单元。在实际应用中，把多个 p 型和 n 型单元交替连接，形成热流上并联而电流上串联的热电组件回路，从而有效地增大了器件的开路电压或制冷量。

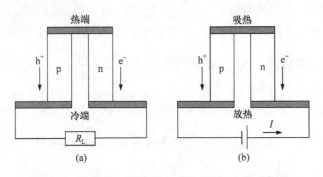

图 1-5　热电发电器件(a)和制冷器件(b)的示意图

1. 能量转换效率

在图 1-5(a)中，当热电发电器件两端存在一定的温差，在冷端的 p 型材料和

n 型材料之间就会产生一定的电动势，连接回路后便有电流产生，通过这一过程来实现热电材料的发电并带动负载工作。能量转换效率是评价热电发电器件性能的最重要指标。在热电发电器件中，能量转换效率（即发电效率）是指器件的输出功率与热端在单位时间吸收的热量之比。对于图 1-5(a) 所示的发电器件，其热电转换效率 η 的表达式为

$$\eta = P / Q_h \tag{1-7}$$

式中，P 为输出至负载的功率；Q_h 为热端在单位时间吸收的热量。假设回路中的负载阻抗大小是 R_L，则

$$P = I^2 R_L \tag{1-8}$$

式中，I 为回路中的电流。对应回路中产生的塞贝克电压 $V = S\Delta T$，负载中流过的电流和产生的功率分别为

$$I = \frac{S(T_h - T_c)}{R + R_L} \tag{1-9}$$

$$P = \left[\frac{S(T_h - T_c)}{R + R_L} \right]^2 R_L \tag{1-10}$$

器件从外界（热端）吸收的热量为

$$Q_h = S T_h I - \frac{1}{2} I^2 R + K\Delta T \tag{1-11}$$

式中，S 为 p 型、n 型热电材料的总塞贝克系数（绝对值）；T_h 和 T_c 分别为热端和冷端的温度；R 为器件的两个 p 型、n 型热电偶臂的总电阻；K 为两热电偶臂的总热导；$\Delta T = T_h - T_c$ 为热电偶臂冷热两端的温差。$R = \frac{L_n}{A_n}\rho_n + \frac{L_p}{A_p}\rho_p$，$K = \frac{A_n}{L_n}\kappa_n + \frac{A_p}{L_p}\kappa_p$，其中，$\rho$ 和 κ 分别为热电材料的电阻率和热导率；A 和 L 分别为热电偶臂的横截面积和长度，下标 n 和 p 分别代表 n 型和 p 型热电偶臂。因此：

$$\eta = \frac{P}{Q_h} = \frac{I^2 R_L}{S T_h I - \frac{1}{2} I^2 R + K\Delta T} = \frac{S^2 (T_h - T_c) R_L}{\frac{1}{2} S^2 R (T_h + T_c) + S^2 T_h R_L + K(R + R_L)^2} \tag{1-12}$$

定义 $Z = S^2/KR$，则式(1-12)可以换算为

$$\eta = \frac{T_h - T_c}{T_h} \frac{R_L/R}{(1 + R_L/R) - \frac{T_h - T_c}{2T_h} + \frac{(1 + R_L/R)^2}{ZT_h}} \tag{1-13}$$

发电效率会根据材料本身性能及温差等特性，随 R_L/R 的比值而变化。假设 $R' = R_L/R$，当 $\frac{d\eta}{dR'} = 0$ 时，发电效率会出现最大值，此时：

$$R' = R_L/R = \sqrt{1 + Z\overline{T}} \tag{1-14}$$

$$\eta_{max} = \frac{T_h - T_c}{T_h} \frac{\sqrt{1 + Z\overline{T}} - 1}{\sqrt{1 + Z\overline{T}} + T_c/T_h} \tag{1-15}$$

式中，$\overline{T}$ 为平均温度。式(1-15)右边第一项为卡诺循环效率，第二项与器件两端的温度有关，但当温度确定时器件的发电效率只与材料本身的 Z 值有关，并且其数值随 Z 值单调递增。

对于图 1-5(b)所示的制冷器件，n 型半导体是电子导电，载流子的移动方向与电流的方向相反；p 型半导体是空穴导电，载流子移动方向与电流方向相同。在电流的作用下，载流子发生定向移动并携带热量，从而实现制冷。在热电制冷器件中，能量转换效率是指吸热端的吸收热量与输入的电能之比。采用与热电温差发电器件的最大发电效率推导过程相同的方法，可以推导出热电制冷器件的最大制冷效率为

$$\eta_{max} = \frac{T_c}{T_h - T_c} \frac{\sqrt{1 + Z\overline{T}} - T_h/T_c}{\sqrt{1 + Z\overline{T}} + 1} \tag{1-16}$$

式(1-16)右侧的第一项为卡诺循环效率，第二项表明当冷端和热端的温度确定不变后，器件的制冷效率就只与 Z 值有关，且随 Z 值单调递增。

2. 热电优值和功率因子

苏联物理学家 Abram F. Ioffe 提出了描述材料热电性能综合指标的品质因子，即热电优值：

$$ZT = S^2\sigma T/\kappa \tag{1-17}$$

由热电器件的能量转换效率推导过程可知，Z 的量纲是 K^{-1}，Z 与 T 的乘积是一个无量纲的数值，因此，ZT 习惯上被称为无量纲热电优值，也称品质因子，由热电材料本身的性能决定。ZT 是衡量材料热电性能高低的通用指标：ZT 值越高则表示材料的热电性能越好，相应热电器件的能量转换效率也越高。图 1-6 为

高温端温度 400 K、低温端温度 360 K 时，温差发电器件的能量转换效率与材料平均 ZT 值的关系图[13]，可以看出，器件的发电效率随 ZT 值的提高而增大。

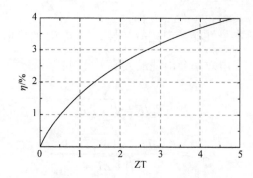

图 1-6　温差发电器件的能量转换效率与热电优值之间的关系

热端和冷端温度分别为 400 K 和 360 K

与传统无机热电材料相比，有机热电材料的热导率通常比较低 [14-19]，不同的有机热电材料之间的热导率通常相差较小。此外，有机材料的热导率测试复杂，难以准确测定。因此，在热电优值参数的基础上，定义材料的功率因子（power factor, PF）：

$$PF = S^2\sigma \tag{1-18}$$

可以简化有机材料热电性能的评价指标。但是 ZT 值仍是有机热电材料最为准确的评价指标。

1.4　有机热电发展的关键问题

尽管有机热电近年来经历了快速发展，但整体上仍处于发展的起步阶段，在材料、理论和器件的多个方面都缺乏基本的认知，主要面临的问题包括：①在有机热电材料的设计、合成、结构调控方面缺乏基本思想和策略；②对于有机热电材料的物理图像、基本规律和主要参数间的制约关系缺乏理解；③对于有机热电器件的构建、集成和功能性应用缺乏技术积累；④有机热电薄膜的主要参数测试缺乏统一标准。

从性能角度考虑，提高热电优值是有机热电材料发展至今和未来长期追求的核心目标。根据式(1-17)可知，高性能热电材料应具备高的塞贝克系数、高的电导率和低的热导率。对于热电材料，塞贝克系数与材料的载流子浓度和态密度

（DOS）密切相关；电导率取决于载流子浓度和迁移率两大参数；热导率包括载流子热导率和声子热导率两部分，其中载流子热导率与载流子浓度成正比，声子热导率与电声耦合作用及声子散射相关。更为复杂的是，热电优值的三个参数之间相互关联。图 1-7 表现了热电材料三大参数与载流子浓度的变化依赖关系。尽管载流子浓度的提高有利于电导率提高，但同时会导致塞贝克系数的下降和热导率的上升，从而产生异常复杂的制约关系，使得热电材料只在特定载流子浓度下呈现性能的最高值。由于决定热电优值的三大参数直接密切相关且相互制约，单参数调控通常会引起其他参数的非协同改变，从而制约热电优值的持续提高。对有机热电材料而言，结合共轭分子弱相互作用的特点，实现电、热输运的协同调控至关重要也尤为复杂，是推动该领域突破的关键。

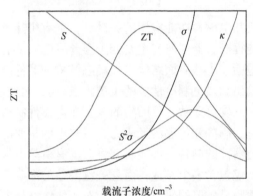

图 1-7　材料电导率、塞贝克系数、热导率、功率因子和热电优值随载流子浓度的变化关系

　　经典的热电材料主要集中于无机窄带隙半导体体系，相关理论建立在典型的半导体能带理论基础之上。有机热电材料主要依靠分子间弱相互作用聚集，电荷输运以载流子跳跃（hopping）传输模型为主，从而决定了传统材料的设计策略和调控方式无法完全适用于有机体系。现阶段，有机热电材料的设计和功能调控受限于三方面：①有机材料的物理化学性质和分子的共轭结构、电子结构和取代基结构等因素密切相关，但目前报道的优异有机热电材料十分匮乏，分子设计缺乏可资借鉴的经验。同时，现有的无机热电理论未考虑有机热电材料的特异性，难以指导分子设计。因此，有机热电材料的设计与合成处于探索性尝试的初级阶段。②综合考虑电子与声子的多种输运和散射机制，发展低维结构化和类超晶格化的长程有序分子组装体是有机热电材料结构调控的重要方向，而已报道的共轭热电分子体系难以实现上述结构的精细组装。③迁移率提升是突破典型热电参数制约关系的重要策略，但是已发展的高迁移率有机半导体在本征态的载流子浓度低，无法满足热电应用需求。化学掺杂可以解决这一问题，但掺杂剂的引入容易破坏

分子的有序堆积与排列，不利于载流子的传输。因此，有机半导体热电材料缺乏普适、高效和稳定的掺杂方法，且掺杂效率和掺杂程度难以精确调控，制约该类热电材料的发展。

热电能量转换物理图像与机制的发展滞后是有机热电面临的另一难题。热电转换涉及多个物理过程，包括电荷传输、声子传输与散射等，从而导致三大性能参数间复杂的制约关系。以电荷传输为例，共轭分子体系普遍存在结构复杂和聚集体有序性差等问题，经过半个世纪的研究，电荷传输的理论模型仍不完善。另外，共轭分子体系声子传输与散射研究更为滞后，人们难以利用传统热电材料的尺寸效应、维度效应和边界效应理性引入各种声子散射机制来降低热导率。因此，有机热电材料的电荷与声子输运机制、关键参数间的制约关系、突破制约关系的策略缺乏理论认识。

器件是决定有机热电材料功能应用的关键。目前有机热电的研究主要集中于材料种类拓展和性能提升，器件研究主要处于温差发电功能展示的初级阶段。未来的器件研究主要包括：①从界面结构、聚集态结构和器件结构等方面研究影响有机热电器件功率输出和热电制冷性能的关键因素；②结合有机材料柔韧性好和可印制加工等特点，开发可穿戴、可贴附的有机热电器件制备与集成技术；③从功能角度考虑，发电、制冷和传感已经成为有机热电的重要应用方向，光热电、自旋热电等新型功能器件的制备与性能研究将会为有机热电带来新的发展机遇。

热电性能研究不仅包含多个参数，而且关键参数的准确测量也十分复杂。对于有机体系而言，薄膜是主要的研究载体。相对于块体材料，薄膜的塞贝克系数测量容易受到器件结构、温差创建和测量等问题的影响而产生较大误差。此外，有机薄膜的热导率测量更具挑战，通常采用的 3ω 法对薄膜厚度、均匀度、器件结构和测试方式有严格的要求，很多薄膜分子体系的热导率无法测量，导致大多报道只能通过功率因子评估热电性能。另一方面，载流子浓度和载流子迁移率是研究热电能量转换过程和性能制约关系的关键因素。尽管霍尔效应是研究无机材料上述参数的通用手段，但是很多导电聚合物和掺杂有机半导体的霍尔效应难以测定，无法精确表征载流子浓度和载流子迁移率。共轭分子体系在高能光电子照射下又容易被破坏，能级结构与态密度信息表征手段无法满足分子材料的研究需求。总体而言，有机热电材料的三大性能参数缺乏统一的测试标准，掺杂态下电荷输运和电子结构精确研究手段也有待建立，这些问题限制了有机热电材料的深入研究。本书将在第 8 章详细介绍有机热电材料关键参数的基本表征手段和精确测量方法。

参 考 文 献

[1] Snyder G J, Toberer E S. Complex thermoelectric materials. Nat Mater, 2008, 7: 105-114.

[2] Zhu D B, Wang P, Wan M X, Yu Z L, Zhu N L, Gartner S, Schweitzer D. Synthesis, structure and electrical properties of the two-dimensional organic conductor (BEDT-TTF)$_2$BrI$_2$. Physica B, 1986, 143B: 281-284.

[3] Petsagkourakis I, Kim N, Tybrandt K, Zozoulenko I, Crispin X. Poly (3,4-ethylenedioxythiophene): Chemical synthesis, transport properties, and thermoelectric devices. Adv Electron Mater, 2019, 5: 1800918.

[4] Song H J, Meng Q F, Lu Y, Cai K F. Progress on PEDOT∶PSS/nanocrystal thermoelectric composites. Adv Electron Mater, 2019, 5: 1800822.

[5] Sun Y M, Di C A, Xu W, Zhu D B. Advances in n-type organic thermoelectric materials and devices. Adv Electron Mater, 2019, 5: 1800825.

[6] Kim J Y, Jung J H, Lee D E, Joo J. Enhancement of electrical conductivity of poly (3,4-ethylenedioxythiophene)/poly (4-styrenesulfonate) by a change of solvents. Synth Met, 2002, 126: 311-316.

[7] 黄飞, 薄志山, 耿延候, 王献红, 王利祥, 马於光, 侯剑辉, 胡文平, 裴坚, 董焕丽, 王树, 李振, 帅志刚, 李永航, 曹镛. 光电高分子材料的研究进展. 高分子学报, 2019, 50: 985-1046.

[8] Jiang F X, Xu J K, Lu B Y, Xie Y, Huang R J, Li L F. Thermoelectric performance of poly (3,4-ethylenedioxythiophene)∶poly (styrenesulfonate). Chin Phys Lett, 2008, 25: 2202-2205.

[9] Bubnova O, Khan Z U, Malti A, Braun S, Fahlman M, Berggren M, Crispin X. Optimization of the thermoelectric figure of merit in the conducting polymer poly (3,4-ethylenedioxythiophene). Nat Mater, 2011, 10: 429-433.

[10] Sun Y M, Sheng P, Di C A, Jiao F, Xu W, Qiu D, Zhu D B. Organic thermoelectric materials and devices based on p- and n-type poly (metal 1, 1, 2, 2-ethenetetrathiolate)s. Adv Mater, 2012, 24: 932-937.

[11] Sun Y H, Qiu L, Tang L P, Geng H, Wang H F, Zhang F J, Huang D Z, Xu W, Yue P, Guan Y S, Jiao F, Sun Y M, Tang D W, Di C A, Yi Y P, Zhu D B. Flexible n-type high-performance thermoelectric thin films of poly (nickel-ethylenetetrathiolate) prepared by an electrochemical method. Adv Mater, 2016, 28: 3351-3358.

[12] Jin W L, Liu L Y, Yang T, Shen H G, Zhu J, Xu W, Li S Z, Li Q, Chi L F, Di C A, Zhu D B. Exploring Peltier effect in organic thermoelectric films. Nat Commun, 2018, 9: 3586.

[13] Goldsmid H J. Introduction to Thermoelectricity. 2nd Ed. Berlin: Springer, 2010: 121.

[14] Kim N, Domercq B, Yoo S, Christensen A, Kippelen B, Graham S. Thermal transport properties of thin films of small molecule organic semiconductors. Appl Phys Lett, 2005, 87: 241908.

[15] Jin Y, Yadav A, Sun K, Pipe K P, Shtein M. Thermal boundary resistance of copper phthalocya nine-metal interface. Appl Phys Lett, 2011, 98: 093305.

[16] Jin Y S, Shao C, Kieffer J, Pipe K P, Shtein M. Origins of thermal boundary conductance of interfaces involving organic semiconductors. J Appl Phys, 2012, 112: 093503.

[17] Duda J C, Hopkins P E, Shen Y, Gupta M C. Thermal transport in organic semiconducting polymers. Appl Phys Lett, 2013, 102: 251912.

[18] Jin Y S, Nola S, Pipe K P, Shtein M. Improving thermoelectric efficiency in organic-metal nanocomposites via extra-low thermal boundary conductance. J Appl Phys, 2013, 114: 194303.

[19] Wang X J, Liman C D, Treat N D, Chabinyc M L, Cahill D G. Ultralow thermal conductivity of fullerene derivatives. Phys Rev B, 2013, 88: 075310.

第 **2** 章

有机材料的热电转换过程与机制

热电转换主要通过电子和声子传输时携带热量实现，该过程又涉及散射及电声耦合等作用，使得有机热电材料的理论研究和相关应用探索面临巨大挑战。此外，相比于无机材料，有机分子之间存在的是弱相互作用，电荷输运机制不清晰，尤其是对声子输运和电声耦合的研究匮乏，进一步增加了相关机制研究的困难。本章将结合有机体系电荷输运理论和无机体系热电转换过程展开论述，简单探讨有机材料热电转换的基本过程与机制。

2.1 电荷输运

电荷输运是热电转换最基本的物理过程之一，该过程携带热量和电量，直接影响热电参数。电荷输运受分子结构和堆积方式等多重因素影响。有机热电材料一般具有π共轭骨架结构，其电荷传输性质与电子结构密切相关。以反式聚乙炔为例，碳原子以 sp^2 杂化形成聚合物链平面骨架，每个原子贡献一个 2p 电子在π轨道上离域。由于具有一维的周期结构，可以用 Bloch 函数来描述π轨道，其特征与离域电子的波矢 k 相关[1]。图 2-1 描述了反式聚乙炔价带π轨道和导带π*轨道。带隙形成出现的佩尔斯(Peierls，也有人译为派尔斯)不稳定性导致单双键的交替出现[2]，而且共轭分子显示出 1~4 eV 的带隙[3]。未掺杂的有机共轭分子内部载流子一般处于局域化状态，较大的分子带隙直接导致了材料的本征载流子浓度低，影响其导热和导电的性能；掺杂可以有效地改善材料内部载流子浓度，对材料电学性能及传热性能产生重要影响。20 世纪 70 年代，Heeger、Shirakawa 和 MacDiarmid 在碘掺杂的聚乙炔中观察到了类似金属导电的现象。他们通过系列研究建立并发展了孤子、极化子和双极化子模型，很好地解释了导电高分子的电学行为。因此，我们以载流子输运为主体分析有机热电传输机制。

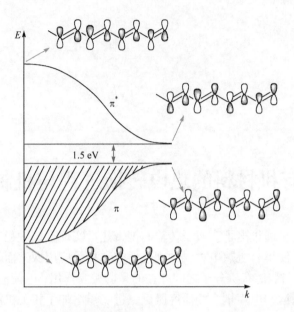

图 2-1　反式聚乙炔价带π轨道和导带π*轨道的能量分散示意图[1]

分子轨道键合方向与共轭骨架原子 2p$_z$ 轨道相垂直

图 2-2 概述了有机材料的电传输与热传输的基本过程（热传输过程将在 2.2 节中详细论述）。由于能量的无序性，共轭分子中的电荷输运可以通过 Anderson 和 Mott 发展的强局域化模型来简单描述。Anderson 认为在足够强的静态能量诱导下，在低于迁移率边（mobility edge）的位置会形成延伸的局部尾端能态，该边缘与主导载流子传输的离域态分开[4]。随后，Mott 提出电荷可以在局域化的能级态间发生跳跃[5, 6]。由于有机分子间存在的是弱相互作用力，热驱动的分子振动引起显著的动态无序性，进而直接影响了载流子的迁移率[7, 8]，因此材料的热电性能展现出一定的温度依赖关系[9,10]。由于有机材料的本征态载流子浓度低，通常利用掺杂提高导电性。当掺杂浓度较低时，迁移率边模型可以较好地描述高有序有机

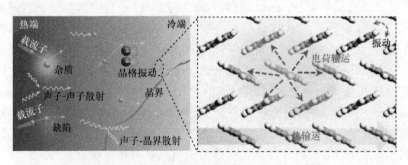

图 2-2　固体中的电荷传输和热传输过程示意图

单晶材料的内部电荷传输过程。相比而言，多晶和无序的有机分子行为则不同，这些材料的迁移率随着温度的升高而上升，载流子密度也经常由迁移率边模型发展为多重捕获和释放模型[11-13]，以及变程跳跃(variable range hopping, VRH)模型来描述[14-16]。以下主要围绕有机分子内载流子传输基本模型、电导率与塞贝克系数的基本机制以及相互制约关系等内容展开介绍。

2.1.1　电荷传输基本模型

由于有机分子内电荷传输的复杂性，研究人员首先从简单双分子反应中电荷转移来探究固态样品中的电荷传输模型。马库斯模型(Marcus model)简单描述了两个分子的反应过程，基本表示如下：

$$D^- + A \longrightarrow D + A^-$$

图 2-3 表示了该反应所涉及的能量[反应物和产物的能量分别为(R)D$^-$+A 和(P)D+A$^-$，反应沿着广义坐标轴 q 进行]。如果在两个态之间的电子转移比分子重组的时间长，即电荷发生传热转移，电子所经过的路径可以分解成一个从电势能 V_R 到 V_P 曲线的最小能量的垂直激活以及随后回到平衡态的弛豫过程。此时，重组能 λ 可以表述为

$$\lambda = \frac{f}{2}(q_R - q_P)^2 \tag{2-1}$$

式中，f 为振荡强度；q_R 和 q_P 分别为反应物和产物的坐标。图形中参数 t 代表电荷转移积分并且与能级势垒 $\Delta G^{\neq}$ 相关。因此，图形中的 $\Delta G^{\neq}$ 可以表示为

$$\Delta G^{\neq} = \frac{(\lambda - 2t)^2}{4\lambda} = \frac{\lambda}{4} - t \quad (t < \lambda) \tag{2-2}$$

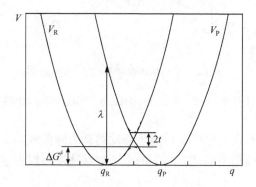

图 2-3　电荷转移反应的电势能级图[17]

实线与虚线分别为传热和绝热的能级面

电荷转移积分取决于有机材料的分子及电子结构。基于传统的阿伦尼乌斯 (Arrhenius)行为，马库斯模型提出电子转移速度(v_{ET})的表达式为

$$v_{ET} = \frac{2\pi}{\hbar} \frac{t^2}{\sqrt{4\pi\lambda k_B T}} \exp\left(-\frac{\frac{\lambda}{4}-t}{k_B T}\right) \tag{2-3}$$

式中，$\hbar$ 为约化普朗克常量；k_B 为玻尔兹曼常量。通过马库斯理论还可进一步联系电荷转移速度和载流子迁移率，即

$$\mu = \frac{qR^2}{k_B T} v_{ET} \tag{2-4}$$

式中，q 为电荷量；R 为分子晶体的晶格常数。当 $2t > \lambda$ 时，电荷发生无激活式传输或者类能带(band-like)模式的传输；当 $2t < \lambda$ 时，则发生局域化的跳跃传输。因此，有机材料内部电荷传输的基本过程可以概括为类能带传输模型或跳跃传输模型。

1. 类能带传输模型

对于类能带传输模型，载流子可以在能带中自由移动。此时如无外场作用，载流子仅发生自由热运动；在施加电场时，自由的载流子将在电场力的驱动下运动。以电子为例，电子会沿着电场相反的方向加速运动。此时，电场诱导的额外运动叠加到电子自由热运动上，该速度为电子漂移速度(图 2-4)。

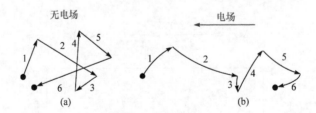

图 2-4 半导体内电子传输路径示意图

(a)自由热传输移动路径；(b)在电场和自由热运动复合作用下的传输移动路径

电子和晶格之间发生碰撞使得电子移动的动力降低或消失。此时电子的漂移可以通过稳态运动模型来描述。对应的电子漂移速度可以表述为

$$v_n = -\frac{q\tau_C}{m^*}E' \tag{2-5}$$

式中，E' 为电场；q 为电荷量；τ_C 为导带的弛豫时间；m^* 为电子的有效质量。基于此，电子和空穴的迁移率分别表达为

$$\mu_n = \frac{q\tau_C}{m_n^*}; \quad \mu_p = \frac{q\tau_V}{m_p^*} \tag{2-6}$$

式中，μ_n 和 μ_p 分别为电子和空穴的迁移率；τ_C 和 τ_V 分别为导带和价带的弛豫时间；m_n^* 和 m_p^* 分别为电子和空穴的有效质量。

此时，电荷迁移率随温度的变化依赖关系为

$$\mu(T) \propto T^{-3/2} \tag{2-7}$$

所以在类能带传输模型下，材料的电导率及载流子迁移率随着温度的升高而降低。该模型适用于本征电导率高的有机材料体系、单晶及低掺杂浓度材料体系。但是在实际报道的有机材料研究中，由于杂质缺陷和分子堆积的无序性等影响，载流子输运行为往往展现出热激活的特点。2010 年，H. Sirringhaus 课题组通过实验验证了溶液加工的 6,13-双（三异丙基硅烷基乙炔基）并五苯 [6,13-bis(triisop-ropylsilylethynyl)pentacene，TIPS-PENT]薄膜的迁移率-温度依赖关系符合类能带传输模型[9]。通过光谱学方法对栅极诱导的载流子输运行为进行相关研究，他们发现电荷在低温和较小的横向电场下会以浅陷阱态分布在单个分子上。但是一定强度的横向电场能够将其俘获，从而导致高度非线性、低温输运行为。由于受热晶格波动限制，场迁移率展现了负温度依赖关系。相对于无机材料，有机热电材料的载流子传输依然以跳跃传输模型为主。

2. 跳跃传输模型

有机分子间通常以弱范德瓦耳斯力相互作用，这使得有机材料难以形成长程高度规整的晶体结构。复杂多变的聚集态形式及较高的无序性使得电子之间的局域化程度较高。在多晶及无定形的有机固体内，局域化的电荷以跳跃方式从一个位点跳跃到另一个位点，此状态下描述电荷传输跃迁主要为极化子跳跃模型和无序跳跃模型。

在固态材料中，局域化的电荷可以诱导周围的原子发生明显的位移，从而偏离平衡位置，由此导致潜在的"阱"使得其中局域化的电荷"自陷"。这种由自陷的电荷和周围诱导的极化云一起形成的复合准粒子被称为极化子。值得注意的是，极化子是一种准粒子，并且通过热波动实现在局域化区域内的传输，这种情况称为极化子跳跃模型。此时，局域化的波函数与分子间距在一个数量级上，电荷转移所需能量较低，电荷传输的激活能主要是由极化子的束缚能决定。

极化子跳跃模型最早由 Holstein 通过简单化的一维分子晶体来构建，该模型主要受晶格、电子和电子-声子耦合作用的影响。其中晶格部分是具有相同振动频率的谐振子的总和，电子部分来自电荷转移积分 t。使用量子机械波函数 φ_i 和 φ_j

描述电荷在态 i 和态 j 之间的转移,转移积分与扰动势能 V 成正比,即 $t = \langle \varphi_i | V | \varphi_j \rangle$。初始状态至最终状态的电子耦合强度决定电荷是绝热还是非绝热跃迁：如果 t 比较小, 跃迁就是非绝热的。当 t 增加时, 在高能级与低能级之间就会形成一个 $2t$ 的能隙从而使载流子绝热跃迁。在该过程中, 晶格变形和极化云的形成所需的最低极化子结合能 E_p 是一个重要的参数指标, 其与电子-声子耦合强度直接相关。E_p 可以近似地表示为 $E_p = 2W_H$, 其中 W_H 为极化子活化能。

在有机共轭材料中, 电荷也会使得其周围的环境发生极化, 但是主要的影响还是来自周围π共轭电子云的极化(图 2-5)[17]。图中的六元环代表π共轭分子, 圆环表示离域的π电子云。中心分子中正电荷吸引周围分子上离域的π电子云, 形成一个与正电荷载体一起移动的电偶极子, 其中箭头的方向表示电子云从平衡位置发生空间移动的情况。如果极化的电子云引起的位移区域较短, 与晶格常数在同一量级, 则载流子趋向于被严重局域化形成极化子。极化子又根据载流子极化的程度与晶格常数的相对大小分为 Holstein 和 Fröhlich 极化子, 前者在有机半导体材料中更为常见。

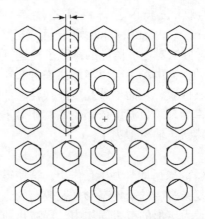

图 2-5　在正电荷存在下有机固体内形成极化子的示意图[17]

与本征导电性差的材料不同, 导电固体内形成极化子的可能性主要由带隙决定。带隙是表征电荷在有机固体物质中移动快慢的本征量度, 由能带弯曲决定并且与被束缚载流子的有效质量成反比。因此, 窄带隙与重的电荷相关, 这些电荷移动速度慢而使其周围环境发生极化, 增加极化子形成的可能性, 这一推论也通过光学吸收实验得到了验证[18,19]。

有机分子通过弱的范德瓦耳斯相互作用引起的结晶性分子堆积使得其很容易形成极化子。Gilles Horowitz 计算分析该模型中的两个时间参数 τ_{res}(电荷滞留时间)和 τ_{el}(电子极化时间)[17], 并利用海森堡(Heisenberg, 又译为海森伯)不确定原则($\tau > \hbar / \Delta E$)可以获得以上参数的估算值。对于具有典型能隙$\Delta E = 0.1$ eV 的有机半导体，$\tau_{res} = 10^{-14}$ s（相对来说无机材料的 $\tau_{res} = 10^{-16}$ s）。电子极化时间可以根据电子在带隙之间传输所需的时间来计算，所以传统的有机半导体的 τ_{el} 在 10^{-15} s 这样一个量级（带隙为 1～4 eV）。该结果意味着极化电子云在有机半导体内形成的速度比传输快。除了相邻分子的振动外，单独一个分子上的电荷位置发生变化也会带来分子内振动，该部分称为分子极化子。分子极化主要考虑相邻两个原子的原子核位移，此时分子弛豫时间与电荷滞留时间相当，在有机材料中也易于形成。此外，第三种晶格极化子与整个晶格的极化相关，该极化过程发生得最慢。

分子堆积的无序性是影响电荷传输的重要因素。当有机分子形成无序堆积时，内部载流子难以形成极化子而是在迁移率边附近的能级末端形成一些局域化的态，且局域化的程度随着能级末端的拓宽而增加。当发生很强的局域化时，能级末端将会崩塌形成小的极化子态，该状态并不稳定。Emin 认为在极端局域情况下，非极化的局域化态主要描述在接近于迁移率边的小分子载流子。由于局域化态间的极化子传输伴随着整个极化电子云的移动，因此极化子的转移能很低。所以即使在无序堆积的材料中，极化子能带宽度也很窄并且与 k_BT 相当。由此形成极化体系的迁移率可以通过 Arrhenius 公式描述[20]为

$$\mu = \left(\frac{q v_0 r^2}{k_B T} \right) \exp\left(-\frac{W_H}{k_B T} \right) \tag{2-8}$$

式中，q 为一个电荷量；v_0 为声子频率；r 为跃迁的距离。式(2-8)中 v_0 参数可以定量分析电子-声子耦合在该模型中的作用。当相邻的原子从一个初始态变为最终态时会发生跳跃，随后使得这两个态的电子能量短暂一致。极化子跳跃模型经常发生在高温下无序堆积的材料中。当温度降低时，在 300 K 下普遍存在的多声子过程会被冻结，迁移率变为非阿伦尼乌斯模型并倾向于遵循变程跳跃模型[21,22]。

在高掺杂的导电聚合物中，载流子跃迁传输可以在最近邻的分子间发生(nearest neighbor hopping, NNH)，其跃迁速度主要受空间隧道距离限制。但是，相邻的位点间的能级差可能会较高，此时载流子将会跳跃至一个稍微远一些但具有相似能级的位点，这种跳跃模式即为变程跳跃(variable range hopping，VRH)机制。NNH 和 VRH 模型下局域化的载流子都发生无序跃迁，并且该过程需要通过热激发实现电荷传输。该模型是基于 Allen Miller 和 Elihu Abrahams 针对低浓度 n 型掺杂的硅和锗在低温下的电荷传输机制提出并进一步加以校正，在有机热电研究中获得了广泛的认可[23]，此时材料显示出温度依赖的 Arrhenius 关系[24,25]（详细见 2.3 节）。

2.1.2　电荷传输机制

载流子在温度场驱动下发生移动，此时塞贝克系数可定义为由热激发的载流子传输所引起的熵变，是揭示材料电荷输运特征的基本参数之一。因此，热电转

换机制的核心是揭示电荷输运对电导率、塞贝克系数等基本参数的影响。

1. 电导率及塞贝克系数的物理过程

1）玻尔兹曼输运方程

玻尔兹曼输运方程（Boltzmann transport equation）最早是由弗里德曼（Friedman）基于有机晶体提出，此后多数热电传输模型正是在此基础上发展而来。在玻尔兹曼传输模型中，电导率可由如下传输函数获得：

$$\sigma = \int \sigma_E \left(-\frac{\partial f}{\partial E} \right) dE \tag{2-9}$$

式中，σ_E 为所有移动的载流子具有相同的能量 E 时测量的电导率。一般来说，测试的电导率 σ 是对 E_F 附近约 $4k_BT$ 的能量范围内对传输函数 $\sigma_E(E)$ 进行采样。这是因为电子是费米子，需要通过未占据的态来传输，因此方程（2-9）中的函数 $-\partial f/\partial E = f(1-f)/k_BT$（$f$ 代表费米-狄拉克分布函数），此时只能从 $\sigma_E(E)$ 选择移动的电子来获得真实的电导率 σ。

描述 $\sigma_E(E)$ 时，主要有传输边的能量 E_t 和传输参数 s 两大参数，相关公式为

$$\sigma_E(E,T) = \sigma_{E_0}(T) \left(\frac{E - E_t}{k_B T} \right)^s \quad (E \geqslant E_t)$$

$$\sigma_E(E,T) = 0 \quad (E < E_t) \tag{2-10}$$

式中，$E-E_t$ 表示载流子能量的降低量；$\sigma_{E_0}(T)$ 为一个与温度相关但与能量无关的传输系数。传输边的存在对描述绝缘的聚合物（$E_F \ll E_t$）非常重要，而对具有费米能级 E_F 接近 E_t 的半导体需要进一步用在传输边之上与传输参数 s 呈指数关系的能级来表征。

与能级边相似，传输边是指即使在特定温度下都没有载流子（电子或者空穴）存在或者对电导率没有贡献的能级，其能量为 E_t。对于结晶的半导体或者绝缘体来说，在能量 $E<E_t$ 时并没有自由移动的载流子，所以传输边就是能级边。在传输边之下能级上的载流子需要被激活到迁移率边之上的能级上来实现导电。

迁移率边是指扩展态和局域态的交界，被束缚的载流子通过热激发到迁移率边之上自由移动，因此在这个边界迁移率会有一个突变。该模型本质上等效于多重捕获和释放模型。在多晶聚合物中，假定移动态是指在有序区域内被局域化的状态，而缺陷、晶界和无序区都会促进这个局域态的形成。一般来说，迁移率边经常用于描述均相无序的系统，在 $T = 0$ K 时 $\sigma_E(E)$ 以及迁移率变为非零状态，但这适用于金属内电子态发生完全的离域[5]。Kang 和 Snyder 探讨了导电聚合物的电荷传输模型并定义了传输边，即在一个有限温度下 $\sigma(E)$ 变为非零时的状态[26]。

在迁移率边之上的载流子可以自由流动并且可以导电，而掺杂的有机半导体材料适用的传输边与之不同。对于传输边模型，即使是在迁移率边之上的载流子导电依然通过热激活实现。基于此，非结晶材料的电导率可以通过 Arrhenius 方程表达[27]。载流子还可以在温度场驱动下传输，单位电荷携带过量的能量 $E-E_F$。通过积分每个载流子的能量可以获得基于输运方程的塞贝克系数表达式：

$$S = \frac{1}{\sigma}\frac{k_B}{q}\int \frac{E-E_F}{k_B T}\sigma_E \left(-\frac{\partial f}{\partial E}\right)\mathrm{d}E \tag{2-11}$$

绝缘材料或者跃迁导体的塞贝克系数经常可以近似为 $S=(E_t-E_F)/qT$ 或者类似于 Heikes 表达式[28]，这表明 S 与 E_t-E_F 能级直接相关，但是与激活能无关。载流子一旦达到传输边，不同的传输机制会得到多种 $\sigma(E)$ 和 S 表达式。不同的导电机制源于 $\sigma(E)$ 具有不同的能量依赖关系，且受态密度、载流子浓度及其弛豫时间或跳跃频率等因素的影响。另外，式(2-11)无法直接用于计算塞贝克系数，因此根据不同的材料发展了相应的简化方法。

例如，对于简并掺杂的有机半导体材料，只需要考虑费米能级附近输运的载流子的贡献，塞贝克系数可表述为

$$S = -\frac{\pi^2}{3}\frac{k_B^2}{q}T\frac{\mathrm{d}\ln\sigma(E)}{\mathrm{d}E}\bigg|_{E_F} \tag{2-12}$$

式(2-12)即为莫特(Mott)公式。根据电导率 $\sigma=nq\mu$，当不考虑迁移率随能量的变化时，可以进一步简化公式为

$$S = -\frac{\pi^2}{3}\frac{k_B^2}{q}T\frac{\mathrm{d}\ln g(E)}{\mathrm{d}E}\bigg|_{E_F} \tag{2-13}$$

进一步结合电导率的公式[式(2-10)]可以推出

$$\sigma = \int q\mu(E)g(E)f(E)[1-f(E)]\mathrm{d}E \tag{2-14}$$

式中，$\mu(E)$ 为能量为 E 的载流子的迁移率；$g(E)$ 为态密度；$f(E)$ 为费米分布。

而对于非简并掺杂的 p 型和 n 型材料，则分别有

$$S_h = -\frac{k_B}{q}\left(\frac{E_V-E_F}{k_B T}+A_0\right) \tag{2-15}$$

$$S_e = -\frac{k_B}{q}\left(\frac{E_C-E_F}{k_B T}+A_0\right) \tag{2-16}$$

式中，E_V 和 E_C 分别为价带和导带的能级；A_0 为与散射机制有关的物理量。当态密度和迁移率不随能量变化时，$A_0 = 1$，而典型的共轭有机热电材料的 A_0 范围为 2～4。

另外，本征的有机半导体热电材料需要同时考虑电子和空穴对电荷输运的贡献，即

$$S = S_e + S_h \tag{2-17}$$

值得注意的是，由于电子和空穴的塞贝克系数符号相反，因此产生的热电势会相互抵消。

另一方面，有机材料大多数本征载流子浓度低，所以导电性差，需要通过掺杂来优化塞贝克系数和电导率（掺杂将在 2.5 节详细介绍）。

2）久保范式理论

当移动的载流子之间具有较强的相互作用时，上述处理方式不再适用，从而发展了具有强关联的久保范式（Kubo formalism）作用机制。不考虑载流子传输中的散射，在高温下统计跳跃位点以及由此产生的熵值，并根据具体情况推演出 Heikes 公式及相关的推广方程。

对于无自旋的载流子，当两载流子不能同时占据同一位点时：

$$S = -\frac{k_B}{q}\ln\frac{1-\rho}{\rho} \tag{2-18}$$

对于带自旋的载流子，当两载流子同时占据同一位点时：

$$S = -\frac{k_B}{q}\ln\frac{2-\rho}{\rho} \tag{2-19}$$

对于带自旋的载流子，当两载流子不能同时占据同一位点时：

$$S = -\frac{k_B}{q}\ln\frac{2(1-\rho)}{\rho} \tag{2-20}$$

此外，对于一维、窄带宽能带输运的特殊情况，还有

$$S = \frac{2\pi^2}{3}\frac{k_B}{q}\frac{Tk_B}{4t}\frac{\cos(\pi\rho/2)}{\sin^2(\pi\rho/2)} \tag{2-21}$$

式中，ρ 为每个位点上的电荷密度；t 为电荷转移积分。这种强关联的体系对于开发高性能的热电材料具有重要的意义，一是因为这种相互作用可能改变载流子的熵，而这种熵的改变对载流子浓度的依赖与电导率对载流子浓度的依赖是非耦合的；其次，这样的体系往往在高温时具有良好且稳定的性能。

2. 电导率与塞贝克系数之间的制约关系

通过电荷输运机制的分析可以看出，塞贝克系数与电导率都直接受载流子浓度的影响。其中，塞贝克系数随着载流子浓度的增加而降低；电导率则相反，在保持迁移率不变时，电导率随载流子浓度线性增加，两者往往呈现反向关系；而电子热导率也直接与载流子浓度相关。综合三个基本参数，精确调节载流子浓度可以优化热电优值，而这个峰值一般出现在载流子浓度为 $10^{19}\sim10^{21}$ cm^{-3} 的区间（图 1-7）。而多数有机热电材料的本征载流子浓度远远低于该值，因此科学研究中发展了众多掺杂剂和掺杂手段，以期调控载流子浓度和电子能级结构，优化热电优值。

另外，这些参数与材料的电子态密度相关。值得注意的是，塞贝克系数与电导率之间存在直接的依赖关系，该关系可以由一个指数方程加以描述，即幂律定律。每种传输机制显示出与传输带上载流子能量的幂律关系[29, 30]，而根据方程 (2-10)，$\sigma_E(E,T)$ 与态密度呈现 s 指数的关系，并可以通过此计算 S-σ 的关系。

前面结合导电态密度推导了塞贝克系数的表达式[式 (2-11)]，该式也可以表达如下：

$$S = \frac{k_B}{q} \int \frac{E-E_F}{k_B T} \frac{\sigma_E(E)}{\sigma} \mathrm{d}E \tag{2-22}$$

式中，E_F 为费米能级；σ 为绝对电导率；k_B/q 为玻尔兹曼常量除以单位电荷量，是常数 86.17 μV/K。考虑到 S-σ 的关系受不同输运机制的影响，所以如何完全确定两者的关系十分复杂，尤其是引入掺杂对分子堆积的有序性带来很大影响。结合前面我们提到的载流子传输，可以获得 S 与 σ 之间一般性变化趋势，此时拟合两者间幂律定律参数 s，为清晰认识材料的热电综合性能提供了方法（图 2-6）。

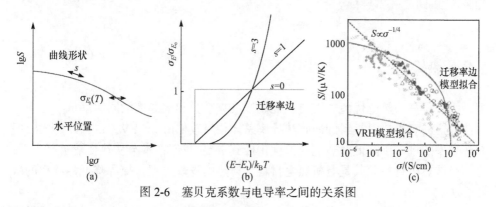

图 2-6　塞贝克系数与电导率之间的关系图

(a) S-σ 模型曲线，曲线有两个拟合参数：s 决定了曲线的形状，$\sigma_{E_t}(T)$ 传输系数决定了该电导率的数量级；(b) 不同输运模型对比[26]；(c) S-σ 实验拟合曲线，其中数据点代表 p 型掺杂的有机半导体热电性能实验值，曲线为经验拟合曲线[24]

值得提出的是，在机械模型中提出迁移率边模型符合 $s = 0$，而在跳跃模型中，在 E_t 能量之下不存在电子/空穴或者是两者对电导率不会起作用，此时的输运方程 $\sigma_E(E)$ 符合 $s = 3$ 的模型[图 2-6(b)]。Mott 迁移率边模型一般用来描述载流子激发到传输边之上时的金属态传输。VRH 模型描述了在局域态之前的跳跃过程，一般产生的塞贝克系数在 10 μV/K 的量级，所以在真正描述掺杂的有机材料热电性能时难以使用单一模型。对于掺杂的有机材料来说，S 和 σ 的关系曲线跨越了 8 个数量级电导率的变化，且使用 $s = 3$ 拟合式 (2-10) 和式 (2-22) 揭示了这些典型导电聚合物具有相同的输运指数。在三维晶体中，$s = 1$ 成为典型的拟合指数，但是当电荷被电离的杂质散射时，又会有 $s = 3$ 的存在。另外，虽然有机半导体中掺杂带来电荷发生转移，但是它显示出类似于 Arrhenius 的温度依赖性，所以在有机热电研究中不能使用金属扩展态模型来分析参数间的关系。

考虑到有机热电过程的复杂性，研究人员通过不同方法对多种聚合物进行掺杂，发现它们都符合幂律关系方程，即

$$S = \frac{k_B}{q} \left(\frac{\sigma}{\sigma_S} \right)^{-\frac{1}{4}} \tag{2-23}$$

在很大的范围内，σ_S 是与载流子浓度无关的导电常数，拟合值接近 1 S/cm；在方程中引入常量不会对 σ_S 值产生很大的影响。在 S-σ 双对数坐标中，调节 σ_S 可以上下移动塞贝克系数随电导率变化关系曲线：提高 σ_S 会使拟合曲线过高评估功率因子，并在较低的电导率区域影响较大；减小 σ_S 会低估功率因子。此时，功率因子与电导率展现了一个平方根的关系，$PF \propto \sigma^{-1/2}$。图 2-6(c) 是科研人员对掺杂的有机热电材料性能进行了大量汇总，验证了大多数材料所遵循的 $S \propto \sigma^{-1/4}$ 普遍趋势[24]。

2.2　热输运

为获得高的热电优值，需要在提高塞贝克系数和电导率的同时降低热导率。目前报道的有机热电材料的薄膜热导率总体相对较低[0.1～1 W/(m·K)][31-34]。但是热导率的进一步降低对热电优值优化极其重要。我们在本节从热传输机制入手，介绍影响热电材料尤其是有机热电材料中传热的物理过程，探寻降低热导率的潜在方法。

与电输运过程相似，在固体材料中依靠电荷(电子与空穴)和声子携带热量进行传输，所以热导率主要体现为电子热导率(κ_e)和声子热导率(κ_L)。依据动力学

原理，热导率可以通过式(2-24)表达[35]：

$$\kappa = -\frac{Q'}{\nabla T} \tag{2-24}$$

式中，Q' 为通过单位截面的热流速度矢量；∇T 为温度梯度。因此，热流的速度越慢，材料的热导率会越低。固体材料的热传输也是温度依赖的物理参数，在开展研究时需考虑温度的影响。此外，与电荷传输过程相似，固体材料内不同的分子堆积形式、结晶尺寸、晶界(晶格缺陷)、杂质、载流子浓度、晶格波矢等都会影响热传输。针对上述分析，可以从主要影响电荷和声子热传输两个角度来分析热传输机制。

2.2.1　电子热导率

为评估电荷传输带来的导热现象，可以假设其传输属于理想的电子气模型(粒子之间没有相互作用)，从而可以用维德曼-弗兰兹定律(Wiedemann-Franz law)来描述电子热导率 κ_e 和电导率 σ 之间的关系：

$$\kappa_e = LT\sigma \tag{2-25}$$

式中，L 为洛伦兹常量，$L \approx 2.4 \times 10^{-8}$ J²/(K² · C²)。相比于无机材料，有机材料分子堆积的规整度要差一些，难以形成晶格结构且电导率低，所以由载流子传输带来的电子热导率一般较低，对热传输影响较小。另外，有机分子内部的载流子难以达到理想电子气模型，而是受周围环境分子及载流子的影响形成极化子，此时维德曼-弗兰兹定律不再适用[36]。此外，掺杂剂的引入也会调节材料分子堆积结构和载流子密度，从而影响电子热导率。

2.2.2　声子热导率

声子是一种量子化的晶格振动能量，可以通过晶格振动实现热传输。简单来说，在固体中每个原子与邻近的原子相互作用，因此任何一个原子的位移将会扰乱其他原子的传输过程。原子是在持续的振动，这些所有的振动可以用波(垂直方向或者水平方向)来表示。在低频率的振动时，这与声波比较相似；而高频率振动带来的热传输是在热电性能研究中考虑的主要过程。

在分析热传输过程时，首先需要考虑本征的振动谱图。最早德拜(Debye)假设一个晶体可以用一个弹性的连续介质表示[37]，边界条件只允许某些波长发生振动传输，而这个允许波长的下限是由材料的原子本征性质决定的。具有 n 个原子的单元，振动模型数为 $3N'$。因此根据德拜原理，单位体积内在 v 和 $v+dv$ 之间所含的模型数为

$$n_L = \frac{2\pi v_D^3 \mathrm{d}v}{v^3} \tag{2-26}$$

式中，v 为声子的频率或波数。根据德拜振动频率 v_D 的描述，总的振动模型数可以表示为

$$3N' = \frac{4\pi v_D^3}{v^3} \tag{2-27}$$

德拜利用新发展的量子理论来确定能量 W。因此，量化的振动满足玻色-爱因斯坦(Bose-Einstein)统计而不是适用于电荷的费米-狄拉克(Fermi-Dirac)统计学模型。那么 W 的表达式为

$$W = hv \left[\exp\left(\frac{hv}{k_B T} \right) - 1 \right]^{-1} \tag{2-28}$$

恒定体积的比热 C_V 通过对内部能量除以温度的积分获得：

$$C_V = 9Nk \left(\frac{T}{\Theta_D} \right)^3 f_D \left(\frac{\Theta_D}{T} \right) \tag{2-29}$$

其中德拜温度 Θ_D 定义为

$$\Theta_D = \frac{hv_D}{k_B} \tag{2-30}$$

$$f_D \left(\frac{\Theta_D}{T} \right) = \int_0^{\Theta_D/T} \frac{x^4 \exp(x)}{\left[\exp(x) - 1 \right]^2} \mathrm{d}x \tag{2-31}$$

德拜使用了非常基本的模型，固态材料中的一般热传输行为与其预测情况非常接近[38]。事实证明，比热对振动光谱的细节并不是很敏感。德拜提出的比热理论至今依然适用，并且可以利用 Θ_D 的温度依赖性来解释实验与理论曲线之间的差异。

进一步分析晶格振动需要区分纵向波和水平波，同时也需要区分群速度 $2\pi \mathrm{d}v/\mathrm{d}q_L$（$q_L$ 表示波数）和相速度 $2\pi v/q_L$。这两个速度在低频率时具有相同的声学振动值，但是在频率谱图的另一端变得不同，在色散曲线的示意图中表现出来（图 2-7）。声学振动模式有两种，声学支模

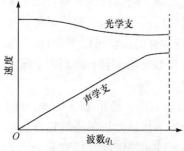

图2-7　一个双原子晶格中声子振动的色散曲线示意图

式一般指系统内晶格的整体运动；光学支模式表示晶格间的相对运动。该示意图还表现出在一个单元内如果不止有一个原子时，声学和光学的分支会同时出现。如果一个单元内有 n 个原子，将会有 3 个声学支声子（1 个纵向和 2 个横向）和 $3(n-1)$ 个光学支声子。

德拜尝试通过这种弹性连续介质模型解释一个未掺杂的绝缘晶体的热导率随热力学温度变化的关系[39]。但是他并未成功解释导热系数并不是无穷的事实。只有当热振动是非谐振时，热导率才变得有限。Peierls 则首次引入声子或者是量化的振动波包的概念来分析这种非谐振行为。他提出声子之间可以通过两种方式来发生作用。在传统或者是 N 过程中，声子的动量守恒，但是在倒逆（Umklapp）过程或称 U 过程中，动量不守恒；如果考虑整个晶体的移动，则 U 过程也满足动量守恒定律。以上两种类型是我们分析声子散射时的两种情况，即弹性散射（N 过程，散射前后能量声子振动频率未变）和非弹性散射（U 过程，散射后频率发生变化）。N 过程对能量重新分配极其重要，但是只有 U 过程才会带来热阻。在图 2-8 中，可以用波矢 k 来描述声子的移动。在 N 过程中，声子 3 可以通过声子 1 和 2 的矢量叠加获得[图 2-8(a)、(b)]；但是在 U 过程中，需要引入倒数晶格矢量 G 使得在晶胞单元内存在声子 3[图 2-8(c)]。其中声子在两个散射情况中移动的距离或者路径被称为声子平均自由程（l_p）。这两个过程可以描述为

$$k_3 = k_1 + k_2 \ (\text{N 过程})$$

$$k_3 = k_1 + k_2 - G \ (\text{U 过程})$$

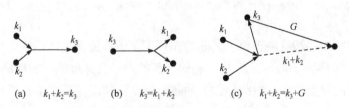

$$\text{(a)} \quad k_1+k_2=k_3 \qquad \text{(b)} \quad k_3=k_1+k_2 \qquad \text{(c)} \quad k_1+k_2=k_3+G$$

图 2-8　声子传输和散射的矢量示意图[40]

两个声子结合产生一个新的声子(a)、一个声子散射分成两个声子(b)和两个声子结合产生新声子的 U 过程示意图(c)，由于原子晶格的离散性质，具有一个最小的声子振动波长代表最大允许的波矢量。如果两个声子结合时产生的波矢大于该值，声子的方向就会发生反转并且产生一个倒数晶格矢量 G

随着温度的升高，声子传输更倾向于 U 过程。在低温时，预测的声子的平均自由程与 $[\exp(-\Theta_D/aT)]^{-1}$ 成正比，其中 a 是一个约等于 2 的常数。但是，在很多材料中低温时的热导率随 $1/T$ 的变化关系仍然是一个谜，且声子被各类缺陷散射时会掩盖上述的指数关系。因此，可以从比热的角度利用声速 v 和声子平均自由程 l_p 来表达声子热导率：

$$\kappa_L = \frac{1}{3} C_V v l_p \qquad (2-32)$$

所以有机热电材料中的热传输过程的分析往往需要探讨声子移动的平均自由程。该过程受固态样品的结晶性影响较大，但是在以往的报道中，人们并未将热导率与结晶度直接挂钩，而是从具有无定形结构的本征材料入手，逐步分析热传输的物理模型。

在未掺杂的有机半导体中，声子移动过程主要表现形式如图 2-9 所示。从图中可以看出，声子在相同的原子界面处直接传输，而没有发生散射[图 2-9(a)]。但是，当声子在不同原子、杂质、缺陷及无定形/结晶界面等之间运行时，会产生声子散射[图 2-9(b)、(c)]。结合上述声子传输过程的描述，其平均自由程可以表述为 $l_p = v\tau$，此时 τ 为散射的弛豫时间。材料的平均自由程同样可以由以下两种情况分析[38]。

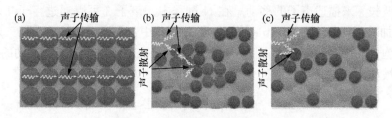

图 2-9　热传输过程示意图[5]

(a)结晶材料中的热传输；(b)多晶堆积结构材料中的热传输；(c)无定形聚合物中的热传输

(1) Umklapp 散射：由于原子之间的作用不是纯粹的谐波产生的非弹性散射过程，此时的声子-声子散射经历 U 过程时，新的声子会穿过第一布里渊(Brillouin)区，矢量方向发生反转，由此导致大的热阻值。该情况主要发生在低缺陷、高结晶性的材料中。

(2) 缺陷、杂质和晶界散射：一般来说，有机材料尤其是聚合物的结晶度低，不同结晶区间存在无定形区，从而带来了众多缺陷和不连续的界面，这些类似于晶格缺陷的因素会带来声子散射(图 2-9)。

结合以上分析，有机材料的堆积性质影响着声子移动的平均自由程，增加了声子散射，降低了声子及热传输效率。因此，有机材料的热导率往往比无机材料的热导率更低。此外，掺杂剂的引入还可以同时调节材料的比热及相对密度，从而影响声子热导。

2.3 热电性能参数的温度依赖关系

2.3.1 电荷传输的温度依赖关系

基于不同的载流子输运方式，电荷传输对温度的依赖关系不同。材料的电导率由费米能级和迁移率边的相对位置决定，如果 E_F 在延展态的范围内，载流子具有一个大的局域化距离，电导率显示金属性特征，即电导率随着温度降低而升高[类能带模型，式(2-14)]，并且在 $T = 0\,K$ 时达到极值。同样，自由电子气的塞贝克系数也主要由电子贡献，与温度呈正相关的线性关系。

对于无序堆积的有机热电材料，能级上大多数的电子态都是被限域的，E_F 不在局域态区间，说明载流子被局域化需要通过热激活后才能自由移动。该情况下，$T \to 0$ 时 $\sigma \to 0$，而热激活能及迁移率边等对温度的依赖关系也影响了电导率和塞贝克系数的温度依赖关系。对于掺杂的有机材料，载流子跳跃主要符合 VRH 模型，电导和热电性能参数可以通过以下方程表述：

$$\sigma_{\mathrm{VRH}} = \sigma_0 \exp\left(-\frac{T_0}{T}\right)^{1/(\gamma+1)} \tag{2-33}$$

$$S_{\mathrm{VRH}} = \frac{k_{\mathrm{B}}^2}{2e}(T_0 T)^{1/2} \left.\frac{\mathrm{d}\ln(g)}{\mathrm{d}E}\right|_{E=E_{\mathrm{F}}} \tag{2-34}$$

式中，σ_0 为电导率前因子(与温度无关，直接受散射影响)；T_0 为特征温度(与跳跃区域成反比)；γ 为跃迁指数(与系统的维度相关，对于 2D 和 3D 系统该值分别是 0.5 和 0.25)[5]。所以，塞贝克系数也展现出明显的温度依赖关系[图 2-10(c)]。因此，在有机热电材料中，随着温度的升高，电导率和塞贝克系数往往呈现的是上升的趋势。一般通过升温，可以在一定范围内提高材料的热电性能。

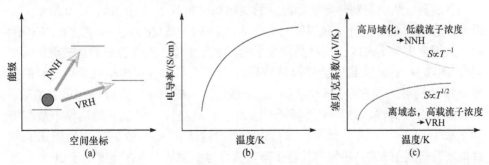

图 2-10　(a)能级和空间无序性带来不同的跃迁方式示意图；(b)导电聚合物电导率随温度变化的曲线；(c)聚合物塞贝克系数与温度的依赖关系曲线

2.3.2 热传输的温度依赖关系

热传输的载体依然是电荷和声子，因此热导率性质是一个温度依赖的物理参数。根据材料的结晶性性质，温度依赖的热导率变化曲线总结如图 2-11 所示。

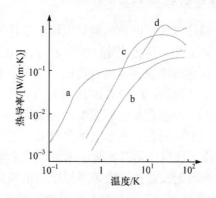

图 2-11　各种类型有机材料的热导率与温度的可能演变规律[1]

曲线 a、b、c、d 分别代表无定形固态材料的热导率随温度的四种变化规律

到目前为止，人们对无定形材料的热导率认识远没有达到晶体材料的深度。但是该类材料的热传输行为受结构及化学组分的影响较小。值得注意的是，有机和无机的绝缘性材料的室温热导率相当，如无序晶体和聚合物，其室温热导率与二氧化硅相当[41]，同时这些材料随温度的变化规律与图 2-11 中的曲线 a 一致，主要分为三个区段：①$T < 1\ \mathrm{K}$，$\kappa \sim T^2$；②$T \approx 10\ \mathrm{K}$，热导率接近于一个常数；③在 $T > 10\ \mathrm{K}$ 温区，热导率随着温度增加平滑增加，最终达到最小的极限热导值 $\frac{1}{3} C_V l_{\mathrm{p}}$。当前，借助于超级计算机和分子动力学软件，可以有效模拟这些无定形材料热传输的温度依赖关系。

多晶有机热电材料热导率随温度的变化规律如图 2-11 中曲线 b、c 所示。在温度到达 10 K 时，热导率随温度的变化呈现 T^n 的关系(在 20 K 温度以下，$1 < n < 3$)，且不会出现平台区。当结晶度很小时，热导率单调上升直至到达玻璃化转变温度(图 2-11 中曲线 b)；当结晶度较高时(体积分数结晶度大于 0.7)，材料的热导率相对较高，首先会随着温度的上升而上升，在 100 K 附近出现最高值后，随着温度继续升高，热导率下降[42,43]。对于有机晶体，室温下的热导率最高可达 2 W/(m·K)，并且在低温区(约 20 K)就可以达到峰值(图 2-11 中曲线 d)；随着温度升高到 100 K，热导率线性下降。该行为主要是由于在温度小于 20 K 的区间，材料内部的声子-声子散射随着温度的升高而衰减，增加了声子的平均自由程；

在温度继续升高时，比热减小(德拜模型)和其他声子散射现象的复合作用使得热导率降低。

值得注意的是，有机热电材料的加工技术及材料结构性质使得分子堆积排列在宏观上具有取向性，因此热导率具有各向异性。例如，对于旋涂制备的聚酰亚胺薄膜，其水平和垂直方向的热导率比值可达 4[44]，挤压法制备的聚乙烯，热导率的各向异性达 10[45]。因此，在计算材料的热电性能时，应根据需求测试不同取向的热导率。

2.4　能量过滤效应及量子限域效应

对于热电材料，掺杂直接影响载流子态密度和载流子浓度，从而调控热电性能各项参数。人们发现在对材料掺杂以及微观结构调控时，还会带来多种复合效应，这些效应影响了塞贝克系数、电导率和热导率随载流子浓度的变化关系，带来的反常规现象显著提升热电性能。其中广泛接受的效应包括能量过滤效应和量子限域效应。

能量过滤效应最初针对超晶格材料提出，是提高塞贝克系数而不带来电导率下降的重要效应。在超晶格中，交替的能量阻挡层可以作为只允许高能的载流子通过的能量过滤器，从而增加了单位载流子输运的熵变(塞贝克系数)。现在该效应已经被用于研究具有纳米粒子的块体无机物[46,47]以及有机-无机杂化体系[48,49]。人们发现使用碳纳米管、还原氧化石墨烯等材料掺杂聚合物体系[如聚(3,4-乙烯二氧噻吩)、聚苯胺、聚吡咯]时，可以将电导率提升 1~2 个量级且塞贝克系数并未有大幅下降。人们猜测这主要是因为在有机-无机杂化材料内，两相界面会形成能垒从而优先散射低能的载流子，使得弛豫时间强烈依赖于能量并增加了载流子在费米能级附近传输的不对称性，由此带来塞贝克系数增加。此外，使用有机-有机复合材料，例如，Shi 等构建了聚(3,4-乙撑二氧噻吩)：聚对苯乙烯磺酸[poly(3,4-ethylenedioxythiophene)：poly(p-styrenesulfonate)，PEDOT：PSS]和聚(3-己基噻吩)(P3HT)双层的纳米薄膜，他们认为纳米结构中存在的势垒产生的能量过滤效应使得材料在电导率升高到 200 S/cm 时还可以保持较高的塞贝克系数[50]。

当样品尺寸达到纳米量级时，费米能级附近的电子能级会由连续态分裂成分立能级，显现出量子限域效应，从而带来材料本征的物理性质的变化。在热电研究中，Hick 在 1993 年通过计算得到量子阱效应可以提升材料的热电性能[51]。后期他们通过实验发现将无机材料 PbTe 制备成层状结构，电子将被限制在两个维度上传输，从而增加单位空间载流子的态密度，提高了塞贝克系数和电导率[52]。同时，声子在层间运动的平均自由程也会被降低，增加了界面散射，会进一步降低声子热导率。这种结构的热电优值比块体 PbTe 材料显著提高。在有机热电研究中，使用低维纳米材料(零维的富勒烯 C_{60}、二维的还原氧化石墨烯 rGO 和石墨烯纳米带等)掺杂的纳米结构化的有机聚合物，如 C_{60}/rGO/PEDOT∶PSS 杂化材料，也会产生低维量子限域效应，促进热电优值的优化[53]。

值得注意的是，上述效应虽然在有机热电和有机-无机复合材料的热电研究中常常被用于解释热电性能变化的反常现象，但是基本研究还是以理论分析为主。如何制备低维有序的有机热电样品还具有众多技术难题，限制其相关应用的发展。另外，拓扑绝缘体因其独特的电子结构与界面能级性质，有望展现出优异的热电性能。有机拓扑绝缘体理论预测的结果为新型高性能有机热电材料的发展提供了基础，但暂未获得实验验证。该类通过材料结构性质带来的热电性能参数优化是发展高性能热电转化的有效手段之一，是未来研究中需要深入探讨的重要方向。

2.5 掺杂机制

在传统认知中，有机材料是良好的电绝缘体，没有自由迁移的电荷；根据原子键合方式和电子轨道结构(较大的带隙)，以及分子堆积的无序性，临近的烷基链间的电子耦合在宏观上限制电荷传输，获得的电子耦合平均值比有机晶体的电子耦合小很多，转移积分 $t < 0.05$ eV[54, 55]，一般是电绝缘体或者半导体。掺杂可以通过电荷转移过程调控载流子浓度(电荷量、能级分布、缺陷密度等)，以反式聚乙烯为例，通过掺杂可以将分子电导率提高几个数量级，呈现金属态，为其热电性能调控提供有效方法。

相比于无机材料，有机材料的掺杂方法与机制不同，这主要是有机材料体系内跳跃模型传输机制决定的。因此在掺杂时，通过分子/原子间的电荷转移、诱导产生载流子、电荷间相互作用(库仑修正关系)增强和跃迁态的极化子耦合等过程，带来材料局域态变化和能级的移动等，实现对热电综合性质的调节。其中，n 型和 p 型掺杂处理分别使得有机材料内的电子和空穴浓度增加。基于掺杂剂种类及处理方法等不同，可将有机材料的掺杂方法分为化学掺杂、光掺杂和电场诱导的界面掺杂[56](图 2-12)。常规的化学掺杂是通过引入掺杂剂使其与本体材料发生电荷转移，此外还可以通过电压调控材料的氧化还原电势实现掺杂，该类化学掺杂又

称为电化学掺杂。下面我们就上述每种掺杂方式的原理、处理手段及相关的掺杂
剂做分类介绍。

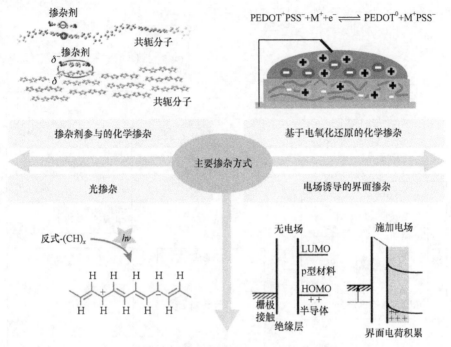

图 2-12 有机材料的掺杂分类及简单示意图

2.5.1 常规化学掺杂

1. 基本掺杂机制

掺杂剂(电子给体或者受体)的引入会使得有机材料具有自由移动电子。但是
受电子结构和堆积方式的影响,有机材料的化学掺杂会发生完全电荷转移或部分
电荷转移,分别形成氧化还原离子对和电荷转移复合物[57]。我们将上述两种机制
简单总结如下。

1)完全电荷转移

对于 p 型掺杂,当掺杂剂的电子亲和能(E_A)等于或者高于有机半导体的电离势
(IE),一个电子将会从材料最高占据分子轨道(highest occupied molecular orbital,
HOMO)能级转移到掺杂剂的最低未占分子轨道(lowest unoccupied molecular
orbital,LUMO)能级,从而形成有机半导体阳离子和掺杂剂阴离子;相反,n 型
掺杂剂向主体材料提供了额外的电子来填充 LUMO 能级,分别形成有机半导体阴
离子和掺杂剂阳离子(图 2-13 为 n 型掺杂的示意图)。例如,使用碘单质(I_2)和萘
化钠[$Na^+(C_{10}H_8)^-$]掺杂聚合物,可通过以下两式表达:

p 型掺杂： $(\pi 聚合物)_n + 3/2ny(I_2) \longrightarrow [(\pi 聚合物)^{y+}(I_3^-)_y]_n$

n 型掺杂： $(\pi 聚合物)_n + \left[Na^+(C_{10}H_8)^- \right]_y \longrightarrow$

$$\left[(Na^+)_y (\pi 聚合物)^{y-} \right]_n + (C_{10}H_8)^0$$

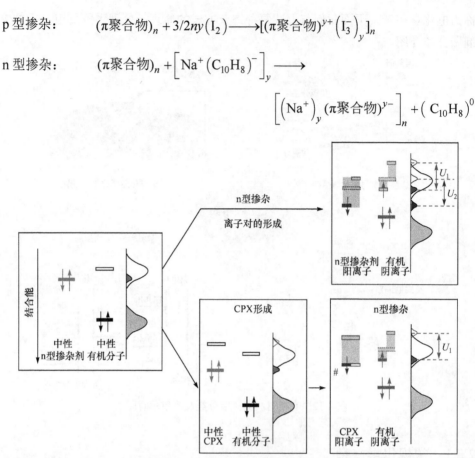

图 2-13　有机材料发生 n 型掺杂形成离子对(IPA)和电荷转移复合物(CPX)及其随后发生电离
过程的能级和态密度变化的综合示意图[57]

U_1 和 U_2 分别表示掺杂剂和有机材料的 Hubbard 电势，离子化的电荷转移复合物(标有#)则近似于电中性

　　由于有机材料的介电常数比较小(3～4)，材料内的电子-空穴对的结合能一般在几百毫电子伏的数量级[58]。即使考虑到有机半导体可以通过重组能变化反映其键长及前线分子轨道稳定性的变化，二级电离能依然比一级电离能高，阳离子的电子亲和能也要比中性分子高[59]。由于原位库仑相互作用，阳离子的电子亲和能(EA^+)和电离能(IE^+)存在一个能量差，被称为哈伯德势能(Hubbard U)。这就会使得阴离子的占据和未占据的 HOMO 所衍生的亚能级产生分裂。而且考虑到周围电子间库仑作用，阳离子的能级将会如图 2-14(a)所示发生移动。以此类推，阴离子的能级情况如图 2-14(b)所示。对于导电聚合物来说，总体上可以认为是一系列沿着聚合物链的弱电子耦合的分子亚基序列，因此也可以使用该示意图来描述相关的电子能级结构[44]。在该模型中，带正电的极化子会在价带上方(中性分

子的带隙内)呈现一个独立的占据能级[60, 61]。尽管科学家做了许多努力，但是在有机材料中形成的这些间隙极化子能级尚未被明确验证。

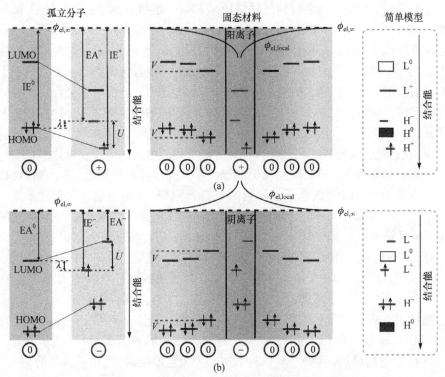

图 2-14　含有极化子的分子半导体修正的能级图

(a)IE[0] 和 EA[+]之间的能级差为重组能；HOMO 上的电子间形成原位库仑相互作用，从而使能级分裂为两个亚能级 EA[+]和 IE[+](两者间的能极差为 U)，而受周围分子的库仑作用，阳离子附近的中性分子的能级发生能级偏移，最大的能级偏移为 V。(b)负极化子的分子半导体能级图，其过程类似于(a)的正电极化子[59]。其中，$\phi_{\text{el},\infty}$和$\phi_{\text{el,local}}$分别表示真空能级和局部偏移真空能级，H 和 L 分别表示 HOMO 能级和 LUMO 能级，0、−和+分别表示中性、负电荷和正电荷状态

2)部分电荷转移

有机材料掺杂的另一机制是形成电荷转移复合物(charge transfer complex, CPX)。此时，有机半导体与掺杂剂的前线分子轨道杂化，形成一组新的成键轨道和反键轨道(图 2-13)。相对于本征材料，CPX 的 HOMO 和 LUMO 能级的相对偏离决定了电荷转移的量 δ(可以是非整数值)。而且，该过程电荷只是发生偏移，形成的基态电荷转移复合物是电中性的。以 p 型掺杂为例：在 Hückel 模型中，电荷转移复合物的前线轨道能级 $E_{\text{CPX,H}}$ 和 $E_{\text{CPX,L}}$ 可以由式(2-35)计算：

$$E_{\text{CPX, H/L}} = \frac{H_{\text{OSC}} + L_{\text{dop}}}{2} \pm \sqrt{(H_{\text{OSC}} - L_{\text{dop}})^2 + 4\beta^2} \qquad (2\text{-}35)$$

从该方程分析，CPX 的能级与有机材料的 HOMO 能级(H_{OSC})、掺杂剂的 LUMO 能级(L_{dop})以及共振积分 β 相关。该机制的发生并不需要 H_{OSC} 和 L_{dop} 共振，所以 p 型掺杂在 L_{dop} 比 H_{OSC} 高或者低的情况下均可发生杂化[62,63]，反之亦然。因此在不发生氧化还原时，掺杂剂和有机材料容易发生该过程，且该机制对于有机共轭小分子具有良好的普适性[62-66]，在共轭聚合物中也被报道[67]。电荷转移复合物具有独特的能级结构。例如，在 F$_4$-TCNQ 掺杂四噻吩时形成的电荷转移复合物具有基本的电子跃迁，该跃迁与本征态的四噻吩的吸收特征不同[62]。发生作用之后，氰基键的伸缩振动被弱化，峰值偏移了 0.7 cm^{-1}，计算获得的电子转移共振积分 δ 为 0.25。

另外，新形成的 CPX 杂化轨道能级位于周围本征材料能级之间(图 2-14)。以 p 型掺杂为例，CPX 的电子亲和能比周围分子高，而电离能比周围分子低，所以一个 CPX 可以在材料的传输能带中创建一个填充的能级轨道和一个空的反键轨道，可以作为掺杂剂与周围主体分子发生作用，因此该过程会形成 CPX 的自由电子(图 2-14)。在之前的报道中尚未直接从实验中观测到负离子化的 CPX 能级，但是可以将其近似于 CPX 中心能级，例如，在之前报道 F$_4$-TCNQ 掺杂四噻吩的研究中通过光电子能谱观察到该变化[62]。但该过程往往需要掺杂剂与主体分子形成规整堆积方式，而化学掺杂过程引入的掺杂剂分子及对离子往往会破坏原有的规整堆积，限制该作用机制的发生。例如，结晶的并五苯分子，随着掺杂剂 F$_4$-TCNQ 用量的增加，其分子堆积会快速变为无定形结构，阻止了共晶的形成[63]。

2. 常用掺杂方法

除了上述掺杂机制的差异，如何实现有效的化学掺杂是开展有机热电研究的重点。本部分介绍系列常用的掺杂技术、掺杂剂种类以及掺杂效率的分析方法，希望给读者以清晰的图景。

常规化学掺杂的本质是主体分子与掺杂剂发生电荷转移，所以如何将掺杂剂引入到有机材料中是实现可控掺杂的关键。简单的方式是将两种材料按一定的比例混合，通过压块、旋涂、共蒸或共熔等方式制备。

压块是粉末与颗粒材料混合常用的方式，但是这种方法往往难以获得可控的分子堆积和高效的掺杂，而且制备的样品往往比较厚，在有机热电材料研究中使用较少。利用真空热沉积或共蒸镀的方法混合主体分子与掺杂剂，结合蒸镀速度和基底温度的优化，可以制备较为均匀的薄膜。例如共蒸并五苯和 F$_4$-TCNQ，形成的复合功能薄膜的电导率随着 F$_4$-TCNQ 用量的增加从 2×10^{-3} S/cm 可调节至约 0.1 S/cm，塞贝克系数随之从 400 μV/K 降至 150 μV/K[68]。但是该方法主要适用于小分子材料。

随着溶液法加工技术的不断拓展，发展大面积薄膜器件成为重要有机电子学研究方向。因此，通过溶液混合实现化学掺杂是目前有机材料热电性能调控的主要策略,如通过混合掺杂剂和有机材料,结合滴涂、旋涂及打印等技术沉积。例如,PEDOT 在聚合过程中引入 PSS、对甲基苯磺酸(4-toluenesulfonic acid,Tos)等电解质作为对离子,进一步向水溶液中加入一些化学添加剂,如有机溶剂(二甲基亚砜、N,N-二甲基甲酰胺、四氢呋喃、乙二醇等)、糖、离子液体、表面活性剂、盐、二维碳材料、无机纳米颗粒等[69-71],可以调节材料的氧化程度,电导率调节范围可从 $10^{-5} \sim 3000$ S/cm[72],获得的功率因子和 ZT 值分别可达 469 μW/(m·K^2)和 0.42[73]。此外,还可以使用还原性溶剂进行二次掺杂处理,调节薄膜样品的电导率超过 1000 S/cm,ZT 值可超过 0.2[71]。

随着人们对有机热电材料体系研究的发展,目前报道了一系列化学掺杂剂,按照 p 型和 n 型掺杂效果进行简单汇总(图 2-15 和图 2-16)。值得注意的是,在有机热电研究中缺乏高效、普适的掺杂剂,且 n 型掺杂剂还面临着空气稳定性差等问题。

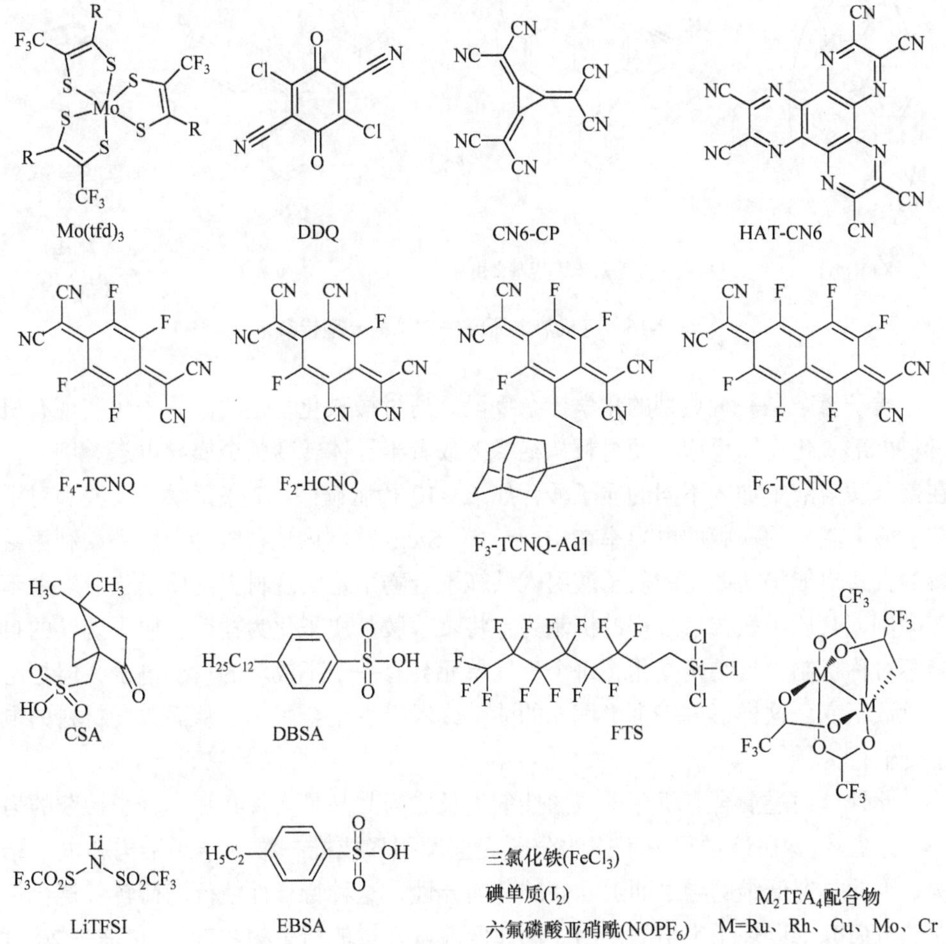

图 2-15　有机热电研究中常见的 p 型掺杂剂

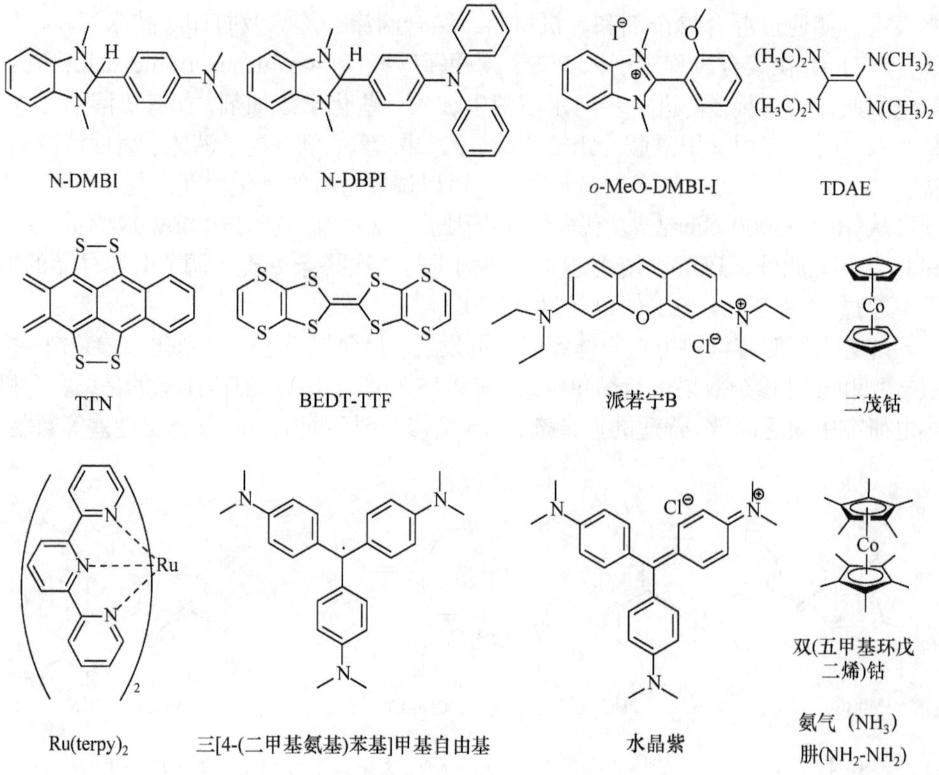

N-DMBI   N-DBPI   *o*-MeO-DMBI-I   TDAE

TTN   BEDT-TTF   派若宁B   二茂钴

Ru(terpy)₂   三[4-(二甲基氨基)苯基]甲基自由基   水晶紫   双(五甲基环戊二烯)钴

氨气（NH₃）
肼(NH₂-NH₂)

图 2-16　有机热电研究中常见的 n 型掺杂剂

　　质子掺杂是一种典型的化学掺杂手段。通过酸碱化学性质的质子化实现有机材料内部氧化还原反应，使材料从绝缘态或者半导体转变为金属导电态。例如，在聚苯胺溶液中加入不同的质子酸，如(±)-10-樟脑磺酸、2-萘磺酸、磷酸和对甲苯磺酸，制备的薄膜的电导率在 $10^{-3} \sim 10^2$ S/cm 范围内调节[31,74]。此外，利用共熔的方式也能将功能化的质子酸引入共轭聚合物中，实现材料的质子化。以聚苯胺为例，其质子酸掺杂过程的机制为：将聚苯胺基质子化为盐后，质子诱导的自旋不对称机制导致结构变化，每个重复单元会有一个不成对的自旋电子，但是电子总数不变。这样形成一个半填充的能带或者是一个金属态，从而改变材料的电子传输行为。

　　此外，通过混合有机分子与掺杂剂生长成为共晶是实现共轭小分子掺杂的另一种途径[75]。在该过程中不同的分子规整堆积形成准一维的结晶结构和电子结构，因此具有低维的导电通道和高的各向异性，这种特异性使得电荷转移复合物在热电研究中展现了突出的作用。例如四硫富瓦烯的衍生物 TTFs，它是在 20 世纪 80 年代发展的一类有机超导分子，可以作为给体分子与电子受体分子四氰基喹啉(TCNQ)形成共晶材料[76]。两者形成规整的准一维堆积结构，并且沿着分子堆积方向上相邻的分子之间存在较强的电子耦合作用，可以作为电荷传输路径。从理论上计算，基于这种准一维系统中同时存在两种类型的电子–声子耦合作用的假设，分别是相邻分子间的转移能波动和围绕着电子周围分子的分子极化能波动，理论预测 TTF-TCNQ 的热电优值可超过 20[77]。但是实验研究中发现，TTF-TCNQ 单晶的室温电导率为 300~500 S/cm，n 型和 p 型沟道的同时存在导致电子和空穴相互抵消，所以塞贝克系数仅为 $-28~\mu V/K$[78-80]。并且在 300K 时，由声子传输与散射机制带来的热导率约为 $1~W/(m \cdot K)$[81]，所以 300K 时热电优值为 $(0.7\sim1.1) \times 10^{-2}$。共晶具有规整的分子堆积结构，对研究电传输和热传输机制具有重要意义。但是由于生长共晶对分子结构、电子能级及比例调节等都有较高的要求，所以电荷转移复合单晶是一类重要但极具挑战的热电体系。

　　除了使用溶液共混方式，还可以利用掺杂剂溶液浸泡块体及薄膜状的有机热电材料实现快速掺杂。朱道本课题组利用 $NOPF_6$ 的乙腈溶液浸泡 $2\mu m$ 厚的 PBTTT 薄膜，发生作用后 NO^+ 离子被还原为 NO 并且离开薄膜[82]，升温后薄膜的功率因子可提高 5 倍。2012 年，他们设计合成了一类有机铁盐掺杂剂，利用有机阴离子 $TFSI^-$ 特有的高稳定性和电荷离域性质，使得 P3HT 薄膜在室温下电导率可达约 80 S/cm[83]。该薄膜展现了良好的空气稳定性，在加热到 340 K 时，最高的功率因子达 $24~\mu W/(m \cdot K^2)$。F4-TCNQ 溶液也适用于溶液法来实现对有机材料的 p 型掺杂，如通过在多孔结构的有机半导体薄膜 C_8-BTBT 表面旋涂 F4-TCNQ 的乙腈溶液或者采用直接浸泡的方式，可以使薄膜器件的迁移率从 $4~cm^2/(V \cdot s)$ 提高到 $18.7~cm^2/(V \cdot s)$[84]，从而提高导电沟道的电导率。

　　掺杂剂还可以通过热升华或者气化的过程沉积到有机材料表面或者内部实现掺杂。例如，使用氨气分子、肼分子等这类具有给电子能力的气体，通过其饱和蒸气来掺杂块体及薄膜材料，实现对有机热电材料的 n 型掺杂[85]。碘单质是一类使用较为广泛的 p 型掺杂剂。在 1991 年，Minakata 等发现对于真空沉积的并五苯薄膜，在 10^{-5} Torr($1~Torr = 1.33322 \times 10^2~Pa$) 压力下引入碘蒸气可以实现有效的掺杂[86]，电导率最高可达 110 S/cm，比未掺杂的薄膜电导率提高了 11 个量级。而且通过 X 射线衍射和吸收谱图分析，他们发现碘分子是插入到并五苯分子层之间形成具有高度有序堆积结构的电荷转移复合物，从而解释了各向异性的导电行为。近期，Hayashi 等使用相同的方法掺杂并五苯薄膜，系统研究了薄膜厚度及微观形貌对其热电性能的影响[87]。优化结果表明，在 $40\sim60~\mu V/K$ 塞贝克系数范围内最高的电导率为 60 S/cm，得到的最高功率因子 PF 为 $13~\mu W/(m \cdot K^2)$。但是上述小分子掺杂也存在明显稳定性问题，包含掺杂剂的解吸附过程、升温诱导的去掺杂以及掺杂后材料的空气不稳定性等[88, 89]。Hayashi 等报道可以在碘掺杂的薄膜上面贴附一层绝缘的聚酰亚胺胶带，以减缓功率因子的衰减[87]。除了碘单质外，MoO_3、Cs_2CO_3、F_4-TCNQ 等掺杂剂也可以通过真空热沉积蒸镀到固态有机样品上，实现有效的化学掺杂[68, 90, 91]。例如，Sirringhaus 教授及其合作者通过热蒸镀方式在共轭聚合物 PBTTT 薄膜的上方沉积 F_4-TCNQ 分子，由于分子热运动，掺杂剂可以扩散到不导电的烷基链堆积区域而不影响 π-π 堆积。渗入的 F_4-TCNQ 分子与共轭分子发生有效的电荷转移，掺杂的 PBTTT 薄膜电导率最高可达 248 S/cm[91]。多氨基聚合物 PEI 同样可以产生寡聚物的片段小分子，其蒸气可以用作有机半导体的 n 型掺杂剂[92]。此外，通过多步的掺杂也可以实现对有机热电材料热电性能的优化。例如，EDOT 可通过使用甲基苯磺酸氧化聚合，新生成的复合结构可以防止 PSS⁻聚阴离子产生过多的绝缘相，从而获得达 1000 S/cm 的电导率。而进一步将样品暴露在四(二甲基氨基)乙烯(TDAE)气氛中，电子会从还原剂 TDAE 上转移到 PEDOT：Tos，使得原来被氧化的聚合物主链变为电中性[图 2-17(a)]。发生电子转移之后，$TDAE^{2+}$可以与甲基苯磺酸形成盐而被洗掉。通过调节掺杂程度，可以获得高达 0.24 的热电优值[图 2-17(b)][71]。总体而言，使用气相法为有机材料的化学掺杂提供了有效方式。但该方法的稳定性和重复性相对较差，是一个原理简单但技术控制相对较难的掺杂策略。

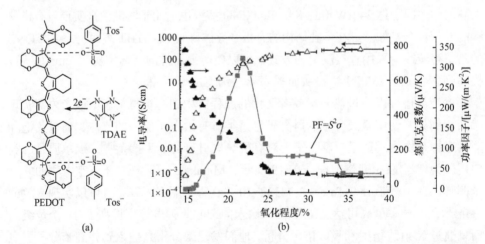

图 2-17　(a)对甲苯磺酸铁氧化 EDOT 聚合生成 PEDOT 的反应示意图，通过 TDAE 蒸气暴露可还原 PEDOT：Tos，从而调节材料的氧化程度；(b)PEDOT：Tos 薄膜在不同氧化程度下的塞贝克系数(实心三角)、电导率(空心三角)及相应的功率因子(方块)[71]

　　结合分子结构设计，有机热电材料还可以通过自掺杂调节载流子浓度，从而改变分子的电学性能。在过去几十年的研究中，p 型材料及其掺杂取得了快速发展，但是 n 型有机热电材料研究的进展相对缓慢。这主要是因为 n 型热电材料具有小的电子亲和能，使其难以实现稳定的 n 型掺杂；另外，n 型掺杂剂相对缺乏。因此，相对于从外部引入掺杂剂的方法，人们将带电的掺杂基团引入到共轭结构上，这些官能团可以充当稳定/固定的掺杂剂平衡离子，通过这种局部电荷补偿离子调节共轭分子的热电性能[93, 94]。这种自掺杂的方式合成的分子往往具有良好的空气稳定性、水溶性及电学可调控性。Gregg 等通过分子结构设计，在共轭结构上引入带电的乙基侧链不仅可以增加溶解性，还有利于通过低温热退火实现可控和可逆的自掺杂[95]。Gregg 及其同事推测，离子型物质转变为自由基阴离子的过程可能是由成膜干燥过程中相关的离子去屏蔽作用所驱使的。尽管尚未完全理解该过程的掺杂机制，但是人们推测是因为该类自掺杂分子会增加极化子密度，从而改变电导率。Segalman 及其合作者将该方法用于优化有机热电材料的性能[96]。他们在芘酰亚胺(PDI)分子侧链上取代带正电的季铵基，通过改变阳离子与共轭结构间的亚甲基数量，可以调节 PDI 衍生物的电导率从 0.001 S/cm 变化到 0.5 S/cm，功率因子可提高至 1.4 μW/(m·K²)。除了考虑引入的带电官能团的结构，平衡离子的选择也会影响该类材料的"掺杂"性能。Chabinyc 和 Bazan 等报道了一系列阴离子窄带隙共轭聚电解质环戊并[2,1-*b*:3,4-*b'*]-二噻吩-交替-4.7-(2,1,3-苯并噻二唑)(CPDT-*alt*-BT)衍生物，研究了不同平衡离子和烷基链长度(带电官能团与共轭结构的距离)对其热电性能的影响[97]。结果发现使用小的平衡离子(Na⁺、K⁺)时，分子可以获得更高的掺杂效率、紧密的π-π堆积及高的结晶度，从而得到更高的电导率和功率因子；另外，使用短烷基链同样会增加 CPDT-*alt*-BT 的掺杂水平、高结晶度和站立的分子堆积，有利于载流子传输。更为重要的是，这个过程对薄膜热导率的影响较小。结合不同条件的薄膜制备，可以获得性能可调的有机热电器件。

自掺杂为高稳定、易加工的热电材料体系研究提供了新思路。但是相对于传统的化学掺杂方法，该研究较少，急需扩大分子种类，精细调控分子结构对分子堆积、热电性能的影响，为高性能有机热电材料的设计合成提供有效策略。

2.5.2　电化学掺杂

电化学掺杂是以电极为介质，提供(n 型掺杂)或接收(p 型掺杂)电子，作为氧化或还原手段来改变材料导电性。其基本过程是通过电极向导电材料提供电荷发生氧化还原，同时离子从附近的电解质注入到材料中或发生上述逆过程。电化学掺杂具有电解质材料来源广、电导率调控精确等优势。该方法的掺杂水平是由材料与对电极之间的电压控制的。以四氟硼酸锂(LiBF₄)为例，共轭分子的电化学掺杂可以通过下面两个表达式表现：

p型掺杂：$(\pi\text{分子})_n + [Li^+(BF_4^-)]_{溶液} \longrightarrow [(\pi\text{分子})^{y+}(BF_4^-)_y]_n + Li_{电极}$

n型掺杂：$(\pi\text{分子})_n + Li_{电极} \longrightarrow [(Li^+)_y(\pi\text{分子})^{y-}]_n + [Li^+(BF_4^-)]_{溶液}$

电化学掺杂主要通过调节电极电势和导电电流来精确调控材料的氧化还原程度。此外，该方法需要考虑电解质中加入盐作为不同的抗衡离子，即可用于平衡共轭骨架链上的掺杂电荷。电化学氧化还原可以在整个固态样品中发生，相对于后面介绍的界面电场诱导掺杂来说，更能反映有机薄膜的实际性质。例如，Crispin 课题组通过打印图案化的 PEDOT：PSS 作为导电沟道材料和电极材料[图 2-18(a)]，然后在 PEDOT：PSS 上附着聚(4-苯乙烯磺酸)(PSSH)作为质子传导的电解质[98]。未施加栅电压时，导电沟道 PEDOT：PSS 保持高导电态；施加正电压时，栅极和导电沟道分别被氧化和还原，使得沟道的导电性降低。该电化学氧化还原过程表示如下式：

$$PEDOT^+PSS^- + H^+ + e^- \Longleftrightarrow PEDOT^0 + H^+PSS^-$$

在线性区工作时，导电沟道内的氧化程度是均匀的，所以 V_{GS} 调控的 PEDOT：PSS 热电性能的演变与特定的氧化水平相关。而且 PEDOT：PSS 具有良好的稳定性，所以该电化学氧化还原是可逆的。通过使用电控制的氧化还原，有利于实现对有机热电材料的塞贝克系数和电导率的综合调节[图 2-18(b)]，热电功率因子可优化至 23.5 μW/(m·K²)。Park 等直接使用高导电的 PEDOT 作为电极，然后利用电化学方法调控薄膜电极的氧化水平[70]。通过氧化还原聚合吡啶和一个三嵌段聚合物形成的 PP-PEDOT 薄膜，本征的塞贝克系数为 79.8 μV/K，电导率可以达到

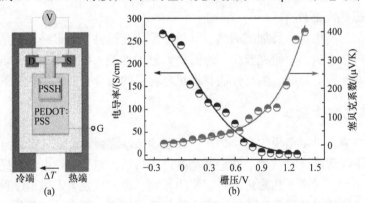

图 2-18　(a)电化学掺杂研究使用的电化学晶体管器件示意图，其中 G、S 和 D 分别代表栅电极、源极和漏极；(b)栅压调控的 PEDOT：PSS 薄膜的电导率和塞贝克系数[98]

1355 S/cm。当施加正电压时可以增加载流子浓度，电导率可以升高至 2120 S/cm；反之，施加负电压时电导率降低，但是塞贝克系数可以增大到 190 μV/K。优化得到的最大功率因子可达 1270 μW/(m · K²)。

与传统化学掺杂相比，电化学掺杂没有实质性物质参与，不影响有机聚合物化学组成，方法简便，可用于某些分子器件的制备。但是受有机半导体材料结构特性和微观形貌、电解质溶液种类及空气中的水、氧等因素的影响，该方法在有机热电中实际适用性较低。另外需要注意的是，对于电解质离子参与的有机热电研究，其离子的移动对热电性能的影响机制与我们提到的薄膜、块体材料并不相同。因此，我们在本章中仅关注固体材料的电氧化还原调节的热电性能原理、方法及应用研究，对于液态结构的热电研究，将在第 6 章中详细阐释。

2.5.3 光掺杂

利用光可以直接实现对多种有机材料的掺杂调控。光掺杂的过程是在材料吸收光后发生局域的氧化或者还原，然后发生电荷分离，即先形成电子-空穴对，然后分离形成自由移动的载流子，如下面的反应式所示：

$$(\pi聚合物)_n \xrightarrow{h\nu(光照)} [(\pi聚合物)^{y+} \cdot (\pi聚合物)^{y-}]_n$$

其中，y 为电子-空穴对的数量，这主要由与复合速度相关的泵率来决定。此外，光掺杂效率还受激子结合能、载流子与激子的分子比等因素的影响。通过该过程，可以增加载流子浓度，提高材料的电导率。

从基态(分子光谱中的 ^1Ag)到具有适当对称性的最低能量态(^1Bu)，可以经过辐射跃迁或者非辐射跃迁复合回到基态。一些共轭聚合物体系展现了高的荧光量子产率(如聚苯撑乙烯、聚对苯撑及其相关的可溶性衍生物)，也有一些化合物没有荧光产生(如聚乙炔和聚噻吩)。从机制上分析，没有荧光的材料会发生激发态的快速化学键松弛，并在中间带隙形成孤子，从而阻止分子辐射形式的重组[99]。而 ^1Ag 态或者是在 ^1Bu 态之下的三重激发态的存在有利于形成非辐射式重组(两种情况下，均禁止通过直接的辐射转变过程回到基态)。而处于激发态链间的相互作用也会导致衰退式的非辐射重组通道。无论以哪种形式，利用光可以在一定程度上调控薄膜的载流子浓度，提高电导率从而实现对其热电综合性能的优化[100]。

根据经典的热电传输模型，载流子浓度增大会在一定程度上影响热效应，即展现出塞贝克系数随着电导率增加而降低的趋势。但是在光诱导的掺杂中，人们却发现光照会带来热电综合性能参数的同时升高。例如，对于聚合物聚[2-甲氧基-5-(2′ -乙基己氧基)-亚苯基亚乙烯基]{poly[2-methoxy-5-(2′-ethylhexyloxy)-*p*-phenylene vinylene], MEH-PPV}，光激发不仅会改变电荷的密度，其产生的激发态还可以通过电子-声子耦合效应增加高温和低温表面热熵的差异，从而同时增大样品的电导率和塞贝克系数(图 2-19)[101]。这主要是光照并不会引入掺杂剂改变原有的分子堆积结构，而且激发态可以在很大程度上影响链间的电传输因子但是不影响热传输因子。而光生载流子可以调节材料的能级，有利于载流子的注入与传输。基于该方法，MEH-PPV 薄膜在 16 mW/cm² 光照下的电导率从 3.6×10^{-6} S/cm 提高到 8.2×10^{-5} S/cm，室温下塞贝克系数还可以保持在 305 μV/K 的高值。上述工作表明光照能够调控有机材料热电性能，但是激子分离效率较低，所以实际光生载流子浓度很小。朱道本课题组利用场效应晶体管的界面调控可将光生载流子浓度提升至 10^{18} cm^{-3}[100]。结合理论计算他们分析光照会改变薄膜激发态下的态密度，使得在相同载流子浓度时，塞贝克系数随光照强度增大而升高，从而获得了五倍提升的功率因子[>11.2 μW/(m · K²)]。

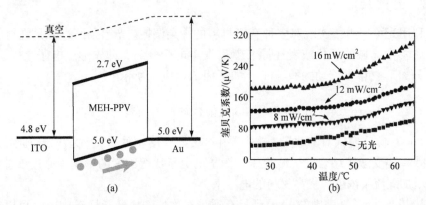

图 2-19　(a) ITO/MEH-PPV/Au 器件在光照时光生载流子调控的能级图；(b) 不同光强度照射下塞贝克系数随温度的变化关系图[101]

值得注意的是，光激发带来的光电流一般都是瞬态的，激子会被捕获或者衰退至基态，往往需要持续光照保持良好的热电转化性能。因此，该方法更多地被用于机制分析和光探测器应用研究。

2.5.4　电场诱导的界面掺杂

电场还可以通过界面诱导作用调节材料的热电性能。该方法主要是从金属-半导体(metal-semiconductor，MS)界面处的电荷注入发展起来的(电荷注入式掺杂)，被越来越多地用于研究有机半导体的物理性质。

对于 MS 界面，施加偏压诱导的电子和空穴可以由金属电极注入到有机半导体的 π*和 π 轨道：

$$(\pi 半导体)_n - y\left(e^-\right) \longrightarrow [(\pi 半导体)^{y+}]_n \quad (空穴注入)$$

$$(\pi 半导体)_n + y\left(e^-\right) \longrightarrow [(\pi 半导体)^{y-}]_n \quad (电子注入)$$

该过程为二极管的基本工作过程，利用该原理，有机半导体会被"氧化"或者"还原"，从而改变材料的导电性。但是不同于化学掺杂与电化学掺杂，该过程不会引入对离子，因此对分子堆积无影响。受孤子、极化子和双极化子形成相关的自限域效应影响，电荷注入会使带隙中局域结构畸变和电子态的形成[99]，从而综合调控电导率、热导率及塞贝克系数。目前，该方法更多的是结合金属-绝缘层-半导体(metal-insulator-semiconductor, MIS)结构来调控薄膜样品的热电性能，其中场效应晶体管(FET)是研究最为广泛的器件结构之一。

图 2-20 为传统的有机场效应晶体管(organic field-effect transistor, OFET)器件结构，施加栅电压可以在绝缘层与半导体界面处诱导产生载流子，调节有机半导体的导电性。简单地讲，有机半导体的 I-V 性能关系遵循下面两个方程式：

$$I_{DS} = \frac{W\mu}{L}C_{ox}(V_{GS} - V_T)V_{DS} \quad (V_{DS} \leqslant V_{DS,\,sat}) \tag{2-36}$$

$$I_{DS} = \frac{W\mu}{2L}C_{ox}(V_{GS} - V_T)^2 \quad (V_{DS} > V_{DS,\,sat}) \tag{2-37}$$

式中，W 和 L 分别为沟道的宽和长；μ 为载流子迁移率；C_{ox} 为绝缘层的电容；V_{DS}、V_{GS} 和 V_T 分别为源漏电压、栅电压和阈值电压；$V_{DS,\,sat}$ 为饱和源漏电压。式(2-36)和式(2-37)显示，在一定程度上有机半导体的导电电流可以通过施加的电压调节，该过程中诱导产生载流子 $N_{ind} = C_{ox}(V_{GS} - V_T)/q$，实现对费米能级位置的精确调控。根据塞贝克系数的计算方程(玻尔兹曼理论)，塞贝克系数可以通过以上方法实现有效调节[102,103]。

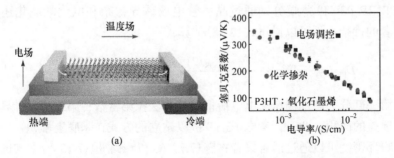

图 2-20 (a)OFET 器件结构示意图；(b)栅压与化学掺杂分别调控下的热电性能

    Mühulenen 等利用并五苯 OFET 器件搭建了真空热电研究平台[104]。通过对绝缘层表面进行不同的处理，他们制备了具有不同微观结构的并五苯薄膜器件，器件的线性区迁移率为 0.1～0.3 cm²/(V·s)。器件的迁移率和导电性随着温度的升高而上升，说明载流子在薄膜内以跳跃模式进行传输。进一步研究场调控及温度影响的热电性能，他们发现栅压调控的塞贝克系数并不受并五苯薄膜厚度（5～100 nm）和微观形貌的影响，表明该类方法研究有机材料的热电性能主要为导电沟道内的载流子传输行为，即热传输和电传输主要存在于导电沟道（绝缘层与有机半导体界面处的几个分子层）。这与电场调控的电化学掺杂具有较大的区别，后者的掺杂效果一般是针对整个薄膜或者块体样品。遗憾的是，他们发现并五苯薄膜的塞贝克系数与栅压没有明显的依赖关系，这主要是因为在该器件中塞贝克系数是单载流子特性[105]。Pernstich 等通过构建的红荧烯单晶晶体管和并五苯薄膜晶体管进一步研究了温度和载流子浓度相关的热电性能，结果显示出随着载流子浓度的增加，塞贝克系数减小，且变化趋势与材料相关[102]。结合式(2-22)，他们认为电场诱导的载流子会填充费米能级附近的缺陷态，使得费米能级移动，而且测得的 ΔS 正比于$-\lg(\Delta N_{\mathrm{ind}})$，可用于详细阐述电荷传输熵变与缺陷态密度之间的关系，有利于热电性能的深入分析。朱道本课题组通过构建长沟道（200～600 μm）的有机场效应晶体管，实现了对一系列 n 型和 p 型有机半导体薄膜热电性能的综合调节[85]。例如，对于一类高迁移率的 n 型小分子萘酰亚胺 NDI3HU-DTYM2，调节 2～40 V 的栅压可以带来电导率从 10^{-2} S/cm 到 0.4 S/cm 的变化，同时塞贝克系数从-600 μV/K 降低到-240 μV/K；并且随着栅压的增加，功率因子得到优化，在最高电导率时获得达 2.5 μW/(m·K²)的功率因子。通过与化学掺杂的方法调节的热电性能参数对比发现，这两种掺杂策略展现了相似的 S-σ 关系，验证了该方法对界面载流子热传输行为调节具有良好的可行性。

    值得注意的是，利用晶体管结构调节载流子浓度受绝缘层电容 C_{ox} 影响，相对于发生氧化还原的掺杂，该方法得到的掺杂浓度相对较低。例如，将区域规整的 P3HT（RR-P3HT）薄膜分别通过晶体管电场诱导掺杂和电化学氧化还原作对比，前者的掺杂水平可以通过式(2-38)估算：

$$D_{\mathrm{FET}} = \frac{-C_{\mathrm{ox}}(V_{\mathrm{GS}} - V_{\mathrm{T}} - V_{\mathrm{DS}}/2)}{F} \times \frac{(7.77 \times 10^{-8})(7.75 \times 10^{-8})}{4} \tag{2-38}$$

式中，第一部分为施加栅压充电电荷量；F 为法拉第常数；第二部分计算了一个噻吩环覆盖的面积。此时，考虑 P3HT 链以站立的方式在基底上堆积，所以在界面处噻吩环密度可以通过沿着聚合物链（7.77 Å）和π-π堆积（7.75 Å）取向的常数计算[106]。因此 FET 调节的掺杂水平约为 1%。

    另外，整个薄膜内共轭的噻吩环的数量可以通过整个薄膜的体积（$V_{\mathrm{film}} = $

$0.6×10^{-7}$ cm³)与 RR-P3HT 晶格结构中单个晶胞尺寸($V_{cell}=1.0×10^{-21}$ cm³)的比例计算获得。因此,电化学氧化还原带来的掺杂水平可以计算为

$$D_{elec} = \frac{QV_{cell}}{4FV_{film}} \tag{2-39}$$

而电化学掺杂的载流子浓度可以由方程 $\mu = I_{DS}AL/WQV_{DS}$ 计算,其中 A 为薄膜垂直方向的面积;Q 为电场诱导电荷量。此时,界面电场调控和电化学掺杂诱导的载流子迁移率与掺杂水平的关系如图 2-21 所示[107]。

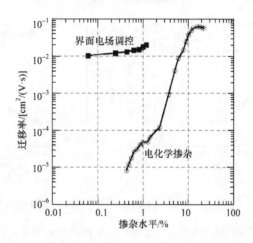

图 2-21 界面电场调控和电化学掺杂调控的 P3HT 薄膜迁移率与掺杂水平的关系曲线[107]

通过对比发现,在低掺杂水平时(约 1%),电化学掺杂载流子的迁移率比界面电场调控的方式低两个数量级。这主要是因为电化学掺杂带来的极化子会影响分子堆积,进而被掺杂离子的库仑力捕获。在高掺杂浓度时,掺杂诱导的载流子的波函数会彼此重叠,库仑电势会被载流子屏蔽,从而产生更多自由移动的载流子,迁移率快速增加。

对于使用二氧化硅、聚甲基丙烯酸甲酯(polymethyl methacrylate,PMMA)等绝缘层的 OFET(电容在几纳法拉第每平方厘米的水平),电场界面诱导很难获得高载流子浓度($<10^{13}$ cm⁻²),调节的电导率较低(<1 S/cm),只能研究较窄导电区间内的塞贝克系数与电导率的关系;但从化学掺杂结果来看,有机热电材料的最优热电性能一般出现在高电导率区(>10 S/cm)。因此,发展高载流子浓度的 OFET 研究是关键。从前面分析可知,载流子浓度取决于栅压和绝缘层的电容。电解质绝缘材料是一类具有高介电常数的有机材料,利用电解质绝缘层 OFET 可以获得高载流子浓度(约 $4×10^{17}$ cm⁻²),另外,很多电解质绝缘层器件具有高的迁移率,有利于提高电导率[108, 109]。基于该策略,朱道本课题组在 PMMA 中加入一定量的

离子液体 1-乙基-3-甲基咪唑双(三氟甲基磺酰基)亚胺([EMIM][TFSI])，制备了多种有机材料的电解质绝缘层 OFET[85]。利用该类结构，PBTTT 和 P3HT 器件的迁移率分别可达到 5.6 cm²/(V·s) 和 4.8 cm²/(V·s)；同时，使用电解质绝缘层 OFET 获得的载流子浓度比 SiO₂ 绝缘层 OFET 调节的值高一个量级，电导率提高到 100 S/cm，获得了大电导率范围内 S-σ 关系曲线，可更好地研究塞贝克系数与载流子浓度、电导率及掺杂水平之间的关系(图 2-22)。此外，利用电解质绝缘层结构器件可以进一步优化有机半导体的热电性质，其中 PBTTT 和 P3HT 的功率因子分别超过 20 μW/(m·K²) 和 40 μW/(m·K²)。

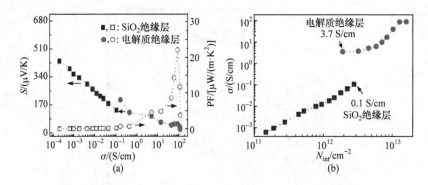

图 2-22　不同绝缘层结构的 OFET 调控 PBTTT 薄膜的热电性能[85]

(a)塞贝克系数随电导率的变化情况；(b)电导率随载流子浓度的变化情况

　　尽管如此，有机材料电场调控掺杂及其热电性能研究仍面临诸多问题，如小分子及 n 型有机半导体受限于材料的溶解性、空气稳定性等因素，难以构建电解质绝缘层器件，所以电场界面调控方式难以获得高的电导率。作为一个不会带来掺杂离子及对离子的载流子调控方式，界面电场诱导方法仍需要继续发展以实现高性能有机半导体热电材料的筛选。

　　综上，通过掺杂可以调节有机热电材料的费米能级与载流子浓度，提高材料的导电性，还可进一步降低材料与金属电极之间的能垒实现"准欧姆"接触。通过筛选掺杂剂和掺杂方式，可以优化相关材料的加工性和稳定性。但围绕掺杂，依然存在系列问题，主要包括以下三个方面。

　　(1)精准控制掺杂程度是一个重要难题。随着有机材料的设计合成及加工技术的不断优化，通过掺杂可以有效改善材料的导电和传热性能。尽管有机材料掺杂研究方法多样，且掺杂剂可以以较高的浓度比例引入主体材料中，但是得到的掺杂效率相对较低，一般在 5%以下。相比于无机材料超过 10%的掺杂效率，如何获得高效、精准可控的掺杂依然是发展有机热电的重要研究内容。

　　(2)普适性掺杂剂与掺杂方法的缺失。尽管当前报道了多种掺杂方法，但化学掺杂处理依然是有机热电应用研究中广泛应用的技术。相对于繁多的有机材料体系，化学掺杂剂的种类非常有限，尤其是 n 型掺杂剂，不仅受限于其材料种类少，还易被环境因素(空气中的水、氧气等)影响，稳定性较差。此外，受掺杂剂稳定性的影响，化学掺杂对溶液加工过程中溶剂的选择以及处理环境要求较高，这也影响了低成本加工技术的发展。同时，使用溶液加工技术对有机小分子薄膜的破坏较大、难以精细调控掺杂效果等，都限制了高性能、大面积、低成本的有机热电薄膜材料的发展。因此，探寻掺杂剂设计合成策略及掺杂方法的普适性技术是有机热电研究的重要方向。

(3)有机分子短程堆积方式多样，长程排列的有序性差异巨大。以大多数有机半导体材料为例，从无定形结构到高质量单晶，结晶度有几个数量级的变化。因此，如何控制样品的均匀性和结晶度一直是有机半导体电子学研究的重要内容，而这一问题对掺杂的方式及掺杂作用机制产生了重要影响。因此，综合分子组装技术及溶液加工工艺优化，实现分子堆积的精细调控，发展薄膜微观结构可控性策略是大幅提升有机热电综合性能的重要课题。

参 考 文 献

[1] Bubnova O, Crispin X. Towards polymer-based organic thermoelectric generators. Energy Environ Sci, 2012, 5: 9345.

[2] Ashkenazi J, Pickett W E, Krakauer H, Wang C S, Klein B M, Chubb S R. Ground state of *trans*-polyacetylene and the Peierls mechanism. Phys Rev Lett, 1989, 62: 2016-2019.

[3] Cheng Y J, Yang S H, Hsu C S. Synthesis of conjugated polymers for organic solar cell applications. Chem Rev, 2009, 109: 5868-5923.

[4] Anderson P W. Absence of diffusion in certain random lattices. Phys Rev, 1958, 109: 1492-1505.

[5] Mott N F, Davis E A. Electronic Processes in Non Crystalline Materials. 2nd ed. Oxford: Oxford University Press, 1979.

[6] Mott N F. The mobility edge since 1967. J Phys C: Solid State Phys, 1987, 20: 3075-3102.

[7] Troisi A, Orlandi G. Charge-transport regime of crystalline organic semiconductors: Diffusion limited by thermal off-diagonal electronic disorder. Phys Rev Lett, 2006, 96: 086601.

[8] Fratini S, Ciuchi S. Bandlike motion and mobility saturation in organic molecular semiconductors. Phys Rev Lett, 2009, 103: 266601.

[9] Sakanoue T, Sirringhaus H. Band-like temperature dependence of mobility in a solution-processed organic semiconductor. Nat Mater, 2010, 9: 736-740.

[10] Gershenson M E, Podzorov V, Morpurgo A F. Colloquium: Electronic transport in single-crystal organic transistors. Rev Modern Phys, 2006, 78: 973-989.

[11] Salleo A, Chen T W, Völkel A R, Wu Y, Liu P, Ong B S, Street R A. Intrinsic hole mobility and trapping in a regioregular poly (thiophene). Phys Rev B, 2004, 70: 115311.

[12] Völkel A R, Street R A, Knipp D. Carrier transport and density of state distributions in pentacene

transistors. Phys Rev B, 2002, 66: 195336.

[13] Horowitz G, Hajlaoui R, Delannoy P. Temperature dependence of the field-effect mobility of sexithiophene. Determination of the density of traps. J Phys Ⅲ, 1995, 5: 355-371.

[14] Roelofs W S C, Mathijssen S G J, Janssen R A J, de Leeuw D M, Kemerink M. Accurate description of charge transport in organic field effect transistors using an experimentally extracted density of states. Phys Rev B, 2012, 85: 085202.

[15] Vissenberg M C J M, Matters M. Theory of the field-effect mobility in amorphous organic transistors. Phys Rev B, 1998, 57: 12964-12967.

[16] Coehoorn R, Pasveer W F, Bobbert P A, Michels M A J. Charge-carrier concentration dependence of the hopping mobility in organic materials with Gaussian disorder. Phys Rev B, 2005, 72: 155206.

[17] Bao Z N, Locklin J. Organic Field-Effect Transistors. Boca Raton: CRC Press, 2007.

[18] Ziemelis K E, Hussain A T, Bradley D D, Friend R H, Ruhe J, Wegner G. Optical spectroscopy of field-induced charge in poly(3-hexyl thienylene)metal-insulator-semiconductor structures: Evidence for polarons. Phys Rev Lett, 1991, 66: 2231-2234.

[19] Sirringhaus H, Brown A, Friend R H, Nielsen M M, Bechgaard K, Langeveld-Voss B M W, Spiering A J H, Janssen R A J, Meijer E W, Herwig P, de Leeu D W. Two-dimensional charge transport in self-organized, high-mobility conjugated polymers. Nature, 1999, 401: 685-688.

[20] Austin I G, Mott N F. Polarons in crystalline and non-crystalline materials. Adv Phys, 2001, 50: 757-812.

[21] Emin D. Phonon-assisted jump rate in noncrystalline solids. Phys Rev Lett, 1974, 32: 303-307.

[22] Gorham-Bergeron E, Emin D. Phonon-assisted hopping due to interaction with both acoustical and optical phonons. Phys Rev B, 1977, 15: 3667-3680.

[23] Miller A, Abrahams E. Impurity conduction at low concentrations. Phys Rev, 1960, 120: 745-755.

[24] Glaudell A M, Cochran J E, Patel S N, Chabinyc M L. Impact of the doping method on conductivity and thermopower in semiconducting polythiophenes. Adv Energy Mater, 2015, 5: 1401072.

[25] Chaikin P M, Beni G. Thermopower in the correlated hopping regime. Phys Rev B, 1976, 13: 647-651.

[26] Dongmin Kang S, Jeffrey Snyder G. Charge-transport model for conducting polymers. Nat Mater, 2017, 16: 252-257.

[27] Overhof H, Thomas P. Insulating and Semiconducting Glasses. Singapore: World Scientific, 2000.

[28] Heikes R R, Ure R W. Thermoelectricity: Science and Engineering. Geneva: Interscience Publishers, 1961.

[29] Gregory S A, Menon A K, Ye S, Seferos D S, Reynolds J R, Yee S K. Effect of heteroatom and doping on the thermoelectric properties of poly(3-alkylchalcogenophenes). Adv Energy Mater, 2018, 8: 1802419.

[30] Wang D, Shi W, Chen J M, Xi J Y, Shuai Z G. Modeling thermoelectric transport in organic

materials. Phys Chem Chem Phys, 2012, 14: 16505-16520.

[31] Yan H, Sada N, Toshima N. Thermal transporting properties of electrically conductive polyaniline films as organic thermoelectric materials. J Therm Anal Calorim, 2002, 69: 881-887.

[32] Moses D, Denenstein A. Experimental determination of the thermal conductivity of a conducting polymer: Pure and heavily doped polyacetylene. Phys Rev B, 1984, 30: 2090-2097.

[33] Kaul P B, Day K A, Abramson A R. Application of the three omega method for the thermal conductivity measurement of polyaniline. J Appl Phys, 2007, 101: 083507.

[34] Russ B, Glaudell A, Urban J J, Chabinyc M L, Segalman R A. Organic thermoelectric materials for energy harvesting and temperature control. Nat Rev Mater, 2016, 1: 16050.

[35] Ravindra N M, Jariwala B, Bañobre A, Maske A. Thermoelectrics Fundamentals, Materials Selection, Properties and Performance. Switzerland: Springer, 2019.

[36] Matsui H, Sato T, Takahashi T, Wang S C, Yang H B, Ding H, Fujii T, Watanabe T, Matsuda A. BCS-like Bogoliubov quasiparticles in high-T_c superconductors observed by angle-resolved photoemission spectroscopy. Phys Rev Lett, 2003, 90: 217002.

[37] Debye P. Vorträge über die Kinetische Theorie: Teubner, 1914.

[38] Goldsmid H J. Introduction to Thermoelectric. 2nd ed. Berlin, Heidelberg: Springer Nature, 2009.

[39] Eucken A. Über die temperaturabhängigkeit der wärmeleitfähigkeit fester nichtmetalle. Ann Phys, 1911, 34: 185.

[40] Huxtable S T. Heat transport in super-lattices and nanowire arrays. Berkeley: University of California, 2002.

[41] Cahill D G, Pohl R O. Thermal conductivity of amorphous solids above the plateau. Phys Rev B: Condens Matter Mater Phys, 1987, 35: 4067-4073.

[42] Jozef B. Prediction of Polymer Properties. Boca Rato: CRC Press, 2002.

[43] Belin S, Behnia K, Ribault M, Deluzet A, Batail P. Heat conduction in κ-$(BEDT$-$TTF)_{2x}$ superconductors. Synth Met, 1999, 103: 2046.

[44] Ju Y S, Yoshino K, Goodson K E. Thermal characterization of anisotropic thin dielectric films usingharmonic Joule heating. Thin Solid Films, 1999, 339: 160.

[45] Gibson A G, Greig D, Sahota M, Ward I M, Choy C L. Thermal conductivity of ultrahigh modulus polyethylene. J Polym Sci Polym Lett Ed, 1977, 15: 183-192.

[46] Liu M, Qin X Y. Enhanced thermoelectric performance through energy-filtering effects in nanocomposites dispersed with metallic particles. Appl Phys Lett, 2012, 101:132103.

[47] Ko D K, Kang Y, Murray C B. Enhanced thermopower via carrier energy filtering in solution-processable Pt-Sb_2Te_3 nanocomposites. Nano Lett, 2011, 11: 2841-2844.

[48] Coates N E, Yee S K, McCulloch B, See K C, Majumdar A, Segalman R A, Urban J J. Effect of interfacial properties on polymer-nanocrystal thermoelectric transport. Adv Mater, 2013, 25: 1629-1633.

[49] Marrocchi A, Lanari D, Facchetti A, Vaccaro L. Poly (3-hexylthiophene): Synthetic methodologies and properties in bulk heterojunction solar cells. Energy Environ Sci, 2012, 5: 8457-8474.

[50] Shi H, Liu C C, Xu J K, Song H J, Lu B Y, Jiang F X, Zhou W Q, Zhang G, Jiang Q. Facile

fabrication of PEDOT∶PSS/polythiophenes bilayered nanofilms on pure organic electrodes and their thermoelectric performance. ACS Appl Mater Interfaces, 2013, 5: 12811-12819.

[51] Hicks L D, Dresselhaus M S. Effect of quantum-well structures on the thermoelectric figure of merit. Phys Rev B: Condens Matter, 1993, 47: 12727-12731.

[52] Hicks L D, Harman T C, Sun H, Dresselhaus M S. Experimental study of the effect of quantum-well structures on the thermoelectric figure of merit. Phys Rev B: Condens Matter, 1996, 53: R10493.

[53] Zhang Y H, Heo Y J, Park M, Park S J. Recent advances in organic thermoelectric materials: Principle mechanisms and emerging carbon-based green energy materials. Polymers, 2019, 11: 167.

[54] Cornil J, Beljonne D, Calbert J P, Brédas J L. Interchain interactions in organic π conjugated materials: Impact on electronic structure, optical response, and charge transport. Adv Mater, 2001, 13: 1053-1067.

[55] Cornil J, dos Santos D A, Crispin X, Silbey R, Brédas J L. Influence of interchain interactions on the absorption and luminescence of conjugated oligomers and polymers: A quantum-chemical characterization. J Am Chem Soc, 1998, 120: 1289-1299.

[56] Xu Y, Sun H B, Liu A, Zhu H H, Li W W, Lin Y F, Noh Y Y. Doping: A key enabler for organic transistors. Adv Mater, 2018, 30: 1801830.

[57] Salzmann I, Heimel G, Oehzelt M, Winkler S, Koch N. Molecular electrical doping of organic semiconductors: Fundamental mechanisms and emerging dopant design rules. Acc Chem Res, 2016, 49: 370-378.

[58] Bässler H, Köhler A. Charge Transport in Organic Semiconductors// Metzger R M. Unimolecular and Supramolecular Electronics Ⅰ: Chemistry and Physics Meet at Metal-Molecule Interfaces. Berlin: Springer, 2012.

[59] Winkler S, Amsalem P, Frisch J, Oehzelt M, Heimel G, Koch N. Probing the energy levels in hole-doped molecular semiconductors. Mater Horiz, 2015, 2: 427-433.

[60] Heeger A J. Charge storage in conducting polymers-solitons, polarons, and bipolarons. Nature, 1985, 17: 201-208.

[61] Bredas J L, Street G B. Polarons, bipolarons, and solitons in conducting polymers. Acc Chem Res, 1985, 18: 309-315.

[62] Méndez H, Heimel G, Winkler S, Frisch J, Opitz A, Sauer K, Wegner B, Oehzelt M, Röthel C, Duhm S, Többens D, Koch N, Salzmann I. Charge-transfer crystallites as molecular electrical dopants. Nat Commun, 2015, 6: 8560.

[63] Méndez H, Heimel G, Opitz A, Sauer K, Barkowski P, Oehzelt M, Soeda J, Okamoto T, Takeya J, Arlin J B, Balandier J Y, Geerts Y, Koch N, Salzmann I. Doping of organic semiconductors: Impact of dopant strength and electronic coupling. Angew Chem Int Ed, 2013, 52: 7751-7755.

[64] Salzmann I, Heimel G. Toward a comprehensive understanding of molecular doping organic semiconductors. J Electron Spectrosc Relat Phenom, 2015, 204: 208-222.

[65] Salzmann I, Heimel G, Duhm S, Oehzelt M, Pingel P, George B M, Schnegg A, Lips K, Blum R P, Vollmer A, Koch N. Intermolecular hybridization governs molecular electrical doping. Phys

Rev Lett, 2012, 108: 035502.

[66] Yang J, Li Y, Duhm S, Tang J, Kera S, Ueno N. Molecular structure-dependent charge injection and doping efficiencies of organic semiconductors: Impact of side chain substitution. Adv Mater Interfaces, 2014, 1: 1300128.

[67] Ghani F, Opitz A, Pingel P, Heimel G, Salzmann I, Frisch J, Neher D, Tsami A, Scherf U, Koch N. Charge transfer in and conductivity of molecularly doped thiophene-based copolymers. J Polym Sci Part B: Polym Phys, 2015, 53: 58-63.

[68] Harada K, Sumino M, Adachi C, Tanaka S, Miyazaki K. Improved thermoelectric performance of organic thin-film elements utilizing a bilayer structure of pentacene and 2, 3, 5, 6-tetrafluoro-7, 7, 8, 8-tetracyanoquinodimethane (F$_4$-TCNQ). Appl Phys Lett, 2010, 96: 253304.

[69] Yue R, Xu J. Poly (3,4-ethylenedioxythiophene) as promising organic thermoelectric materials: A mini-review. Synth Met, 2012, 162: 912-917.

[70] Park T, Park C, Kim B, Shin H, Kim E. Flexible PEDOT electrodes with large thermoelectric power factors to generate electricity by the touch of fingertips. Energy Environ Sci, 2013, 6: 788-792.

[71] Bubnova O, Khan Z U, Malti A, Braun S, Fahlman M, Berggren M, Crispin X. Optimization of the thermoelectric figure of merit in the conducting polymer poly (3,4-ethylenedioxythiophene). Nat Mater, 2011, 10: 429-433.

[72] Jing F X, Xu J K, Lu B Y, Xie Y, Huang R J, Li L F. Thermoelectric performance of poly (3,4-ethylenedioxythiophene): poly (styrenesulfonate). Chin Phys Lett, 2008, 25: 2202.

[73] Kim G H, Shao L, Zhang K, Pipe K P. Engineered doping of organic semiconductors for enhanced thermoelectric efficiency. Nat Mater, 2013, 12: 719-723.

[74] Cao Y, Smith P, Heeger A J. Counter-ion induced processibility of conducting polyaniline and of conducting polyblends of polyaniline in bulk polymers. Synth Met, 1992, 48: 91-97.

[75] Itahara H, Maesato M, Asahi R, Yamochi H, Saito G. Thermoelectric properties of organic charge-transfer compounds. J Electron Mater, 2009, 38: 1171-1175.

[76] Jérome D, Schulz H J. Organic conductors and superconductors. Adv Phys, 2006, 31: 299-490.

[77] Casian A, Balandin A A, Dusciac V, Dusciac R. Modeling of the thermoeletric properties of quasi-one-dimentional organic seminconductors. Twenty-First International Conference on Thermoelectrics. Long Beach, CA, USA. 2002.

[78] Ferraris J P, Finnegan T F. Electric susceptibility and d.c. conductivity of crystalline TTF-TCNQ. Solid State Commun, 1976, 18: 1169-1172.

[79] Chaikin P M, Kwak J F, Jones T E, Garito A F, Heeger A J. Thermoelectric power of tetrathiofulvalinium tetracyanoquinodimethane. Phys Rev Lett, 1973, 31: 601-604.

[80] Bernstein U, Chaikin P M, Pincus P. Tetrathiafulvalene tetracyanoquinodimethane (TTF-TCNQ): A zero-bandgap semiconductor? Phys Rev Lett, 1975, 34: 271-274.

[81] Salamon M B, Bray J W, de Pasquali G, Craven R A, Stucky G, Schultz A. Thermal conductivity of tetrathiafulvalene-tetracyanoquinodimethane (TTF-TCNQ) near the metal-insulator transition. Phys Rev B, 1975, 11: 619-622.

[82] Zhang Q, Sun Y M, Jiao F, Zhang J, Xu W, Zhu D B. Effects of structural order in the pristine

state on the thermoelectric power-factor of doped PBTTT films. Synth Met, 2012, 162: 788-793.

[83] Zhang Q, Sun Y M, Xu W, Zhu D B. Thermoelectric energy from flexible P3HT films doped with a ferric salt of triflimide anions. Energy Environ Sci, 2012, 5: 9639-9644.

[84] Zhang F J, Dai X J, Zhu W K, Chung H, Diao Y. Large modulation of charge carrier mobility in doped nanoporous organic transistors. Adv Mater, 2017, 29: 1700411.

[85] Zhang F J, Zang Y P, Huang D Z, Di C A, Gao X K, Sirringhaus H, Zhu D B. Modulated thermoelectric properties of organic semiconductors using field-effect transistors. Adv Funct Mater, 2015, 25: 3004-3012.

[86] Minakata T, Nagoya I, Ozaki M. Highly ordered and conducting thin film of pentacene doped with iodine vapor. J Appl Phys, 1991, 69: 7354-7356.

[87] Hayashi K, Shinano T, Miyazaki Y, Kajitani T. Fabrication of iodine-doped pentacene thin films for organic thermoelectric devices. J Appl Phys, 2011, 109: 023712.

[88] Kim G H, Shtein M, Pipe K P. Thermoelectric and bulk mobility measurements in pentacene thin films. Appl Phys Lett, 2011, 98: 093303.

[89] Zhang Q, Sun Y M, Xu W, Zhu D B. Organic thermoelectric materials: Emerging green energy materials converting heat to electricity directly and efficiently. Adv Mater, 2014, 26: 6829-6851.

[90] Barbot A, Di Bin C, Lucas B, Ratier B, Aldissi M. n-Type doping and thermoelectric properties of co-sublimed cesium-carbonate-doped fullerene. J Mater Sci, 2012, 48: 2785-2789.

[91] Kang K, Watanabe S, Broch K, Sepe A, Brown A, Nasrallah I, Nikolka M, Fei Z, Heeney M, Matsumoto D, Marumoto K, Tanaka H, Kuroda S, Sirringhaus H. 2D coherent charge transport in highly ordered conducting polymers doped by solid state diffusion. Nat Mater, 2016, 15: 896-902.

[92] Fabiano S, Braun S, Liu X, Weverberghs E, Gerbaux P, Fahlman M, Berggren M, Crispin X. Poly(ethylene imine) impurities induce n-doping reaction in organic (semi)conductors. Adv Mater, 2014, 26: 6000-6006.

[93] Patil A O, Ikenoue Y, Wudl F, Heeger A J. Water-soluble conducting polymers. J Am Chem Soc, 1987, 109: 1858-1859.

[94] Freund M S, Deore B A. Self-Doped Conducting Polymers. Chichester, England: John Wiley & Sons Ltd., 2007.

[95] Reilly T H, Hains A W, Chen H Y, Gregg B A. A self-doping, O2-stable, n-type interfacial layer for organic electronics. Adv Energy Mater, 2012, 2: 455-460.

[96] Russ B, Robb M J, Brunetti F G, Miller P L, Perry E E, Patel S N, Ho V, Chang W B, Urban J J, Chabinyc M L, Hawker C J, Segalman R A. Power factor enhancement in solution-processed organic n-type thermoelectrics through molecular design. Adv Mater, 2014, 26: 3473-3477.

[97] Mai C K, Schlitz R A, Su G M, Spitzer D, Wang X, Fronk S L, Cahill D G, Chabinyc M L, Bazan G C. Side-chain effects on the conductivity, morphology, and thermoelectric properties of self-doped narrow-band-gap conjugated polyelectrolytes. J Am Chem Soc, 2014, 136: 13478-13481.

[98] Bubnova O, Berggren M, Crispin X. Tuning the thermoelectric properties of conducting polymers in an electrochemical transistor. J Am Chem Soc, 2012, 134: 16456-16459.

[99] Heeger A J, Kivelson S, Schrieffer J R, Su W P. Solitons in conducting polymers. Rev Mod Phys, 1988, 60: 781-850.

[100] Zhao W R, Zhang F J, Dai X J, Jin W L, Xiang L Y, Ding J M, Wang X, Wan Y, Shen H G, He Z H, Wang J, Gao X K, Zou Y, Di C A, Zhu D B. Enhanced thermoelectric performance of n-type organic semiconductor via electric field modulated photo-thermoelectric effect. Adv Mater, 2020, 32: 2000273.

[101] Xu L, Liu Y C, Garrett M P, Chen B B, Hu B. Enhancing Seebeck effects by using excited states in organic semiconducting polymer MEH-PPV based on multilayer electrode/polymer/ electrode thin-film structure. J Phys Chem C, 2013, 117: 10264-10269.

[102] Pernstich K P, Rossner B, Batlogg B. Field-effect-modulated Seebeck coefficient in organic semiconductors. Nat Mater, 2008, 7: 321-325.

[103] Venkateshvaran D, Kronemeijer A J, Moriarty J, Emin D, Sirringhaus H. Field-effect modulated Seebeck coefficient measurements in an organic polymer using a microfabricated on-chip architecture. APL Mater, 2014, 2: 032102.

[104] von Mühlenen A, Errien N, Schaer M, Bussac M N, Zuppiroli L. Thermopower measurements on pentacene transistors. Phys Rev B, 2007, 75: 115338.

[105] Fretzsche H. A general expression for the thermoelectric power. Solid State Commun, 1971, 9: 1813-1815.

[106] Tashiro K, Ono K, Minagawa Y, Kobayashi M, Kawai T, Yoshino K. Structure and thermochromic solid-state phase transition of poly(3-alkylthiophene). J Polym Sci Part B: Polym Phys, 1991, 29: 1223-1233.

[107] Shimotani H, Diguet G, Iwasa Y. Direct comparison of field-effect and electrochemical doping in regioregular poly(3-hexylthiophene). Appl Phys Lett, 2005, 86: 022104.

[108] Panzer M J, Frisbie C D. High carrier density and metallic conductivity in poly(3-hexylthiophene) achieved by electrostatic charge injection. Adv Funct Mater, 2006, 16: 1051-1056.

[109] Cho J H, Lee J, Xia Y, Kim B, He Y, Renn M J, Lodge T P, Frisbie C D. Printable ion-gel gate dielectrics for low-voltage polymer thin-film transistors on plastic. Nat Mater, 2008, 7: 900-906.

第 3 章

p 型有机热电材料

　　以载流子种类划分，有机热电材料可以分为 p 型和 n 型，二者的主要载流子分别为空穴和电子。目前 p 型有机热电材料的研究更为广泛，材料的整体性能高于 n 型有机热电材料。这一方面源于导电聚合物材料在过去几十年的蓬勃发展，为相关体系的热电性能研究奠定了坚实的基础，而常见的导电聚合物多以 p 型为主；另一方面 n 型有机热电材料面临在空气中稳定性较差的问题，为相关研究和实际应用带来了巨大的难度和挑战。

3.1　p 型有机热电材料概述

　　自导电聚乙炔被发现以来[1]，人们对导电聚合物的研究兴趣从未衰减。虽然导电聚乙炔因其不稳定的掺杂状态而未在有机热电领域获得持续关注，但研究人员在越来越丰富的导电聚合物体系中发掘出实现高热电性能的潜力。2011 年，Crispin 等在 PEDOT：Tos 体系中实现了 0.25 的热电优值[2]，创造了有机材料的热电性能记录，也掀起了有机热电研究的高潮。随后，Pipe 等对 PEDOT：PSS 体系的热电性能进行优化，获得了 0.42 的热电优值[3]。此后 PEDOT 的热电性能被众多学者广泛研究，也使 PEDOT 成为 p 型乃至整个有机热电研究领域最热门、性能最好的材料体系之一。除聚噻吩类材料外，聚苯胺、聚吡咯等材料的热电性能也被系统研究和优化。聚合物具有易制备、成本低、可溶液加工、柔性轻质等特点，对功能材料的最终应用具有重要意义，因而可以预见聚合物材料在未来一段时间内仍将是 p 型有机热电材料的研究热点。

　　p 型小分子的热电性能研究也具有重要意义。小分子材料更丰富的加工手段为其性能研究和优化提供便利。通过小分子的分子结构设计，辅以微观结构、宏观形貌的调控，也可以对有机热电效应的构效关系、微观机制等深层次问题进行探索和研究。

本章将对 p 型有机热电材料的热电性能进行梳理，并基于不同体系的研究成果对相应材料的热电性能优化策略进行讨论，所涉及材料体系包括聚合物、有机小分子、金属有机配合物等。部分 p 型有机材料的热电性能见表 3-1。

表 3-1 部分 p 型有机材料的热电性能

材料	掺杂剂	调控策略	塞贝克系数 /(μV/K)	电导率 /(S/cm)	功率因子 /[μW/(m·K²)]	热导率/ [W/(m·K)]	热电优值 (温度条件)	参考文献
PEDOT	Tos	掺杂调控	—	—	324	0.37	0.25(室温)	[2]
PEDOT	PSS	二次掺杂	—	—	469		0.42(室温)	[3]
PEDOT	Tos	电化学调控	—	—	1270		—	[4]
PBTTT	F₄-TCNQ	气相掺杂	42	670	120			[5]
聚噻吩	—	电化学调控	42	565	100	0.33	0.1(室温)	[6]
P3HT	Fe(TFSI)₃	固相外延			62.4	0.23	0.1(365K)	[7]
P3HT	Mo(tfd-COCF₃)₃	拉伸	112	12.7	16			[8]
PCDTBT	FeCl₃	掺杂调控	34	160	19			[9]
PDPP3T	FeCl₃	掺杂调控	217	52	247			[10]
PDPPSe-12	FeCl₃	原子取代			364		0.25(328K)	[11]
并五苯	I₂	形貌调控			13			[12]
(BTBT)₂XF₆	—	—	15	2600	55			[13]
poly[Cu(I)-ett]		还原调控	61.3	314.4	118.2	0.79	0.06(400K)	[14]
Cu(II)-dsedt					16.4		0.025(380K)	[15]

3.2 共轭聚合物

3.2.1 聚噻吩类材料

聚噻吩(polythiophene, PTh)及其衍生物因其优异的光电性能、良好的稳定性、可溶液加工特性，以及噻吩单元 3、4-位碳上不同取代基团带来的结构与性能调整空间，受到了极大关注，并在发光二极管、场效应晶体管、储氢、生物传感等领域被广泛研究[16]。除形貌、掺杂水平、结晶性等常规因素外，聚噻吩类材料的侧链（种类和长度）对其输运及加工性能可以产生重要影响，P3HT 和 PEDOT 正是在噻吩单元上进行侧链取代所得到的两个典型聚噻吩类材料体系。其中，P3HT 因其在有机太阳电池领域的优异性能受到广泛关注，而 PEDOT 目前已经成为性能最高的有机热电材料体系之一。本节中涉及的几种典型聚噻吩材料的分子式见图 3-1。

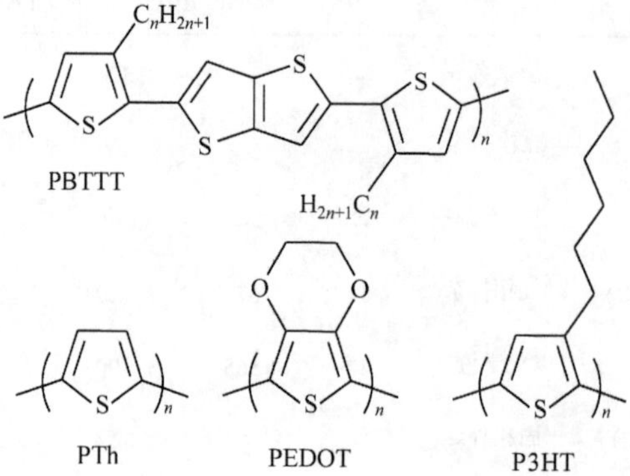

图 3-1　PBTTT、PTh、PEDOT 和 P3HT 的分子式

　　1987 年，Österholm 等报道了掺杂聚噻吩的热电性能[17]。他们用电化学方法制备聚噻吩薄膜，再用 $FeCl_4^-$ 对其进行二次掺杂，可以使电导率提高至 50 S/cm，塞贝克系数随着电导率的提高而大幅度下降，从 614 μV/K 下降到 10.5 μV/K。Kanatzidis 等合成了聚噻吩类材料 poly（DBTT），碘掺杂虽然可以带来电导率的提高，但结合塞贝克系数，材料并未展现出较高的热电性能[18]。

　　2016 年，朱道本等报道了两种聚噻吩类材料的热电性能，分别是 PDTPT 和 PTVT2T[19]。这两种材料具有较低的电离能，因而在空气环境中的性能更加稳定。通过引入新的掺杂体系 $LiTFSI-O_2$，有效地优化了材料的热电性能，其中 PDTPT 在 380 K 时的功率因子可以达到 38 μW/(m·K²)。Müller 等设计合成了一种带有极性烷基侧链的聚噻吩类材料 p（g42T-T），并研究了侧链种类、掺杂和后处理方式对材料输运性能的影响[20,21]。他们认为，极性烷基侧链的引入更有利于在极性溶剂中使用极性掺杂剂，同时降低了材料的离子化能，增加了骨架的电子密度，从而可以使聚合物分子和掺杂剂之间更有效地形成离子对，有利于在溶液加工中获得更高的掺杂效率，最终获得更高的输运性能。F4-TCNQ 掺杂的 p（g42T-T），其电导率是 P3HT：F4-TCNQ 的 15 倍，可达 100 S/cm。此外他们指出，降低的离子化能还使 p（g42T-T）材料可以选用种类更加广泛的掺杂剂。随后他们利用多种有机酸对 p（g42T-T）进行掺杂，发现相比于酸的种类，掺杂方式对材料性能的影响更加显著，印证了制备、处理方式对有机材料输运性能的重要性。

除极性外，烷基侧链的长短同样可以影响聚噻吩类材料的热电性能。在朱晓张等研究的对甲苯磺酸掺杂聚噻吩并[3,4-*b*]噻吩(PT*b*T-Tos)体系中[22]，拥有更短烷基侧链的材料获得了更高的电导率和功率因子[图 3-2(a)]。随着 T*b*T 烷基链的缩短，掺杂程度增加，层间距减小，掺杂体系的电导率从 10^{-4} S/cm(辛基侧链)提高到 450 S/cm(甲基侧链，300 K)。同时，甲基侧链的掺杂体系在 370 K 时电导率提升至 4444 S/cm，并呈现 p 型热电性能，塞贝克系数和功率因子分别为 24.4 μV/K 和 263 μW/(m·K^2)[图 3-2(b)]。此外，Katz 等的研究也指出不同取代基会对聚噻吩体系的热电性能产生影响，而材料彼此间的性能差别主要由不同取代基所引起的 π-π 堆积、分子间耦合以及由此引发的载流子传输效率差异所导致[23]。

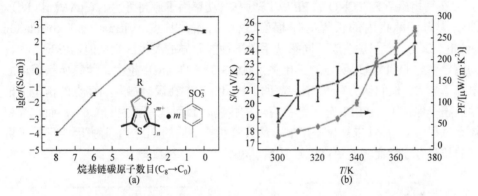

图 3-2　(a)PT*b*T-Tos(结构式见小图)中电导率与侧链取代基 R 中碳原子个数的关系；(b)甲基取代的 PT*b*T-Tos 的塞贝克系数和功率因子随温度变化情况[22]

最近，朱道本等利用电化学方法制备聚噻吩，并通过调节电流密度调控薄膜的掺杂水平和功率因子[6]。经过优化，聚噻吩薄膜的功率因子可达 100 μW/(m·K^2)，同时得益于较低的面内热导率，其热电优值接近 0.1。

1. PBTTT

聚[2, 5-双(3-十四烷基噻吩-2-基)噻吩/[3, 2-*b*]噻吩]{poly[2, 5-bis-(3-alkylthiophen-2-yl)thieno[3, 2-*b*]thiophene], PBTTT}是一类具有高迁移率的液晶聚合物半导体材料。在烷基取代的 PBTTT 中，取代烷基可以形成有序的插指结构，因而可以获得更理想的微观形貌和载流子输运能力[24]。朱道本课题组研究发现，通过热处理提高薄膜有序度、降低掺杂引起的无序和缺陷，可以同时改善材料的电导率和塞贝克系数，从而将 PBTTT-C$_{14}$ 薄膜的功率因子提高 3 倍[25]。他们同时指出，先制备高有序度的薄膜，再选取合适的掺杂剂进行掺杂，更利于获得理想的载流子输运性能。

在掺杂体系中，不同的掺杂方式(甚至基于同一种掺杂剂)可能会产生不同的掺杂效果，从而影响材料的热电性能。例如，Chabinyc 等发现不同的掺杂方式会对 PBTTT 的热电性能产生显著影响[26]。他们先将 PBTTT 旋涂成膜，再用 FTS[（tridecafluoro-1, 1, 2, 2-tetrahydrooctyl）thchloros:lane，十三氟-1, 1, 2, 2-四氢辛基三氯硅烷]对其进行气相掺杂，或浸润到 EBSA（4-ethylbenzenesulfonic acid, 4-乙基苯磺酸）溶液中进行液相掺杂。结果显示，经过 FTS 气相掺杂得到的 PBTTT 薄膜具有更高的功率因子，其电导率、塞贝克系数、功率因子分别为 1000 S/cm、33 μV/K 和 110 μW/(m · K^2) 左右；而在 EBSA 溶液中掺杂的薄膜的电导率、塞贝克系数、功率因子则分别约为 1300 S/cm、14 μV/K 和 25 μW/(m · K^2)。随后他们在使用相同掺杂剂的对比中也发现了同样的规律：以 F$_4$-TCNQ 或 F$_2$-TCNQ 为掺杂剂，较之在液相中进行掺杂后成膜，将 PBTTT 薄膜通过气相掺杂可以获得更高的功率因子[5]。在气相掺杂 F$_4$-TCNQ 的 PBTTT 薄膜中，功率因子最高可达 120 μW/(m · K^2)。他们认为，薄膜内的长程有序程度[以取向相关长度（orientational correlation length, OCL）衡量]是造成不同掺杂手段下性能差异的关键因素。他们发现，材料的电导率与 OCL 呈现明显的正比关系（图 3-3），即 OCL 越大，薄膜所呈现出的电导率越大。他们认为在气相掺杂手段中，PBTTT 在没有掺杂剂存在的情况下单独成膜，保证了 PBTTT 分子链更有序的排列，因而具有更大的 OCL，而在气相掺杂过程中 OCL 并未被显著影响。最终气相掺杂后的 PBTTT 薄膜因为保持了更好的长程有序性而具有更高的迁移率、电导率和功率因子。

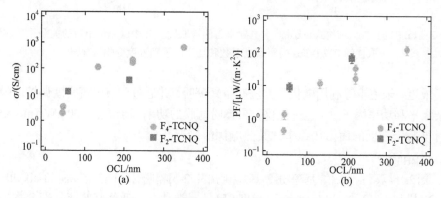

图 3-3　在 F$_4$-TCNQ 掺杂 PBTTT 薄膜中电导率(a)和功率因子(b)随 OCL 的变化[5]

　　如前所述，侧链的种类和长度会对聚合物材料的性能产生显著影响，近期 Brinkmann 等基于 F$_4$-TCNQ 掺杂 PBTTT 体系进行了相关研究[27]。他们通过对具有不同烷基侧链长度的 PBTTT 材料进行结构和输运性能的研究，指出适当长度的侧链有利于获得更好的输运性能，包括更高电导率和功率因子。因为掺杂剂 F$_4$-TCNQ 被认为主要存在于 PBTTT 的侧链聚集区域，因而适当的侧链长度和松散的侧链堆积更有利于 F_4-TCNQ 的分散，从而带来更好的掺杂效果。而过短或过长的侧链都会导致 F_4-TCNQ 无法在体系中有效扩散。经过机械搓捻（mechanical rubbing）处理提升薄膜内分子取向有序性后，F_4-TCNQ 掺杂的 PBTTT-C_{12} 获得了最高为 100 $\mu W/(m \cdot K^2)$ 的功率因子。

2. P3HT

聚（3-己基噻吩）[poly（3-hexylthiophene），P3HT]由己基取代的噻吩单元聚合而成，在太阳电池领域展示出优异的性能。需要指出的是，不同于噻吩或 EDOT 分子的对称性结构，3-己基噻吩单体的非对称性结构会使 P3HT 具有三种不同的近程结合形式：头-头相接、头-尾相接、尾-尾相接[28]。而这种构型差异已经被证明会对 P3HT 的热电性能产生影响[29]。通常而言，规整的头-头相接构型更有利于获得优良的输运性能。

Crispin 等较早研究了掺杂对 P3HT 热电性能的影响[30]。他们发现随着掺杂水平的增加，电导率可以实现 5 个数量级的提高，但塞贝克系数也同时大幅下降。虽然通过掺杂水平的调控可以使功率因子提高 3 个数量级左右，但其最高值也仅在 0.1 $\mu W/(m \cdot K^2)$ 附近。朱道本等通过利用双三氟甲烷磺酰亚胺阴离子（TFSI⁻）稳定的三价铁盐作为一种全新的掺杂剂，成功优化了 P3HT 的热电性能，功率因子在室温下达到 20 $\mu W/(m \cdot K^2)$，与此同时材料的稳定性也得到明显提高[31]。

与在 PBTTT 体系中发现的现象相同，Chabinyc 等指出在 P3HT 体系中，掺杂方式的不同也会导致热电性能的差异[32,33]。整体而言，在气相中进行 F_4-TCNQ 掺杂的 P3HT 薄膜，与液相掺杂得到的薄膜相比，具有更高的电导率和功率因子（尽管二者的塞贝克系数相近）。他们认为这是不同掺杂方式对薄膜内微晶织构（crystallite texture）和面内堆积方式的影响所致[32]。Müller 等基于同样的气相掺杂 F_4-TCNQ：P3HT 体系研究了结晶度（通过不同溶剂溶解 P3HT 旋涂得到不同结晶度薄膜）对热电性能的影响：随着结晶度的提高，体系的电导率显著提高，而塞贝克系数则在一定范围内小幅变化[34]。陈立东等的研究则表明，P3HT 的分子量同样会影响其热电性能：适中的分子量对于获得高热电性能最为有利，而过小的分子量（短的分子链）会使材料内结晶区域与无序区域缺乏有效的联系；而过大的分子量（长的分子链）会使分子链过度折叠从而影响载流子迁移[35]。

同大多数聚合物半导体材料一样，分子排列对聚噻吩体系的输运性能也会产生极大影响，因而使体系内的分子链排列更加规整，也成为优化聚噻吩类材料热电性能的重要手段。Brinkmann 等介绍了一种大面积制备高度取向、高结晶度 P3HT 薄膜的方法[36]：先利用高温搓捻（high-temperature rubbing）对 P3HT 薄膜进行处理，优化膜内分子取向，再通过旋涂掺杂剂的方法对薄膜进行掺杂（图 3-4）。通过这种方式对 P3HT 薄膜进行处理，可以有效提高平行搓捻方向的功率因子（同时在平行和垂直搓捻的两个方向呈现出明显的各向异性）。与机械搓捻的方式相近，Müller 等利用机械拉伸的方法提高 P3HT 薄膜内的取向性[8]，从而提升拉伸方向的热电性能，功率因子可以实现 5 倍左右的提高[至 16 μW/(m·K²)]。不同于上述两种物理处理方式得到高取向、高结晶度的 P3HT 薄膜，陈立东课题组基于三氯苯(TCB)的有机小分子外延(organic small molecule epitaxy)方法，制备高度取向(同时呈现出各向异性)的 P3HT 薄膜[7]，具体制备流程见图 3-5。利用这种方法，他们成功获得了更高的功率因子和热电优值，在 365 K 时分别为 62.4 μW/(m·K²) 和 0.1。此外，Chen 等针对 P3HT 上的烷基链采用原子取代策略，通过将己基链上的特定碳原子取代为氧原子，利用碳-氧键键长短、旋转能低的特点，获得分子链排列更紧密的聚合物薄膜，其功率因子高于同等掺杂水平的 P3HT[37]。

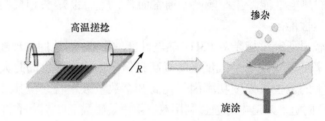

图 3-4　高温搓捻-掺杂手段示意图[36]

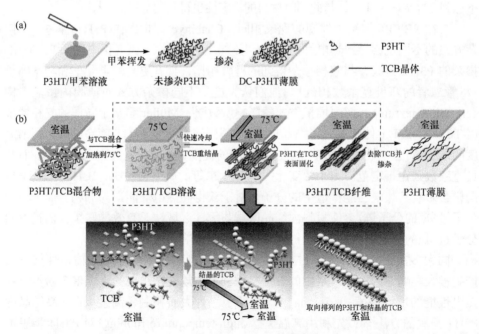

图 3-5　(a) P3HT 的常规成膜-掺杂方法示意图；(b) 利用基于有机小分子外延方法制备高度取向 P3HT 薄膜的流程示意图[7]

除性能优化策略外，材料的实用性探索同样需要获得关注。对于有机薄膜材料而言，膜的厚度对于后期的热电转换应用至关重要，厚膜不仅具有更加稳定的机械和物理性能，同时还能保证材料具备更高的输出功率。Müller 等介绍了一种基于盐浸出(salt leaching)和热致相分离(thermal induced phase separation)制备 P3HT 多孔厚膜(具有类泡沫结构)的方法[38]。相比于常规方法得到致密膜材料，多孔结构更有利于掺杂剂的高效掺杂，因而可以使厚膜获得与薄膜相当的热电性能。Kemerink 等则引入了另一种顺序掺杂——层层组装的策略来构筑 P3HT 厚膜[39]：即旋涂一层 P3HT 后利用 F_4-TCNQ 进行掺杂，再旋涂一层 P3HT 后再掺杂，周而复始。这种方法同样保证了厚膜的掺杂效率，并使 P3HT 厚膜具有与薄膜相近的功率因子，以及相同厚度下更高的性能输出。

3. PEDOT

聚 (3, 4-乙烯二氧噻吩) [poly (3, 4-ethylenedioxythiophene)，PEDOT]是一类常见的聚噻吩衍生物，具备优异的光电性能，在有机太阳电池、有机发光二极管、电致变色等领域已被系统研究。除优异的性能外，成熟的商业化产品也为 PEDOT 体系的功能化研究提供了极大的便利：商业化 PEDOT：PSS 产品经过简单的处理、成膜过程，即可获得高电导率的薄膜。2011 年，Crispin 等通过调节 PEDOT：Tos 氧化程度，成功将 PEDOT：Tos 的热电优值优化至 0.25[2]，使 PEDOT 成为第一个高性能有机热电材料(以现阶段有机热电材料的热电性能进行衡量，并非参照无机热电材料体系)。目前，PEDOT 材料体系已经成为研究最为广泛和系统的有机热电材料体系之一。

PEDOT 通常由小分子 3, 4-乙烯二氧噻吩(EDOT)单体通过氧化聚合而成。在氧化聚合的过程中，PEDOT 分子链通常会带正电荷，而来自氧化剂的阴离子则以反荷离子(counter-ion)的形式存在于体系中，如 PEDOT：Tos 中的 Tos^-。对于重掺杂的 PEDOT 体系，PEDOT 分子链中的噻吩环通常以醌式结构存在；而在去掺杂过程中，醌式噻吩环向苯式结构(或称为芳香式)转变，与此同时，双极化子(高氧化程度下的主要载流子)逐步向极化子、进而向中性态转变[40,41]。目前，广泛应用于 PEDOT 制备的方法有原位化学聚合(*in situ* chemical polymerization)、气相化学聚合(vapor-phase chemical polymerization)、化学气相沉积(chemical vapor deposition，CVD)、电聚合(electropolymerization)和分散聚合(dispersion polymerization)等[41]。

同其他聚合物半导体一样，聚合度、掺杂水平、π-π 堆积方式、结晶度及基底种类等因素都会影响 PEDOT 体系的热电性质。换句话说，任何可以调节以上因素的手段都可能成为优化 PEDOT 材料热电性能的方法。在众多 PEDOT 体系的性能优化手段中，二次掺杂(secondary doping)方法的应用最为广泛。MacDiarmid 和 Epstein 基于聚苯胺体系阐述了二次掺杂的概念[42]，他们将为了进一步提高电导率而向已掺杂体系中加入的额外物质定义为二次掺杂剂(secondary dopant)。二次掺杂剂可以是溶剂、盐、酸和离子液体等，以预处理或后处理的方式加入到体系中。这些物质的加入通过改变体系氧化程度，改变高分子链构型、π-π 堆积方式，交换反荷离子等方式，实现微观结构、宏观形貌的改变，从而进一步优化体系的电导率。需要指出的是，二次掺杂后体系的电导率通常不会随着二次掺杂剂的移除而受影响[41]。这与传统掺杂有明显区别，传统掺杂过程通常会呈现可逆性，即掺杂剂移除的同时，掺杂效果也随之减弱甚至消失。通过二次掺杂后，PEDOT 体系通常可以达到较高的电导率；除此之外对于塞贝克系数较低的 PEDOT 体系，还可以利用还原剂调节体系的氧化程度，调控材料的塞贝克系数，从而获得更优的功率因子和热电优值。

下面我们将结合 PEDOT：Tos、PEDOT：PSS 等体系的热电性能研究成果和进展，讨论 PEDOT 体系的热电性能优化策略。

2011 年，Crispin 等用对甲苯磺酸铁氧化 EDOT 单体，聚合得到 PEDOT：Tos，并研究了其热电性能及优化策略[2]。通过氧化聚合直接得到的 PEDOT：Tos，室温电导率为 300 S/cm，塞贝克系数为 40 μV/K，功率因子为 38 μW/(m·K^2)。随后他们利用四(二甲胺基)乙烯(TDAE)对 PEDOT：Tos 进行还原,调节体系的氧化程度。当 PEDOT：Tos 暴露在 TDAE 蒸气中，体系的氧化程度持续降低，导致电导率从 300 S/cm 下降到 6×10^{-4} S/cm；同时塞贝克系数从 40 μV/K 升至最高 780 μV/K。当氧化程度为 22% 时，PEDOT：Tos 薄膜获得了最高功率因子 324 μW/(m·K^2)（图 3-6）。他们利用 3ω 方法测量了 PEDOT：Tos 薄膜的水平方向热导率 [(0.37±0.07) W/(m·K)]，由此得到了体系的最高热电优值 0.25，这是当时导电聚合物所达到的最高热电性能。

随后他们比较了 PEDOT：Tos 和 PEDOT：PSS 的电导率、塞贝克系数以及它们随温度的变化行为[43]。发现对于比较范围内的几个 PEDOT：PSS 样品，尽管它们的电导率存在明显差别，但塞贝克系数却基本处于同一水平。与之形成对比的是，PEDOT：Tos 的塞贝克系数随着电导率的升高而明显增大。PEDOT：Tos 和 PEDOT：PSS 的电导率随温度变化行为也存在明显差别：PEDOT：PSS 的电导率随着温度的升高而增大，呈现出热激发的半导态行为；而 PEDOT：Tos 的电导率随着温度的升高而减小，呈现金属态行为。与此同时，不同 PEDOT：Tos 样品的电导率随温度变化的斜率也不相同，说明 PEDOT：Tos 的导电行为可能存在两种共存的机制：金属电导和热激发的跳跃电导。基于此 Crispin 等提出了半金属聚合物(semi-metal polymer)的概念，他们提出 PEDOT：PSS 的电子结构可能更接近于费米玻璃(Fermi glass)，而 PEDOT：Tos 的电子结构可能是一个双极化子网络伴随一个空的离域双极化子键并入到离域的价带中[43,44]。同时，他们认为高效的聚合物热电材料应该呈现半金属行为。

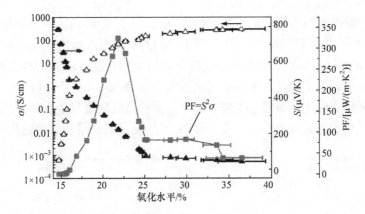

图 3-6　PEDOT：Tos 在不同氧化程度下的 $\sigma(\triangle)$、$S(\blacktriangle)$ 和 PF(■)[2]

　　基于 PEDOT：Tos 体系，Petsagkourakis 等研究了溶剂对 PEDOT：Tos 薄膜热电性能的影响[45]。他们在氧化剂 Fe(Tos)₃ 的正丁醇溶液中分别加入不同沸点的溶剂，通过 EDOT 原位聚合得到 PEDOT：Tos 薄膜。他们发现溶剂的引入可以提高体系的电导率(碳酸丙烯酯除外)，但提升幅度不尽相同。与此同时，不同溶剂处理得到的薄膜具有相近的塞贝克系数。通过 X 射线光电子能谱的表征，他们认为体系的载流子浓度在不同沸点的溶剂处理下没有明显差别，因此电导率的提升主要归因于载流子迁移率的提升，而这主要源自溶剂的加入对分子链排列取向和结晶度的改善。他们随后研究了塞贝克系数与载流子输运机制的关系[46]。通过制备不同结晶度和载流子迁移率的 PEDOT：Tos 薄膜，他们发现当在聚合过程中加入吡啶时，PEDOT：Tos 薄膜具有更高的结晶度，同时 PEDOT 分子具有更长的分子链(更高的分子量)：更长的分子链可以在高结晶区域之间充当"桥梁"，促进载流子迁移，从而获得更高的载流子迁移率。而伴随更高的迁移率，薄膜也表现出了更高的塞贝克系数。他们认为在薄膜结晶度提高的过程中，存在一个从准一维向二维跳跃输运机制的转变，这促使材料中形成了一个更有利于载流子传输、有利于实现更优热电性能的逾渗网络(percolation network)。Zozoulenko 等通过基于 PEDOT：Tos 的理论计算指出，在一定范围内长的聚合物分子链有利于获得更高的迁移率和输运性能。他们认为，相比于存在高结晶度区域但区域之间缺乏有效的 π-π 相互作用，长的分子链可以帮助整个材料体系形成一个更有效的逾渗网络，从而保证了更高效的载流子迁移[47]。

　　Crispin 等随后研究了 pH 对 PEDOT：Tos 体系热电性能的影响。他们通过气相聚合和化学聚合两种方法，分别制备了两种 PEDOT：Tos 薄膜，随后用盐酸或氢氧化钠处理，以研究 pH 对该体系热电性能的影响[40]。两种未经酸碱处理的薄膜具有相近的塞贝克系数和电导率。随着 pH 从 1 升高到 14，两种薄膜的电导率均从 800 S/cm 以上下降到 300 S/cm 以下；同时塞贝克系数从 15 μV/K 左右上升到 23～25 μV/K（图 3-7）。结合结构表征，他们认为盐酸或氢氧化钠处理过程中，氯离子和氢氧根离子会与对甲苯磺酸离子发生交换，从而影响 PEDOT 分子的堆积方式。更重要的是，随着 pH 的升高，体系的氧化程度发生改变，载流子从双极化子向极化子进而向中性态转变，而 PEDOT 分子链从醌式结构变为苯式结构。

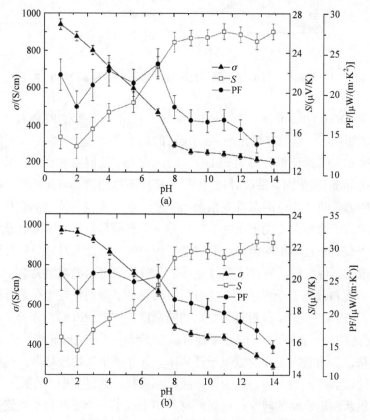

图 3-7　pH 对 PEDOT∶Tos 薄膜塞贝克系数、电导率和功率因子的影响[40]

图中为通过化学聚合法 (a) 和气相聚合法 (b) 得到的 PEDOT∶Tos

　　蔡克峰等同样用二次掺杂方法进行了 PEDOT∶Tos 体系热电性能的优化研究。他们先利用硫酸处理 PEDOT-Tos-PPP（PEG-PPG-PEG 三嵌段共聚物）薄膜，大幅提高了电导率（从 944 S/cm 到 1750 S/cm），成功将功率因子提高近一倍[48]。随后他们又用硼氢化钠/二甲基亚砜溶液处理 PEDOT-Tos-PPP 薄膜，通过调节氧化程度来优化体系的热电性能，最大功率因子达到 98.1 μW/(m·K²)，温度为 385 K

时热电优值达到 0.155[49]。

帅志刚课题组基于 PEDOT：Tos 体系进行了系统的理论计算研究。他们通过计算发现在 PEDOT：Tos 体系中，掺杂可以使体系中高分子骨架从芳香构型转变为醌式构型，同时能带结构发生从半导态到金属态的转变[50]。他们同时建议 PEDOT：Tos 体系的功率因子在轻掺杂下优于重掺杂，并给出了预测的最优掺杂浓度 (7×10^{19} cm^{-3})。

相比于 PEDOT：Tos 体系，PEDOT：PSS 体系的热电性能研究获得了更多的关注，除 PEDOT：PSS 自身优异的性能外，成熟的商业化产品和简单处理即可成膜并获得高电导的特点可能是其获得广泛研究的重要原因。PEDOT 本身并不溶于水，但当 EDOT 的聚合反应发生时体系中存在 PSS，PEDOT 分子链上的正电荷同 PSS 上 SO$_3^-$ 的负电荷发生库仑相互吸引而形成 PEDOT 和 PSS 的聚电解质复合物 (polyelectrolyte complex)，而 PSS 额外的负电荷则会通过彼此之间的库仑排斥作用使 PEDOT：PSS 稳定地悬浮于水溶液中[51]。在 PEDOT：PSS 中，PSS 既是掺杂剂，也是体系的稳定剂。但需要指出的是，单纯的 PSS 组分并不导电，因此它在体系中的含量将会影响材料的电导率及其他输运性质。

二次掺杂也是 PEDOT：PSS 体系重要的热电性能优化手段之一，二次掺杂剂可以是溶剂、盐类、酸、碱、离子液体等。2002 年，Joo 等研究了不同溶剂的加入对 PEDOT：PSS 薄膜电导率的影响[52]。他们将二甲基亚砜 (dimethyl sulfoxide，DMSO)、N, N-二甲基甲酰胺 (N, N-dimethylformamide，DMF) 和四氢呋喃 (tetrahydrofuran，THF) 以一定比例加入到 PEDOT：PSS 水溶液中，再将其制备成自支撑薄膜。他们发现加入溶剂后得到的薄膜具有显著提高的电导率，其中经过 DMSO 处理的 PEDOT：PSS 的电导率达到了 (80±30) S/cm[未经溶剂处理的薄膜，电导率为 (0.8±0.1) S/cm]。Kahng 等将 PEDOT：PSS 薄膜先后用 DMSO 和乙二醇 (ethylene glycol，EG) 处理，使其室温电导率从 2 S/cm 提高到 1000 S/cm[53]。徐景坤等也通过 DMSO 或 EG 的加入成功提高了 PEDOT：PSS 薄膜的热电优值[54]。随后他们将多种溶剂加入到 PEDOT：PSS 中，并用过滤的方法获得了高电导薄膜 (超过 1500 S/cm)[55]。他们认为溶剂的加入使部分 PSS 被去除并促使 PEDOT 分子链更紧密的聚集，从而提高了薄膜的结晶度。

2013 年，Pipe 等利用极性溶剂 (DMSO 和 EG) 作为二次掺杂剂，成功对 PEDOT：PSS 体系的热电性能进行了优化[3]。他们先将 DMSO 或 EG 加入到商品化的 PEDOT：PSS 水溶液中，在旋涂成膜后再将薄膜浸入 EG 浴中进行浸泡处理。他们发现经过 EG 浸泡处理后，薄膜的塞贝克系数和电导率均明显提高 (电导率随着处理时间的增加会逐渐回落)，最终功率因子可达 450 μW/(m·K^2) 以上，热电优值达到 0.42。通过对膜厚、XPS 等数据的对比，他们认为热电性能的提升主要源自 EG 处理调节了体系中 PSS 的含量，从而更有利于载流子的输运。Gong 等研究了"双二次掺杂剂"DMSO+PEO[poly(ethylene oxide)，聚环氧乙烷]对 PEDOT：PSS 热电性能的影响，他们发现两种溶剂的加入使体系的热电性能得到明显提升[功率因子最高达到 157.35 μW/(m·K²)]，且高于只有 DMSO 处理的样品[56]。

除极性溶剂外，酸类物质也常被用作二次掺杂剂来提高 PEDOT：PSS 的电导率。Chu 等利用甲酸对 PEDOT：PSS 进行二次掺杂，可以使体系的电导率提高到 1900 S/cm，功率因子为 80.6 μW/(m·K²)[57]。Wu 等将不同浓度的氯铂酸添加到 PEDOT：PSS 溶液中再旋涂成膜，获得的薄膜具有高电导率(1094 S/cm)、高透光性以及良好的弯曲性能(在 PET 基底上)[58]。Xu 等用三氟甲磺酸的甲醇溶液对 PEDOT：PSS 薄膜进行后处理，使其电导率达到 2980 S/cm，塞贝克系数达到 21.9 μV/K，功率因子达到 143 μW/(m·K²)[59]。盐类物质也可以用来优化 PEDOT：PSS 的热电性能。欧阳建勇等利用无机盐的 DMF 溶液处理 PEDOT：PSS 薄膜，使其塞贝克系数和电导率均获得了提高，功率因子达到 98.2 μW/(m·K²)[60]。

在二次掺杂过程中，掺杂方式的不同也会对材料的最终性能产生影响。一般而言，能够促进主体分子紧密有序堆积、得到更理想形貌的掺杂方式更有利于实现良好的掺杂效果。Luo 等比较了 DMSO 在成膜前(加入到 PEDOT：PSS 水溶液中)和成膜后(滴加在膜的表面)加入到 PEDOT：PSS 体系中，对材料热电性能的影响及作用机制[61]。他们发现两种处理方法均可有效提高体系的电导率，同时塞贝克系数变化甚微；但成膜后用 DMSO 处理的方式获得了更高的电导率和功率因子。通过形貌表征，他们认为利用 DMSO 对薄膜进行后处理的方式，可以获得更延伸的 PEDOT 晶粒聚集网络，从而有利于载流子的迁移。Müller-Buschbaum 等通过原位掠入射广角 X 射线散射(grazing incidence wide angle X-ray scattering, GIWAXS)方法研究了 PEDOT：PSS 的成膜过程[图 3-8(a)]，以及成膜前[图 3-8(b)]和成膜后[图 3-8(c)]加入 EG 对成膜过程的影响[62]。他们发现 EG 的加入可以促使 PEDOT 更紧密的堆积，实现更小的 π-π 间距和更高的结晶性。与此同时，他们发现利用 EG 对 PEDOT：PSS 薄膜进行后处理，可以提高 PEDOT 分子站立堆积(edge-on)的比例，因而更有利于载流子的分子间传输，继而获得更高的电导率。

以上手段多以提高电导率为主要目标，以此优化 PEDOT：PSS 的热电性能。而利用还原剂处理 PEDOT：PSS 可以降低体系的氧化程度，从而提高塞贝克系数。Massonnet 等利用还原剂处理 PEDOT：PSS 薄膜，可以将塞贝克系数从 18 μV/K 提高到 161 μV/K[63]。但需要注意的是，还原剂处理会使 PEDOT：PSS 中的双极化子逐步向极化子和中性态转变，导致体系的电导率降低，因而通常将其与其他提高电导率的手段配合使用。例如，欧阳建勇等利用"先酸后碱"的处理方式，有效提升了 PEDOT：PSS 的热电性能[64]。他们发现用硫酸反复三次处理 PEDOT：PSS 薄膜，可以比单次处理获得更高的电导率(3088 S/cm vs. 2156 S/cm)。

随后他们利用氢氧化钠溶液对薄膜进行进一步处理以调节塞贝克系数，最终得到最佳功率因子 334 μW/(m·K²)（电导率 2170 S/cm，塞贝克系数 39.2 μV/K）。

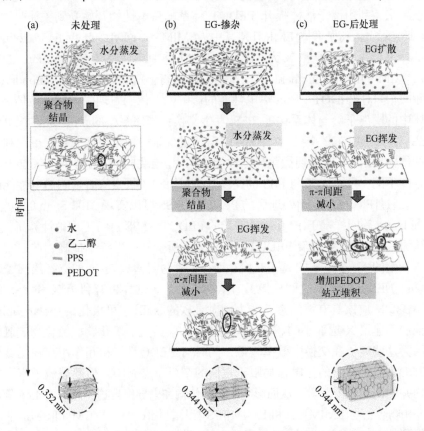

图 3-8　通过 GIWAXS 表征推演得到的 PEDOT：PSS 成膜过程示意图[62]（见文末彩图）

(a) PEDOT：PSS 溶液直接成膜；(b) 将 EG 加入到 PEDOT：PSS 溶液后成膜；(c) 用 EG 处理 PEDOT：PSS 薄膜

正因为利用多种手段均可实现 PEDOT：PSS 热电性能的优化，越来越多的研究工作开始利用多步处理来取得更理想的效果。Kim 等利用对甲苯磺酸掺杂 PEDOT：PSS 并用 DMSO 处理薄膜，可以实现 1647 S/cm 的电导率；随后利用肼 (HZ) 和 DMSO 对体系进行去掺杂，在去掺杂过程中电导率逐渐下降，塞贝克系数先升后降，最高达到 50.4 μV/K，优化之下功率因子可达 318.4 μW/(m·K²)[65]。随后他们利用三步处理方法对 PEDOT：PSS 体系的热电性能进行优化[66]：首先用超滤膜去除体系中多余的 PSS，随后用 HZ 对 PEDOT：PSS 溶液进行去掺杂，最后混合经过去掺杂和未经去掺杂的 PEDOT：PSS 溶液并调节混合比例，由此获得最优热电性能[功率因子最高为 115.5 μW/(m·K²)]。此后，他们研究了不同 PEDOT

和 PSS 比例对体系热电性能的影响，在确定最佳比例后，再用 HZ/DMSO 处理 PEDOT∶PSS 薄膜，可进一步优化功率因子[67]。

近年来，利用离子液体提升 PEDOT 体系的热电性能开始受到关注[61,68-70]。Lee 等研究了引入离子液体[EMIM] X[其中，EMIM = 1-ethyl-3-methylimidazolium（1-乙基-3-甲基咪唑阳离子），X 为 Cl、ES、TCM 或 TCB，ES = ethyl sulfate（乙基硫酸根），TCM = tricyanomethanide（三氰基甲烷阴离子），TCB = tetracyanoborate（四氰基硼酸根）]对 PEDOT∶PSS 热电性能的影响[69]。他们发现引入离子液体后，离子液体中的阴离子会与体系中的 PSS 发生交换：当体系中的 PSS 被体积更小的 Cl、ES、TCM 或 TCB 交换后，PEDOT 分子的 π-π 堆积会更加紧密，更有利于载流子的传输，因而可以起到优化热电性能的作用。与此同时，因为不同 X 与 EMIM 的结合能不同，会导致 X 与 PSS 的交换效率（比例）不同，从而影响热电性能的优化效果。经过[EMIM][TCB]处理后的 PEDOT∶PSS 可以实现 2103 S/cm 的电导率。

De Izarra 等同样基于[EMIM]X 掺杂的 PEDOT∶PSS 进行了理论计算研究[68]。他们认为，[EMIM]X 掺杂 PEDOT∶PSS 体系所带来的电导率提高，源自掺杂过程中所发生的 X 与 PSS 的离子交换，而他们通过计算，对 X 的选择给出了自己的建议：①EMIM 和 X 之间应该具有低的结合能，这样更有利于 X 和 PSS 的离子交换；②X 应该具有强的掺杂能力同时是软的（soft）、可极化的（polarizable）。因此他们不建议 X 选取小的、硬碱阴离子，如磺酸盐、氧化物、氟化物、氯化物等，因为这些离子在交换中效率较低，同时与 PEDOT 的相互作用存在局域性，使 PEDOT 分子链上的正电荷局限于它们的结合位点周围，引起载流子密度的分布不均并加剧载流子散射，从而影响载流子传输和电导率。这一观点与 Lee 等的实验研究相吻合：与[EMIM]Cl 和[EMIM][ES]相比，用[EMIM][TCM]和[EMIM][TCB]处理得到的 PEDOT∶PSS 具有更高的电导率[69]。

欧阳建勇等近期利用离子液体对 PEDOT∶PSS 薄膜进行后处理（将离子液体的甲醇溶液旋涂于 PEDOT∶PSS 薄膜之上，不同于常见的将离子液体加入到 PEDOT∶PSS 溶液中进行预处理的方式），获得了高功率因子[754 μW/(m · K²)]。他们同时对塞贝克系数和电导率进行了湿度影响和寿命测试，以及热电势的温差响应曲线，基于这些测试结果，他们认为所获得的高热电性能源自电子热电效应而非离子热电效应[71]。

Wei 等研究发现，在高湿度环境下 PEDOT∶PSS 的塞贝克系数会大幅提高[72]，而 Crispin 等指出，这种受湿度影响的塞贝克系数行为，实际上来源于离子热电效应（ionic thermoelectric effect）对整体热电转换过程的贡献[73,74]。他们发现，在低湿度环境下，PEDOT∶PSS 体系和 PEDOT∶Tos 体系具有相近的塞贝克系数；随着湿度增加，PEDOT∶Tos 的塞贝克系数没有明显改变，而 PEDOT∶PSS 的塞贝克系数出现了大幅提高（图 3-9）[73]。他们指出，PEDOT∶PSS 中存在混合导电机制，

即电子和离子同时提供贡献，在高湿度下提高的塞贝克系数实际上源自高湿度下
PSSH 组分的离子塞贝克效应[74]。有关离子热电效应将在本书的第 6 章进行详细介
绍。需要指出的是，PEDOT：PSS 的塞贝克系数虽然在高湿度环境下可以大幅度提
高，但这种提高并不能长时间保持，会随时间逐渐衰减最终回归电子塞贝克效应占
据主导作用的状态[74]。从 PEDOT：PSS 和 PEDOT：Tos 的热电势随时间变化曲线
(图 3-10)可以看出，PEDOT：Tos 的热电势随着温差的建立而迅速产生并始终保持
恒定；相比之下 PEDOT：PSS 在高湿度环境下，热电势会在温差建立后达到最大
值(远高于 PEDOT：Tos)，但随着时间推移而逐渐降低直至稳定在较低数值(此时
电子塞贝克效应重新占据主导地位)。因此这种湿度条件下的提高并不能直接应用
于提高热电效应经典应用场景的能量转换效率。

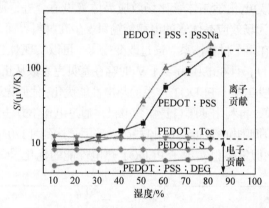

图 3-9　不同 PEDOT 体系的塞贝克系数受湿度的影响情况[73]

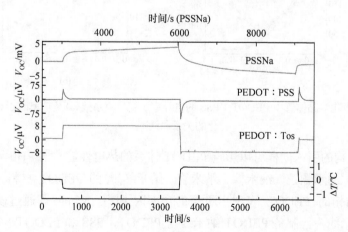

图 3-10　PSSNa、PEDOT：PSS、PEDOT：Tos 在 80%湿度、1℃温差下热电势随时间的变化曲线[74]

除PEDOT：Tos和PEDOT：PSS体系外，PEDOT：OTf(trifluoromethanesulfo-nate，三氟甲磺酸根)体系也展现出了高电导和优良的热电性能。Carella 和 Simonato 等首次利用三氟甲磺酸铁[Fe(OTf)₃]氧化 EDOT，得到 PEDOT：OTf。通过硫酸处理，可以使材料的电导率提高到 2273 S/cm[75]。随后他们通过改良的合成方法及后处理方式，使 PEDOT：OTf 的电导率提高至 5400 S/cm[76]。欧阳建勇等利用相似的手段合成了 PEDOT：OTf 并用氢氧化钠对体系进行后处理，实现了高功率因子(568±64)μW/(m·K²)[塞贝克系数和电导率分别为(49.2±1.4)μV/K、(2342±98)S/cm][77]。

除常用的二次掺杂手段外，电化学和纳米技术也被用来调控 PEDOT 体系的热电性能。Crispin 等创新性地利用电化学晶体管对 PEDOT：PSS 的热电性能进行调控[78]，他们认为电化学晶体管比场效应晶体管更适合进行薄膜材料热电性能的评估和优化，因为场效应晶体管的电荷传输只发生在材料界面，而电化学晶体管的电荷传输则发生在整个材料体系。通过改变栅压，可以实现对 PEDOT：PSS 功率因子的调控(图 3-11)，且在电压为–0.4 V 时存在塞贝克系数从正到负的转变。Kim 等也通过电化学手段实现了 PEDOT 体系的热电性能优化：他们先通过化学聚合制备 PEDOT 高电导薄膜，再利用薄膜自身作为电极，通过电化学方法调控其氧化程度，从而实现 PEDOT 薄膜热电性能的优化[最高功率因子达到 1270 μW/(m·K²)][4]。Cantarero 等基于相似策略也实现了 PEDOT 热电性能的优化[79]。

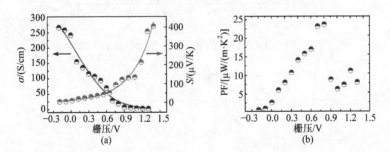

图 3-11　在电化学晶体管中 PEDOT：PSS 的电导率、塞贝克系数(a)及功率因子(b)随栅压变化的关系曲线[78]

纳米结构的引入同样可以影响 PEDOT 体系的热电性能[80-83]。Hu 等制备了不同纳米结构(纳米颗粒、纳米棒、纳米管、纳米纤维)的 PEDOT 材料，发现具备纳米纤维结构的 PEDOT 表现出更高的功率因子[81]。Wang 等通过模板法制备 PEDOT 纳米线，再制备 PEDOT 纳米线与 PEDOT：PSS 和 PEDOT：Tos 的杂化材料，通过调节 PEDOT 纳米线的比例可以实现对功率因子的调控[82]。

最后，需要特别注意的是各向异性[84,85]和测试方法[86,87]都会对 PEDOT(薄膜)

的热电性能研究产生影响。Reenen 和 Kemerink 基于 PEDOT∶PSS 的研究发现，电极形状和间距会极大地影响塞贝克系数的测量结果[86]。而 Shi 等通过研究指出，PEDOT 体系的热电性能对加工过程非常敏感，同时考虑到各向异性，他们建议 PEDOT 薄膜的热电性能相关参数最好沿同一样品的同一方向进行测量，以保证测量的准确性[87]。此外，科研人员发现 PEDOT 的分子量[47,88]和基底的种类[89]也会对输运性能产生影响，尤其需要注意不同 PEDOT∶PSS 商品间的性能差异。

3.2.2　聚苯胺类材料

尽管聚苯胺(polyaniline，PANI)的合成及输运性能的研究历史长于聚噻吩类材料，但与目前聚合物热电材料的研究热点 PEDOT 相比，聚苯胺的热电性能及受关注程度均处于较弱势的地位。这其中的主要原因可能要归结为聚苯胺无法实现如 PEDOT 体系中达到的超高电导率(PEDOT 体系的电导率可超过 5000 S/cm，而聚苯胺体系的电导率则通常低于 1000 S/cm)，低的电导率不仅直接影响了聚苯胺的功率因子，也使利用各种手段对体系塞贝克系数的调控(如在 PEDOT 体系中的常用手段)受到限制。塞贝克系数的优化通常会降低体系的电导率，而聚苯胺本身偏低的电导率使这种优化策略的效果大大减弱。尽管如此，在经过多年的研究和优化后，聚苯胺体系的热电性能仍取得了较大提高，功率因子可以超过 30 $\mu W/(m \cdot K^2)$[90]。

在 20 世纪 80～90 年代，基于聚苯胺的热电相关性能研究就已经广泛开展[42,91-96]，但此时其性能仍处于较低水平，且相关工作更多着眼于通过电导率、塞贝克系数等性质的研究去探索微观输运机制。1999 年，Yan 和 Toshima 通过层层组装方式将(±)-10-樟脑磺酸(camphorsulfonic acid，CSA)掺杂的聚苯胺和未掺杂的聚苯胺交替组装，构筑具有多层结构的聚苯胺膜[97]。这种构筑方式使聚苯胺膜具有更好的机械性能，同时获得了更高的功率因子，电导率略低但塞贝克系数提高 1 倍，功率因子是单层膜的 3.5 倍，可超过 5 $\mu W/(m \cdot K^2)$。随后他们利用拉伸聚苯胺薄膜的方法[98]，提高薄膜内聚苯胺分子的取向性和拉伸方向的迁移率，从而提升热电性能(报道中指出平行和垂直于拉伸方向的性能均高于未拉伸薄膜)。

分子链的排列对聚合物电输运性能的影响不言而喻，陈立东等采用多种手段优化聚苯胺分子链排列，以探索聚苯胺材料的热电性能优化手段。他们首先制备了具有纤维状结构的 CSA 掺杂聚苯胺 PANI-CSA(用间甲酚作溶剂并挥发，得粉末材料，压块测量)[99]，得益于微纳结构中聚苯胺分子链有序排列所带来的载流子迁移率提升，PANI-CSA 的电导率和塞贝克系数均有所提高，而功率因子约为无定形聚苯胺的 20 倍。随后他们通过在成膜过程中在溶液中加入不同比例的间甲酚，来调控聚苯胺分子链在薄膜内的排列情况[100]。他们发现这种方法可以有效改变聚苯胺分子链的构象，增加分子排列有序区域在整个体系中的比例，从而提高体系的载流子迁移率。随着电导率和塞贝克系数的同时增加，材料的功率因子可达 10 μW/(m·K^2)以上。最近他们又引入另一策略来改善聚苯胺分子链的排列有序性，并对体系的功率因子进一步优化。他们引入自组装的超分子 SAS 为模板，提升聚苯胺分子链的排列有序性，增加"有序区域"的比例，从而提高了载流子迁移率、电导率和功率因子[图 3-12(a)和(b)]。随后他们又利用去掺杂手段，提高塞贝克系数(电导率随之大幅下降)，并获得了更高的功率因子 31 μW/(m·K^2)[图 3-12(c)和(d)][90]。

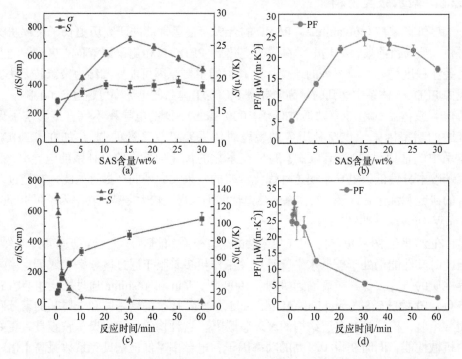

图 3-12 超分子 SAS 含量对 PANI-CSA 薄膜电导率、塞贝克系数(a)和功率因子(b)的影响，以及去掺杂时间对 PANI-CSA 薄膜电导率、塞贝克系数(c)和功率因子(d)的影响[90]

　　纳米结构同样会对聚苯胺体系的热电性能产生影响。朱道本等通过自组装方法制备了聚苯胺纳米管，发现其电导率、塞贝克系数高于同样掺杂水平的无定形聚苯胺，且具有较低热导率[101]。其中，电导率和塞贝克系数的提高归因于纳米管结构中聚苯胺分子有序排列所带来的迁移率提高，而热导率的降低则由纳米结构带来的声子散射所导致。张其春等同样通过研究发现，纳米结构以及掺杂剂的种类、浓度均会对聚苯胺体系的热电性能产生影响[102]。

鉴于掺杂对聚合物材料输运性能的重要影响，唐新峰等深入研究了盐酸掺杂聚苯胺的热电性能[103]。他们发现对于电导率而言，盐酸掺杂浓度的增大不仅可以提高其数值（超过 600 S/cm），同时还会影响材料内的电荷传输机制（从非金属性向金属性转变）；盐酸的掺杂浓度存在理想区间，高于一定浓度后体系的电导率反而下降。Yu 等则综合考虑了成膜条件和退火、掺杂等因素的影响，研究了聚苯胺体系的热电性能优化策略[104]。他们发现，成膜时的温度及退火处理可以影响聚苯胺薄膜的结晶度和输运性能：低成膜温度、缓慢的成膜过程更有利于获得更高的结晶度；而退火则可以进一步提高材料的电导率。而这些因素对塞贝克系数的影响则较小。同时通过将 CSA 掺杂与氨水去掺杂的手段相结合，可以进一步实现载流子浓度和热电性能的调节：掺杂可以大幅度提高电导率而去掺杂则可以提高塞贝克系数（伴随电导率降低），由此获得最佳热电性能。

3.2.3　聚吡咯类材料

聚吡咯作为常见的有机半导体高分子材料，其电导率和塞贝克系数早在 20 世纪 80 年代便引起人们的关注[105-109]，相关研究的主要目的为探究材料自身的输运机制[96,110-113]。近年来随着有机材料的热电性能受到更多重视，一些研究开始关注聚吡咯的热电性能。现阶段，聚吡咯的热电性能尚无法与 PEDOT 等热门有机热电材料相媲美。

张其春等研究发现，纳米管结构的差异对聚吡咯薄膜的电导率和塞贝克系数都会产生影响，而对热导率影响较小[114]：具有更小管径、更长长度的聚吡咯纳米管薄膜具有更高的功率因子和热电优值。此后，陈光明等对聚吡咯材料的制备方法、纳米结构、热电性能之间的关系进行了详细的研究[115]。他们通过对氧化剂种类、浓度，反应介质，时间等因素的控制，可以实现聚吡咯纳米结构及热电性能的调控和优化：当以过硫酸铵为氧化剂时，可以得到具有纳米线结构的聚吡咯，且其热电性能更高，同时过硫酸铵的浓度及反应时间会影响纳米线的形貌（直径、卷曲程度等），进而进一步影响其热电性能（更直的纳米线结构可以得到更好的热电性能）；而当氧化剂为硫酸铁或氯化铁时，得到的聚吡咯则以鳞片状或菜花状为主，并具有较低的热电性能。唐新峰等研究了 β-萘磺酸掺杂聚吡咯体系的热电性能[116]，该体系中 β-萘磺酸在聚合过程中起到"软模板"（可影响聚吡咯产物的形貌和分子排列有序度）和掺杂剂的作用。通过调节掺杂剂的比例，可以实现热电优值的有效提高，最高为 0.0062。

聚吡咯的热电性能还可以通过电化学方式进行调节。Cantarero 等通过电化学方法制备聚吡咯薄膜，通过控制外加电压来调节聚吡咯的氧化程度，从而实现热电性能的调控。通过优化，聚吡咯的热电优值最高为 0.0068[79]。可以看出，目前单纯的（掺杂）聚吡咯体系尚未实现更具竞争力的热电性能，主要原因在于其电导率整体而言低于聚噻吩、聚苯胺等体系，而塞贝克系数也处于较低水平。

3.2.4 聚咔唑类材料

聚咔唑类材料的热电性能很早就引起了研究者的关注。2005 年，Lévesque 等合成了烷基取代的乙烯基咔唑聚合物，并对该材料的热电性能进行了理论及实验研究[117]。虽然在低掺杂状态下材料的塞贝克系数高达 600 μV/K，但过低的电导率(最高仅为 5×10^{-3} S/cm)使其功率因子低于 0.1 μW/(m · K^2)。随后他们利用咔唑或吲哚并咔唑单元与噻吩单元共聚并通过引入不同取代基获得了多种衍生物[118]，但同样受限于较低的电导率(低于 1 S/cm)，这些材料也没有展现出优异的热电性能。当 Leclerc 等在骨架中继续引入苯并噻二唑单元后，构筑了基于咔唑、噻吩、苯并噻二唑单元的供体-受体型共聚物 PCDTBT。这一体系的电导率较前述聚咔唑类材料大幅提高，最高可达 500 S/cm，材料的热电性能也因此受益，功率因子可达 19 μW/(m · K^2)(电导率和塞贝克系数分别为 160 S/cm 和 34 μV/K)[9]。Maiz 等基于这一体系，通过掺杂调控获得了更高的功率因子[24 μW/(m · K^2)][119]；而王雷等则针对这一体系进行了热电性能构效关系的研究，指出分子骨架的设计和优化可以对分子构型、能级、共轭情况等因素产生影响，从而实现热电性能的有效优化[120]。

3.2.5 其他共轭聚合物材料

自导电聚乙炔被发现以来[1, 121]，导电高分子材料的输运性能研究便成为一个重要研究领域。聚乙炔作为第一个导电高分子材料，其电导率、塞贝克系数也在随后被广泛研究。通过碘[122-126]、五氟化砷[122, 127]、氯化铁[126, 127]、高氯酸盐[128]等多种掺杂剂均能使聚乙炔呈现高电导，但受限于较低的塞贝克系数及空气中的不稳定性，掺杂聚乙炔体系目前并未发展成为具有竞争力的有机热电材料。

给体-受体(D-A)型共聚物近年来在有机太阳电池、有机场效应等领域展现出优异性能，并在 p 型[10]、n 型[129]热电性能方面均取得优异成果。Bazan 等基于 4H-环戊[2,1-b:3,4-b′]二噻吩和苯并噻唑合成了一系列(具有不同烷基链及对阳离子)窄带隙共轭阳离子聚电解质材料，并研究了对阳离子及取代烷基链对热电性能的影响[130]；总体而言，小的对阳离子及短的烷基侧链更有利于获得更高的掺杂效率、更有序和紧密的 π-π 堆积，从而得到更好的热电性能。王雷等基于芴和苯并噻唑的共聚体系发现了同样的规律：较短的烷基侧链可以获得更高的电导率，同时烷基链长短对塞贝克系数影响较小；因此对比十二烷基取代的共聚物，己基侧链的共聚物获得了更高的功率因子[131]。

Broch 等基于吡咯并吡咯二酮(DPP)制备了多种双极性共聚物，并用场效应手段进行材料塞贝克系数的表征及调控[132]。通过场调控，他们可以基于同一材料分别实现 p 型及 n 型热电性能，且二者的塞贝克系数水平相当。与此同时，他们发现在高载流子浓度下，共聚物骨架结构的差异（由参与共聚的其他聚合单元引起）并未对塞贝克系数造成明显影响，不同材料的塞贝克系数均处于相当水平。Jung 等基于相同体系（PDPP3T，吡咯并吡咯二酮与噻吩的共聚物）进行了热电性能的优化研究[10]：通过控制掺杂剂（氯化铁）浓度进行体系的掺杂水平调控，在适当的掺杂浓度下，体系的功率因子可以获得明显提高，最高可达 276 μW/(m·K^2)。

最近，张德清课题组与朱道本课题组合作，结合烷基侧链调控策略和杂原子取代策略，对基于 DPP 的共轭聚合物进行了输运机制和热电性能的系统研究。通过将 PDPPS-12 单体中的一个噻吩单元取代为硒吩，得到 PDPPSe-12[图 3-13（a）]；通过紫外可见光谱、光电子能谱、掠入射 X 射线衍射和霍尔效应等多种方法对二者的聚集态结构及输运行为进行了系统探究。他们发现硒原子取代可以明显增强分子间作用力，使掺杂后的 PDPPSe-12 可以保持更有序的堆积[图 3-13（b）～（g）]，在较高掺杂浓度下霍尔迁移率达到 1.0 cm^2/(V·s) 以上。得益于在同一薄膜中实现高迁移率和高载流子浓度，PDPPSe-12 的电导率最高达到 1000 S/cm [图 3-13（h）]，热电优值达到 0.25，是 PDPPS-12 的两倍。这一结果证明杂原子取代策略可以有效调控分子体系的热电性能，为发展高性能有机热电材料提供了新的思路。

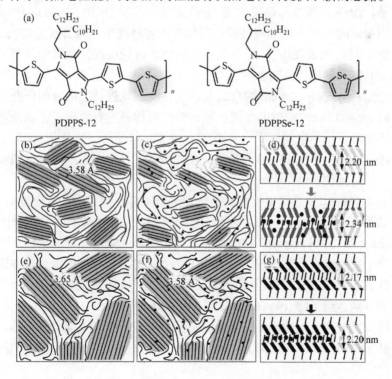

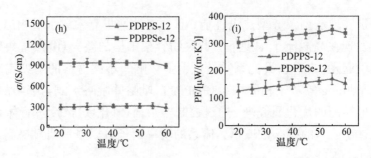

图 3-13　PDPPS-12 和 PDPPSe-12 的分子式(a)，PDPPS-12[(b)～(d)]和 PDPPSe-12[(e)～(g)] 掺杂前后分子排列示意图（圆点代表掺杂剂），以及 PDPPS-12 和 PDPPSe-12 在不同温度下的 电导率(h)和功率因子(i)[11]

3.3　金属有机配合物

3.3.1　金属有机配位聚合物

　　2012 年,朱道本课题组首次报道了金属有机配位聚合物 poly(M-ett) 的热电性能(这一体系有超过 30 年的研究历史[133-135]，但没有热电性能方面的报道；M 为金属离子，ett 为四巯基乙烯配体)。他们发现，当 M 为 Ni 时，poly(Ni-ett) 可以展现出创纪录的 n 型有机热电性能[136](相关内容将在第 4 章详细介绍)；而当 M 为 Cu 时，材料则表现出 p 型有机热电性能。这说明配位金属的种类可以影响 poly(M-ett) 体系的输运机制。

　　他们随后对 poly(Cu-ett) 的合成及热电性能优化进行了细致的研究。为了进一步提高 poly(Cu-ett) 的热电性能，他们首先对体系进行氧化或还原处理，发现将体系还原可以将热电优值优化至 0.02，较优化前提高 43%[137]。随后他们用一价 Cu 制备了 poly(Cu(Ⅰ)-ett)，再经过还原处理，所得材料的热电优值获得进一步提高，最高达到 0.08[14]。

　　受 poly(M-ett) 体系热电性能的鼓舞，朱道本等又利用原子取代策略将 ett 中的两个硫原子取代为硒原子，得到新的配体 dsedt，并基于该配体合成制备了 Cu(Ⅱ)-dsedt 和 Cu(Ⅰ)-dsedt，首次报道了此类材料的热电及电输运性质[15]。他们发现这两个配位聚合物都表现出 p 型传输特性，Cu(Ⅱ)-dsedt 最高功率因子和热电优值分别达到 16.4 μW/(m·K^2) 和 0.025(380 K)；Cu(Ⅰ)-dsedt 最高功率因子和热电优值分别达到 13.6 μW/(m·K^2) 和 0.013(360 K)。

　　金属有机骨架(metal-organic framework，MOF)化合物在催化、储能、传感等领域已经展现出巨大的应用潜力，而近年来其热电性能也开始引起人们的关注。

Talin 等研究了 Cu₃(BTC)₂ 薄膜的热电性能[138]：Cu₃(BTC)₂ 呈现 p 型热电特性，室温下塞贝克系数可以达到 375 μV/K。受限于较低的电导率（室温下约为 10^{-3} S/cm 量级），该材料尚未表现出优异的热电性能。随后他们通过理论计算指出，二维 MOF 体系具备实现高热电性能的潜力，且提出通过骨架内金属的针对性选择可以实现热电性能的优化[139]。除此以外，在其他若干配位聚合物体系发现的高塞贝克系数[140, 141]，同样证明这类材料在热电效应领域所具有的研究潜力。

3.3.2　金属有机小分子配合物

酞菁（phthlocyanine，Pc）是一类典型的金属有机小分子配合物半导体材料，对它的研究可以追溯到 20 世纪 30 年代[142, 143]。最初它作为染料而被熟知[144]，随后其电学性质逐渐引起人们的关注[145, 146]，现在酞菁类材料已在有机场效应晶体管、有机太阳电池、有机发光二极管等多个领域广泛应用[147, 148]。

Hamann 等对酞菁类材料的塞贝克系数进行了早期研究[149-151]，发现 MPc（M 为金属）的塞贝克系数可达 10^3 μV/K 量级，且 α 相和 β 相 MPc 的塞贝克系数会呈现出明显差别。同时在金属酞菁配合物中，金属的种类和酞菁分子上的取代基都会影响材料热电势的大小甚至符号[152]。因酞菁类材料的本征电导率较低，因此需要通过化学掺杂等手段提高材料的电导率。在 Pfeiffer 等进行的 F₄-TCNQ 掺杂酞菁氧钒材料中，电导率随着掺杂比例的提高而升高，虽然掺杂后的塞贝克系数仍在 600 μV/K，但材料的功率因子受限于较低的电导率（最高接近 10^{-3} S/cm）仍处于较低水平[最高处于 10^{-2} μW/(m · K²) 量级][153]。为了提高电导率、改善热电性能，近期朱道本等合成了一种强电子受体 CN6-CP 作为掺杂剂，通过主体材料和掺杂剂交替蒸镀的方式构建多层器件结构。在多层器件结构中，既不显著破坏酞菁铜原有的堆积结构，又能通过有效的掺杂得到理想的载流子浓度，可以有效提高酞菁铜的电导，从而获得较好的热电性能。在最优条件下，CN6-CP 掺杂酞菁铜体系的电导率为 0.76 S/cm，塞贝克系数为 130 μV/K，功率因子可达 1.3 μW/(m · K²)。

对于包含酞菁单元的分子导体，由于具有更高的电导率，因此可以实现更高的功率因子。Yu 等研究了 TPP[M(Pc)L₂]₂（M = Co、Fe，TPP 为四苯基膦，L = CN、Cl、Br）体系的光、电、磁性质[154]。该体系的电导率在 $10^0 \sim 10^2$ S/cm 范围，其中 TPP[Co(Pc)CN₂]₂ 的电导率接近 100 S/cm，结合其塞贝克系数（约为 40 μV/K），功率因子可达 40 μW/(m · K²) 左右。而在 Yonehara 和 Yakushi 研究的 NiPc(AsF₆)₀.₅ 体系中[155]，由于室温下电导率可以达到 1000 S/cm，使其实际功率因子超过 60 μW/(m · K²)。

Almeida 等对一系列分子导体的电输运性能进行了研究，包括电导率和塞贝克系数。通过对这些研究成果进行梳理，可以发现一些材料体系实际已经获得较高的功率因子。例如，在 (Per)₂M(mnt)₂ 体系中[156, 157]，室温电导率可达 700 S/cm，塞贝克系数为 35 μV/K，因此其功率因子超过 85 μW/(m · K²)。而在 (Perylene)₂Au(cdc)₂ 体系中[158]，电导率和塞贝克系数分别为150 S/cm和35 μV/K，功率因子为18.4 μW/(m · K²)。此外，在 Liou 等的研究中，Co(tbp) I 在 350 S/cm 左右的电导率下也可以实现 80 μW/(m · K²) 以上的功率因子[159]。需要指出的是，这些数据均来自单晶样品，虽然单晶样品往往具有更优异的输运性质，但有机单晶往往不具有良好的机械性能，会为相关研究和实际应用带来困难和挑战。

3.4 有机小分子

目前对 p 型有机热电材料的研究更多地集中在聚合物及复合、杂化材料体系，一方面在于这些体系目前展现出了更好的热电性能[2, 3, 160, 161]，从而激发了更多的研究兴趣和热情，另一方面在于聚合物类材料在大规模制备、机械性能及性质稳定性上更具优势。但小分子材料的热电效应研究同样具有重要意义。首先，有机热电材料的整体性能水平仍低于无机材料体系，因此对不同材料的广泛研究有利于发掘新的高性能有机热电材料体系；其次，小分子材料往往可以适应更多的加工方式，如溶液加工、气相沉积等，可以丰富有机热电器件的设计策略和构筑手段；更重要的是，小分子体系往往具备更明确的化学结构和更简单有序的堆积方式，往往可以实现物性的精确测量和调控[162, 163]，因此更有利于探索有机热电效应的相关机制，而这对于仍处在上升、发展阶段的有机热电效应研究来说是至关重要的。实际上，在早期的相关研究中，材料的塞贝克系数、电导率表征正是微观输运机制研究的重要手段和依据[164-167]。早在 20 世纪 80 年代，朱道本等就对 (BEDT-TTF)₂BrI₂ 的电导率和塞贝克系数进行了研究[168]，其室温塞贝克系数接近 7 μV/K。需要注意的是，小分子体系中分子更有序的排列可能会导致材料表现出明显的各向异性[169]，需要在热电性质相关的表征中予以重视。一些相关分子的化学结构见图 3-14。

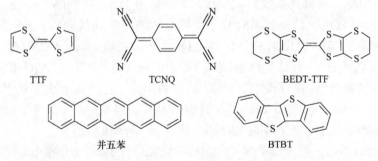

TTF   TCNQ   BEDT-TTF

并五苯   BTBT

图 3-14　热电性能研究中一些有机小分子的化学结构式

并五苯作为有机半导体材料中的明星分子，因其优异的场效应迁移率而受到广泛关注。von Mühlenen 等基于场效应晶体管对并五苯的塞贝克系数进行了测量，发现并五苯的塞贝克系数可以达到 200 μV/K 以上[170]。Harada 等则对并五苯的热电性能及优化进行了研究，发现相比于传统的共蒸镀方法（将并五苯与掺杂剂 F_4-TCNQ 同时蒸镀到基底上），将并五苯与 F_4-TCNQ 先后蒸镀于基底之上形成双层薄膜结构，可以获得更高的塞贝克系数、电导率及功率因子（图 3-15）[171]，分别可达 200 μV/K、0.43 S/cm 和 2 μW/(m·K^2)。在后者的掺杂方式中，掺杂剂不会影响并五苯分子自身的紧密堆积，从而更有利于载流子的传输。通过对制备条件的优化，Hayashi 等在碘掺杂的并五苯体系中实现了 13 μW/(m·K^2) 的功率因子（电导率最高达 60 S/cm，塞贝克系数在 50 μV/K 左右），同时将掺杂体系利用聚酰亚胺薄膜进行保护，使其具备了一定程度的空气稳定性[12]。

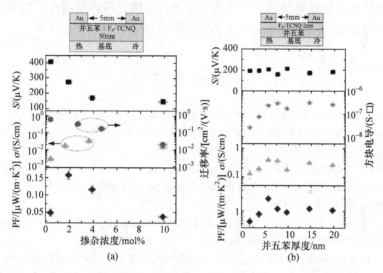

图 3-15　通过共蒸镀(a)和分层蒸镀(b)得到的 F_4-TCNQ 掺杂并五苯体系的热电相关性能[171]

　　电荷转移复合物具有优异的导电能力[172]，因而同样具备实现高热电性能的潜力。TTF：TCNQ 的热电势早在 20 世纪 70 年代便被 Chaikin 等系统研究[164,165,173,174]。电荷转移复合物的输运机制可能会随着温度的变化发生改变，如在降温过程中发生由金属态向半导态或绝缘态的转变，因此其塞贝克系数可能也会伴随温度变化而改变符号[167,173,175]。Chtioui-Gay 等在对 (BEDT-TTF)$_2$I$_3$ 的研究中发现，其粉末压块样品的塞贝克系数和电导率分别为 30 μV/K 和 10 S/cm，对应功率因子为 0.9 μW/(m·K^2)[176]。2016 年，Kiyota 等基于 (BTBT)$_2$XF$_6$(X = P、As、Sb 和 Ta) 实现了优异的热电性能[13]：虽然体系的塞贝克系数较低(15 μV/K)，但得益于极高的电导率(最高达 4100 S/cm)，(BTBT)$_2$AsF$_6$ 的功率因子最高达到了 88 μW/(m·K^2)。这在有机小分子材料体系中已处于较高水平，证明了小分子材料在热电应用中的潜力。

3.5 总结

得益于 p 型有机半导体更加丰富的材料体系、更加坚实的研究基础，p 型有机热电材料的相关研究在近年来得到了更多关注，相关材料的性能在日趋深入、系统地探索和优化下持续提高。以 PEDOT、DPP 等为代表的 p 型有机热电材料，其较高的热电优值已经可以初步满足有机热电器件及其功能化开发的基本需求。现阶段 p 型有机热电效应的研究虽更多集中于导电聚合物，但有机小分子、配合物等材料的热电性能研究同样具有重要意义。在当前的有机热电研究现状下，材料的性能优化与机制的探究需并驾齐驱，不可偏废。p 型有机热电材料的发展需充分利用有机半导体的研究基础，发展科学、系统的研究方法，打通高性能 p 型有机半导体材料的热电性能研究通道，加速高性能材料体系的遴选与发掘，同时丰富材料性能优化手段，完善有机热电的相关理论。

参 考 文 献

[1] Shirakawa H, Louis E J, MacDiarmid A G, Chiang C K, Heeger A J. Synthesis of electrically conducting organic polymers: Halogen derivatives of polyacetylene, (CH)$_x$. J Chem Soc Chem Comm, 1977(16): 578-580.

[2] Bubnova O, Khan Z U, Malti A, Braun S, Fahlman M, Berggren M, Crispin X. Optimization of the thermoelectric figure of merit in the conducting polymer poly(3,4-ethylenedioxythiophene). Nat Mater, 2011, 10: 429-433.

[3] Kim G H, Shao L, Zhang K, Pipe K P. Engineered doping of organic semiconductors for enhanced thermoelectric efficiency. Nat Mater, 2013, 12: 719-723.

[4] Park T, Park C, Kim B, Shin H, Kim E. Flexible PEDOT electrodes with large thermoelectric power factors to generate electricity by the touch of fingertips. Energy Environ Sci, 2013, 6: 788-792.

[5] Patel S N, Glaudell A M, Peterson K A, Thomas E M, O'Hara K A, Lim E, Chabinyc M L. Morphology controls the thermoelectric power factor of a doped semiconducting polymer. Sci Adv, 2017, 3: 1700434.

[6] Zhang J J, Song G J, Qiu L, Feng Y H, Chen J, Yan J, Liu L Y, Huang X, Cui Y T, Sun Y M, Xu W, Zhu D B. Highly conducting polythiophene thin films with less ordered microstructure displaying excellent thermoelectric performance. Macromol Rapid Commun, 2018, 39: 1800283.

[7] Qu S Y, Yao Q, Wang L M, Chen Z H, Xu K Q, Zeng H R, Shi W, Zhang T S, Uher C, Chen L D. Highly anisotropic P3HT films with enhanced thermoelectric performance via organic small molecule epitaxy. NPG Asia Mater, 2016, 8: e292.

[8] Hynynen J, Jarsvall E, Kroon R, Zhang Y, Barlow S, Marder S R, Kemerink M, Lund A, Müller C. Enhanced thermoelectric power factor of tensile drawn poly(3-hexylthiophene). ACS Macro Lett, 2019, 8: 70-76.

[9] Aich R B, Blouin N, Bouchard A, Leclerc M. Electrical and thermoelectric properties of poly (2,7-carbazole) derivatives. Chem Mater, 2009, 21: 751-757.

[10] Jung I H, Hong C T, Lee U H, Kang Y H, Jang K S, Cho S Y. High thermoelectric power factor of a diketopyrrolopyrrole-based low bandgap polymer via finely tuned doping engineering. Sci Rep, 2017, 7: 44704.

[11] Ding J M, Liu Z T, Zhao W R, Jin W L, Xiang L Y, Wang Z J, Zeng Y, Zou Y, Zhang F J, Yi Y P, Diao Y, McNeill C R, Di C A, Zhang D Q, Zhu D B. Selenium-substituted diketopyrrolopyrrole polymer for high-performance p-type organic thermoelectric materials. Angew Chem Int Ed, 2019, 58: 18994-18999.

[12] Hayashi K, Shinano T, Miyazaki Y, Kajitani T. Fabrication of iodine-doped pentacene thin films for organic thermoelectric devices. J Appl Phys, 2011, 109: 023712.

[13] Kiyota Y, Kadoya T, Yamamoto K, Iijima K, Higashino T, Kawamoto T, Takimiya K, Mori T. Benzothienobenzothiophene-based molecular conductors: High conductivity, large thermoelectric power factor, and one-dimensional instability. J Am Chem Soc, 2016, 138: 3920-3925.

[14] Sheng P, Sun Y M, Jiao F, Di C A, Xu W, Zhu D B. A novel cuprous ethylenetetrathiolate coordination polymer: Structure characterization, thermoelectric property optimization and a bulk thermogenerator demonstration. Synth Met, 2014, 193: 1-7.

[15] Cui Y T, Yan J, Sun Y, Zou Y, Sun Y M, Xu W, Zhu D B. Thermoelectric properties of metal- (Z) -1,2-dihydroselenoethene-1,2-dithiol coordination polymers. Sci Bullet, 2018, 63: 814-816.

[16] Kaloni T P, Giesbrecht P K, Schreckenbach G, Freund M S. Polythiophene: From fundamental perspectives to applications. Chem Mater, 2017, 29: 10248-10283.

[17] Österholm J E, Passiniemi P, Isotalo H, Stubb H. Synthesis and properties of FeCl$_4$-doped polythiophene. Synth Met, 1987, 18: 213-218.

[18] Wang C, Benz M E, LeGoff E, Schindler J L, Allbritton-Thomas J, Kannewurf C R, Kanatzidis M G. Studies on conjugated polymers: Preparation, spectroscopic, and charge-transport properties of a new soluble polythiophene derivative: Poly (3′,4′ -dibutyl-2, 2′:5′,2″ -terthiophene) . Chem Mater, 1994, 6: 401-411.

[19] Zhang Q, Sun Y M, Qin Y K, Xu W, Zhu D B. Two soluble polymers with lower ionization potentials: Doping and thermoelectric properties. J Mater Chem A, 2016, 4: 1432-1439.

[20] Kroon R, Kiefer D, Stegerer D, Yu L, Sommer M, Müller C. Polar side chains enhance processability, electrical conductivity, and thermal stability of a molecularly p-doped polythiophene. Adv Mater, 2017, 29: 1700930.

[21] Hofmann A I, Kroon R, Yu L, Müller C. Highly stable doping of a polar polythiophene through co-processing with sulfonic acids and bistriflimide. J Mater Chem C, 2018, 6: 6905-6910.

[22] Yuan D F, Liu L Y, Jiao X C, Zou Y, McNeill C R, Xu W, Zhu X Z, Zhu D B. Quinoid-resonant conducting polymers achieve high electrical conductivity over 4000 S · cm^{-1} for thermoelectrics. Adv Sci, 2018, 5: 1800947.

[23] Li H, DeCoster M E, Ireland R M, Song J, Hopkins P E, Katz H E. Modification of the poly (bisdodecylquaterthiophene) structure for high and predominantly nonionic conductivity

with matched dopants. J Am Chem Soc, 2017, 139: 11149-11157.

[24] McCulloch I, Heeney M, Bailey C, Genevicius K, MacDonald I, Shkunov M, Sparrowe D, Tierney S, Wagner R, Zhang W, Chabinyc M L, Kline R J, McGehee M D, Toney M F. Liquid-crystalline semiconducting polymers with high charge-carrier mobility. Nat Mater, 2006, 5: 328-333.

[25] Zhang Q, Sun Y M, Jiao F, Zhang J, Xu W, Zhu D B. Effects of structural order in the pristine state on the thermoelectric power-factor of doped PBTTT films. Synth Met, 2012, 162: 788-793.

[26] Patel S N, Glaudell A M, Kiefer D, Chabinyc M L. Increasing the thermoelectric power factor of a semiconducting polymer by doping from the vapor phase. ACS Macro Lett, 2016, 5: 268-272.

[27] Vijayakumar V, Zaborova E, Biniek L, Zeng H, Herrmann L, Carvalho A, Boyron O, Leclerc N, Brinkmann M. Effect of alkyl side chain length on doping kinetics, thermopower, and charge transport properties in highly oriented F$_4$TCNQ-doped PBTTT films. ACS Appl Mater Interface, 2019, 11: 4942-4953.

[28] Marrocchi A, Lanari D, Facchetti A, Vaccaro L. Poly (3-hexylthiophene): Synthetic methodologies and properties in bulk heterojunction solar cells. Energy Environ Sci, 2012, 5: 8457-8474.

[29] Qu S Y, Ming C, Yao Q, Lu W H, Zeng K Y, Shi W, Shi X, Uher C, Chen L D. Understanding the intrinsic carrier transport in highly oriented poly (3-hexylthiophene): Effect of side chain regioregularity. Polymers, 2018, 10: 815.

[30] Xuan Y, Liu X, Desbief S, Leclere P, Fahlman M, Lazzaroni R, Berggren M, Cornil J, Emin D, Crispin X. Thermoelectric properties of conducting polymers: The case of poly (3-hexylthiophene). Phys Rev B, 2010, 82: 115454.

[31] Zhang Q, Sun Y M, Xu W, Zhu D B. Thermoelectric energy from flexible P3HT films doped with a ferric salt of triflimide anions. Energy Environ Sci, 2012, 5: 9639-9644.

[32] Lim E, Peterson K A, Su G M, Chabinyc M L. Thermoelectric properties of poly (3-hexylthiophene) (P3HT) doped with 2, 3, 5, 6-tetrafluoro-7, 7, 8, 8-tetracyanoquinodimethane (F$_4$TCNQ) by vapor-phase infiltration. Chem Mater, 2018, 30: 998-1010.

[33] Glaudell A M, Cochran J E, Patel S N, Chabinyc M L. Impact of the doping method on conductivity and thermopower in semiconducting polythiophenes. Adv Energy Mater, 2015, 5: 1401072.

[34] Hynynen J, Kiefer D, Müller C. Influence of crystallinity on the thermoelectric power factor of P3HT vapour-doped with F$_4$TCNQ. RSC Adv, 2018, 8: 1593-1599.

[35] Qu S Y, Yao Q, Yu B X, Zeng K Y, Shi W, Chen Y L, Chen L D. Optimizing the thermoelectric performance of poly (3-hexylthiophene) through molecular-weight engineering. Chem Asian J, 2018, 13: 3246-3253.

[36] Hamidi-Sakr A, Biniek L, Bantignies J L, Maurin D, Herrmann L, Leclerc N, Lévêque P, Vijayakumar V, Zimmermann N, Brinkmann M. A versatile method to fabricate highly in-plane aligned conducting polymer films with anisotropic charge transport and thermoelectric properties: The key role of alkyl side chain layers on the doping mechanism. Adv Funct Mater, 2017, 27: 1700173.

[37] Chen L J, Liu W, Yan Y G, Su X L, Xiao S Q, Lu X H, Uher C, Tang X F. Fine-tuning the solid-state ordering and thermoelectric performance of regioregular P3HT analogues by sequential oxygen-substitution of carbon atoms along the alkyl side chains. J Mater Chem C, 2019, 7: 2333-2344.

[38] Kroon R, Ryan J D, Kiefer D, Yu L Y, Hynynen J, Olsson E, Müller C. Bulk doping of millimeter-thick conjugated polymer foams for plastic thermoelectrics. Adv Funct Mater, 2017, 27: 1704183.

[39] Zuo G Z, Andersson O, Abdalla H, Kemerink M. High thermoelectric power factor from multilayer solution-processed organic films. Appl Phys Lett, 2018, 112: 083303.

[40] Khan Z U, Bubnova O, Jafari M J, Brooke R, Liu X, Gabrielsson R, Ederth T, Evans D R, Andreasen J W, Fahlman M, Crispin X. Acido-basic control of the thermoelectric properties of poly (3,4-ethylenedioxythiophene) tosylate (PEDOT-Tos) thin films. J Mater Chem C, 2015, 3: 10616-10623.

[41] Petsagkourakis I, Kim N, Tybrandt K, Zozoulenko I, Crispin X. Poly (3, 4-ethylenedioxythiophene): Chemical synthesis, transport properties, and thermoelectric devices. Adv Electron Mater, 2019, 5: 1800918.

[42] MacDiarmid A G, Epstein A J. The concept of secondary doping as applied to polyaniline. Synth Met, 1994, 65: 103-116.

[43] Bubnova O, Khan Z U, Wang H, Braun S, Evans D R, Fabretto M, Hojati-Talemi P, Dagnelund D, Arlin J B, Geerts Y H, Desbief S, Breiby D W, Andreasen J W, Lazzaroni R, Chen W M M, Zozoulenko I, Fahlman M, Murphy P J, Berggren M, Crispin X. Semi-metallic polymers. Nat Mater, 2014, 13: 190-194.

[44] Khan Z U, Edberg J, Hamedi M M, Gabrielsson R, Granberg H, Wågberg L, Engquist I, Berggren M, Crispin X. Thermoelectric polymers and their elastic aerogels. Adv Mater, 2016, 28: 4556-4562.

[45] Petsagkourakis I, Pavlopoulou E, Portale G, Kuropatwa B A, Dilhaire S, Fleury G, Hadziioannou G. Structurally-driven enhancement of thermoelectric properties within poly (3,4-ethylenedioxythiophene) thin films. Sci Rep, 2016, 6: 30501.

[46] Petsagkourakis I, Pavlopoulou E, Cloutet E, Chen Y F, Liu X, Fahlman M, Berggren M, Crispin X, Dilhaire S, Fleury G, Hadziioannou G. Correlating the Seebeck coefficient of thermoelectric polymer thin films to their charge transport mechanism. Org Electron, 2018, 52: 335-341.

[47] Rolland N, Franco-Gonzalez J F, Volpi R, Linares M, Zozoulenko I V. Understanding morphology-mobility dependence in PEDOT : Tos. Phys Rev Mater, 2018, 2: 045605.

[48] Wang J, Cai K F, Shen S. Enhanced thermoelectric properties of poly (3,4-ethylenedioxythiophene) thin films treated with H_2SO_4. Org Electron, 2014, 15: 3087-3095.

[49] Wang J, Cai K F, Shen S. A facile chemical reduction approach for effectively tuning thermoelectric properties of PEDOT films. Org Electron, 2015, 17: 151-158.

[50] Shi W, Zhao T Q, Xi J Y, Wang D, Shuai Z G. Unravelling doping effects on PEDOT at the molecular level: From geometry to thermoelectric transport properties. J Am Chem Soc, 2015, 137: 12929-12938.

[51] Groenendaal B L, Jonas F, Freitag D, Pielartzik H, Reynolds J R. Poly (3,4-ethylenedioxythiophene) and its derivatives: Past, present, and future. Adv Mater, 2000, 12: 481-494.

[52] Kim J Y, Jung J H, Lee D E, Joo J. Enhancement of electrical conductivity of poly (3,4-ethylenedioxythiophene)/poly (4-styrenesulfonate) by a change of solvents. Synth Met, 2002, 126: 311-316.

[53] Kim N, Lee B H, Choi D, Kim G, Kim H, Kim J R, Lee J, Kahng Y H, Lee K. Role of interchain coupling in the metallic state of conducting polymers. Phys Rev Lett, 2012, 109: 106405.

[54] Liu C C, Lu B Y, Yan J, Xu J K, Yue R R, Zhu Z J, Zhou S Y, Hu X J, Zhang Z, Chen P. Highly conducting free-standing poly (3,4-ethylenedioxythiophene)/poly (styrenesulfonate) films with improved thermoelectric performances. Synth Met, 2010, 160: 2481-2485.

[55] Xiong J H, Jiang F X, Zhou W Q, Liu C C, Xu J K. Highly electrical and thermoelectric properties of a PEDOT : PSS thin-film via direct dilution-filtration. RSC Adv, 2015, 5: 60708-60712.

[56] Yi C, Wilhite A, Zhang L, Hu R, Chuang S S C, Zheng J, Gong X. Enhanced thermoelectric properties of poly (3,4-ethylenedioxythiophene) : poly (styrenesulfonate) by binary secondary dopants. ACS Appl Mater Interface, 2015, 7: 8984-8989.

[57] Mengistie D A, Chen C H, Boopathi K M, Pranoto F W, Li L J, Chu C W. Enhanced thermoelectric performance of PEDOT : PSS flexible bulky papers by treatment with secondary dopants. ACS Appl Mater Interface, 2015, 7: 94-100.

[58] Wu F L, Li P C, Sun K, Zhou Y L, Chen W, Fu J H, Li M, Lu S R, Wei D S, Tang X S, Zang Z G, Sun L D, Liu X X, Ouyang J Y. Conductivity enhancement of PEDOT : PSS via addition of chloroplatinic acid and its mechanism. Adv Electron Mater, 2017, 3: 1700047.

[59] Wang X Z, Kyaw A K K, Yin C L, Wang F, Zhu Q, Tang T, Yee P I, Xu J W. Enhancement of thermoelectric performance of PEDOT : PSS films by post-treatment with a superacid. RSC Adv, 2018, 8: 18334-18340.

[60] Fan Z, Du D H, Yu Z M, Li P C, Xia Y J, Ouyang J Y. Significant enhancement in the thermoelectric properties of PEDOT : PSS films through a treatment with organic solutions of inorganic salts. ACS Appl Mater Interface, 2016, 8: 23204-23211.

[61] Luo J, Billep D, Waechtler T, Otto T, Toader M, Gordan O, Sheremet E, Martin J, Hietschold M, Zahn D R T, Gessner T. Enhancement of the thermoelectric properties of PEDOT : PSS thin films by post-treatment. J Mater Chem A, 2013, 1: 7576-7583.

[62] Palumbiny C M, Liu F, Russell T P, Hexemer A, Wang C, Müller-Buschbaum P. The crystallization of PEDOT : PSS polymeric electrodes probed *in situ* during printing. Adv Mater, 2015, 27: 3391-3397.

[63] Massonnet N, Carella A, Jaudouin O, Rannou P, Laval G, Celle C, Simonato J P. Improvement of the Seebeck coefficient of PEDOT : PSS by chemical reduction combined with a novel method for its transfer using free-standing thin films. J Mater Chem C, 2014, 2: 1278-1283.

[64] Fan Z, Li P C, Du D H, Ouyang J Y. Significantly enhanced thermoelectric properties of PEDOT : PSS films through sequential post-treatments with common acids and bases. Adv Energy Mater, 2017, 7: 1602116.

[65] Lee S H, Park H, Kim S, Son W, Cheong I W, Kim J H. Transparent and flexible organic semiconductor nanofilms with enhanced thermoelectric efficiency. J Mater Chem A, 2014, 2: 7288-7294.

[66] Lee S H, Park H, Son W, Choi H H, Kim J H. Novel solution-processable, dedoped semiconductors for application in thermoelectric devices. J Mater Chem A, 2014, 2: 13380-13387.

[67] Park H, Lee S H, Kim F S, Choi H H, Cheong I W, Kim J H. Enhanced thermoelectric properties of PEDOT : PSS nanofilms by a chemical dedoping process. J Mater Chem A, 2014, 2: 6532-6539.

[68] de Izarra A, Park S, Lee J, Lansac Y, Jang Y H. Ionic liquid designed for PEDOT : PSS conductivity enhancement. J Am Chem Soc, 2018, 140: 5375-5384.

[69] Kee S, Kim N, Kim B S, Park S, Jang Y H, Lee S H, Kim Junghwan, Kim Jehan, Kwon S, Lee K. Controlling molecular ordering in aqueous conducting polymers using ionic liquids. Adv Mater, 2016, 28: 8625-8631.

[70] Liu C C, Xu J K, Lu B Y, Yue R R, Kong F F. Simultaneous increases in electrical conductivity and Seebeck coefficient of PEDOT : PSS films by adding ionic liquids into a polymer solution. J Electron Mater, 2012, 41: 639-645.

[71] Fan Z, Du D C, Guan X, Ouyang J Y. Polymer films with ultrahigh thermoelectric properties arising from significant Seebeck coefficient enhancement by ion accumulation on surface. Nano Energy, 2018, 51: 481-488.

[72] Wei Q S, Mukaida M, Kirihara K, Naitoh Y, Ishida T. Thermoelectric power enhancement of PEDOT : PSS in high-humidity conditions. Appl Phys Express, 2014, 7: 031601.

[73] Wang H, Ail U, Gabrielsson R, Berggren M, Crispin X. Ionic Seebeck effect in conducting polymers. Adv Energy Mater, 2015, 5: 1500044.

[74] Ail U, Jafari M J, Wang H, Ederth T, Berggren M, Crispin X. Thermoelectric properties of polymeric mixed conductors. Adv Funct Mater, 2016, 26: 6288-6296.

[75] Massonnet N, Carella A, de Geyer A, Faure-Vincent J, Simonato J P. Metallic behaviour of acid doped highly conductive polymers. Cheml Sci, 2015, 6: 412-417.

[76] Gueye M N, Carella A, Massonnet N, Yvenou E, Brenet S, Faure-Vincent J, Pouget S, Rieutord F, Okuno H, Benayad A, Demadrille R, Simonato J P. Structure and dopant engineering in PEDOT thin films: Practical tools for a dramatic conductivity enhancement. Chem Mater, 2016, 28: 3462-3468.

[77] Yao H Y, Fan Z, Li P C, Li B C, Guan X, Du D H, Ouyang J Y. Solution processed intrinsically conductive polymer films with high thermoelectric properties and good air stability. J Mater Chem A, 2018, 6: 24496-24502.

[78] Bubnova O, Berggren M, Crispin X. Tuning the thermoelectric properties of conducting polymers in an electrochemical transistor. J Am Chem Soc, 2012, 134: 16456-16459.

[79] Culebras M, Uriol B, Gómez C M, Cantarero A. Controlling the thermoelectric properties of polymers: Application to PEDOT and polypyrrole. Phys Chem Chem Phys, 2015, 17: 15140-15145.

[80] Taggart D K, Yang Y, Kung S C, McIntire T M, Penner R M. Enhanced thermoelectric metrics in ultra-long electrodeposited PEDOT nanowires. Nano Lett, 2011, 11: 125-131.

[81] Hu X C, Chen G M, Wang X, Wang H F. Tuning thermoelectric performance by nanostructure evolution of a conducting polymer. J Mater Chem A, 2015, 3: 20896-20902.

[82] Zhang K, Qiu J J, Wang S R. Thermoelectric properties of PEDOT nanowire/PEDOT hybrids. Nanoscale, 2016, 8: 8033-8041.

[83] Zhao J, Tan D X, Chen G M. A strategy to improve the thermoelectric performance of conducting polymer nanostructures. J Mater Chem C, 2017, 5: 47-53.

[84] Wei Q S, Mukaida M, Kirihara K, Ishida T. Experimental studies on the anisotropic thermoelectric properties of conducting polymer films. ACS Macro Lett, 2014, 3: 948-952.

[85] Liu J, Wang X J, Li D Y, Coates N E, Segalman R A, Cahill D G. Thermal conductivity and elastic constants of PEDOT : PSS with high electrical conductivity. Macromolecules, 2015, 48: 585-591.

[86] Reenen S V, Kemerink M. Correcting for contact geometry in Seebeck coefficient measurements of thin film devices. Org Electron, 2014, 15: 2250-2255.

[87] Weathers A, Khan Z U, Brooke R, Evans D, Pettes M T, Andreasen J W, Crispin X, Shi L. Significant electronic thermal transport in the conducting polymer poly (3,4-ethylenedioxythiophene). Adv Mater, 2015, 27: 2101-2106.

[88] Fan Z, Du D H, Yao H Y, Ouyang J Y. Higher PEDOT molecular weight giving rise to higher thermoelectric property of PEDOT : PSS: A comparative study of clevios P and clevios PH1000. ACS Appl Mater Interface, 2017, 9: 11732-11738.

[89] Franco-Gonzalez J F, Rolland N, Zozoulenko I V. Substrate-dependent morphology and its effect on electrical mobility of doped poly (3,4-ethylenedioxythiophene) (PEDOT) thin films. ACS Appl Mater Interface, 2018, 10: 29115-29126.

[90] Wang L M, Yao Q, Xiao J X, Zeng K Y, Shi W, Qu S Y, Chen L D. Enhanced thermoelectric properties of polyaniline nanofilms induced by self-assembled supramolecules. Chemistry, 2016, 11: 1955-1962.

[91] Park Y W, Lee Y S, Park C, Shacklette L W, Baughman R H. Thermopower and conductivity of metallic polyaniline. Solid State Commun, 1987, 63: 1063-1066.

[92] Wang Z H, Li C, Scherr E M, MacDiarmid A G, Epstein A J. Three dimensionality of "metallic" states in conducting polymers: Polyaniline. Phys Rev Lett, 1991, 66: 1745-1748.

[93] Wang Z H, Ray A, MacDiarmid A G, Epstein A J. Electron localization and charge transport in poly (o-toluidine): A model polyaniline derivative. Phys Rev B, 1991, 43: 4373-4384.

[94] Wang Z H, Scherr E M, MacDiarmid A G, Epstein A J. Transport and EPR studies of polyaniline: A quasi-one-dimensional conductor with three-dimensional "metallic" states. Phys Rev B, 1992, 45: 4190-4202.

[95] Wu C G, DeGroot D C, Marcy H O, Schindler J L, Kannewurf C R, Bakas T, Papaefthymiou V, Hirpo W, Yesinowski J P. Reaction of aniline with FeOCl. Formation and ordering of conducting polyaniline in a crystalline layered host. J Am Chem Soc, 1995, 117: 9229-9242.

[96] Mateeva N, Niculescu H, Schlenoff J, Testardi L R. Correlation of Seebeck coefficient and

electric conductivity in polyaniline and polypyrrole. J Appl Phys, 1998, 83: 3111-3117.

[97] Yan H, Toshima N. Thermoelectric properties of alternatively layered films of polyaniline and (±)-10-camphorsulfonic acid-doped polyaniline. Chem Lett, 1999, 28: 1217-1218.

[98] Yan H, Ohta T, Toshima N. Stretched polyaniline films doped by (±)-10-camphorsulfonic acid: Anisotropy and improvement of thermoelectric properties. Macromol Mater Eng, 2001, 286: 139-142.

[99] Yao Q, Chen L D, Xu X C, Wang C F. The high thermoelectric properties of conducting polyaniline with special submicron-fibre structure. Chem Lett, 2005, 34: 522-523.

[100] Yao Q, Wang Q, Wang L M, Wang Y, Sun J, Zeng H R, Jin Z Y, Huang X L, Chen L D. The synergic regulation of conductivity and Seebeck coefficient in pure polyaniline by chemically changing the ordered degree of molecular chains. J Mater Chem A, 2014, 2: 2634-2640.

[101] Sun Y M, Wei Z M, Xu W, Zhu D B. A three-in-one improvement in thermoelectric properties of polyaniline brought by nanostructures. Synth Met, 2010, 160: 2371-2376.

[102] Wu J S, Sun Y M, Xu W, Zhang Q C. Investigating thermoelectric properties of doped polyaniline nanowires. Synth Met, 2014, 189: 177-182.

[103] Li J J, Tang X F, Li H, Yan Y G, Zhang Q J. Synthesis and thermoelectric properties of hydrochloric acid-doped polyaniline. Synth Met, 2010, 160: 1153-1158.

[104] Wang H, Yin L, Pu X, Yu C. Facile charge carrier adjustment for improving thermopower of doped polyaniline. Polymer, 2013, 54: 1136-1140.

[105] Kanazawa K K, Diaz A F, Gill W D, Grant P M, Street G B, Piero Gardini G, Kwak J F. Polypyrrole: An electrochemically synthesized conducting organic polymer. Synth Met, 1980, 1: 329-336.

[106] Kanazawa K K, Diaz A F, Krounbi M T, Street G B. Electrical properties of pyrrole and its copolymers. Synth Met, 1981, 4: 119-130.

[107] Bender K, Gogu E, Hennig I, Schweitzer D, Müenstedt H. Electric conductivity and thermoelectric power of various polypyrroles. Synth Met, 1987, 18: 85-88.

[108] Maddison D S, Unsworth J, Roberts R B. Electrical conductivity and thermoelectric power of polypyrrole with different doping levels. Synth Met, 1988, 26: 99-108.

[109] Maddison D S, Roberts R B, Unsworth J. Thermoelectric power of polypyrrole. Synth Met, 1989, 33: 281-287.

[110] Maddison D S, Tansley T L. Variable range hopping in polypyrrole films of a range of conductivities and preparation methods. J Appl Phys, 1992, 72: 4677-4682.

[111] Yoon C O, Reghu M, Moses D, Heeger A J. Transport near the metal-insulator transition: Polypyrrole doped with PF6. Phys Rev B, 1994, 49: 10851-10863.

[112] Yoon C O, Reghu M, Moses D, Heeger A J, Cao Y, Chen T A, Wu X, Rieke R D. Hopping transport in doped conducting polymers in the insulating regime near the metal-insulator boundary: Polypyrrole, polyaniline and polyalkylthiophenes. Synth Met, 1995, 75: 229-239.

[113] Kemp N T, Kaiser A B, Liu C J, Chapman B, Mercier O, Carr A M, Trodahl H J, Buckley R G, Partridge A C, Lee J Y, Kim C Y, Bartl A, Dunsch L, Smith W T, Shapiro J S. Thermoelectric power and conductivity of different types of polypyrrole. J Polym Sci Part B, 1999, 37:

953-960.

[114] Wu J S, Sun Y M, Pei W B, Huang L, Xu W, Zhang Q C. Polypyrrole nanotube film for flexible thermoelectric application. Synth Met, 2014, 196: 173-177.

[115] Liang L, Chen G, Guo C Y. Polypyrrole nanostructures and their thermoelectric performance. Mater Chem Front, 2017, 1: 380-386.

[116] Tang X X, Liu T X, Li H, Yang D W, Chen L J, Tang X F. Notably enhanced thermoelectric properties of lamellar polypyrrole by doping with β-naphthalene sulfonic acid. RSC Adv, 2017, 7: 20192-20200.

[117] Lévesque I, Gao X, Klug D D, Tse J S, Ratcliffe C I, Leclerc M. Highly soluble poly (2,7-carbazolenevinylene) for thermoelectrical applications: From theory to experiment. React Funct Poly, 2005, 65: 23-36.

[118] Levesque I, Bertrand P O, Blouin N, Leclerc M, Zecchin S, Zotti G, Ratcliffe C I, Klug D D, Gao X, Gao F, Tse J S. Synthesis and thermoelectric properties of polycarbazole, polyindolocarbazole, and polydiindolocarbazole derivatives. Chem Mater, 2007, 19: 2128-2138.

[119] Maiz J, Muñoz Rojo M, Abad B, Wilson A A, Nogales A, Borca-Tasciuc D A, Borca-Tasciuc T, Martín-González M. Enhancement of thermoelectric efficiency of doped PCDTBT polymer films. RSC Adv, 2015, 5: 66687-66694.

[120] Wang L H, Pan C J, Liang A S, Zhou X Y, Zhou W Q, Wan T, Wang L. The effect of the backbone structure on the thermoelectric properties of donor-acceptor conjugated polymers. Poly Chem, 2017, 8: 4644-4650.

[121] Chiang C K, Fincher C R, Park Y W, Heeger A J, Shirakawa H, Louis E J, Gau S C, MacDiarmid A G. Electrical conductivity in doped polyacetylene. Phys Rev Lett, 1977, 39: 1098-1101.

[122] Park Y W, Heeger A J, Druy M A, MacDiarmid A G. Electrical transport in doped polyacetylene. J Chem Phys, 1980, 73: 946-957.

[123] Audenaert M, Gusman G, Deltour R. Electrical conductivity of I$_2$-doped polyacetylene. Phys Rev B, 1981, 24: 7380-7382.

[124] Javadi H H S, Chakraborty A, Li C, Theophilou N, Swanson D B, MacDiarmid A G, Epstein A J. Highly conducting polyacetylene: Three-dimensional delocalization. Phys Rev B, 1991, 43: 2183-2186.

[125] Zuzok R, Kaiser A B, Pukacki W, Roth S. Thermoelectric-power and conductivity of iodine-doped new polyacetylene. J Chem Phys, 1991, 95: 1270-1275.

[126] Pukacki W, Płocharski J, Roth S. Anisotropy of thermoelectric power of stretch-oriented new polyacetylene. Synth Met, 1994, 62: 253-256.

[127] Park Y W, Han W K, Choi C H, Shirakawa H. Metallic nature of heavily doped polyacetylene derivatives - thermopower. Phys Rev B, 1984, 30: 5847-5851.

[128] Park Y W, Choi E S, Suh D S. Metallic temperature dependence of resistivity in perchlorate doped polyacetylene. Synth Met, 1998, 96: 81-86.

[129] Yang C Y, Jin W L, Wang J, Ding Y F, Nong S, Shi K, Lu Y, Dai Y Z, Zhuang F D, Lei T, Di

C A, Zhu D B, Wang J Y, Pei J. Enhancing the n-type conductivity and thermoelectric performance of donor-acceptor copolymers through donor engineering. Adv Mater, 2018, 30: 1802850.

[130] Mai C K, Schlitz R A, Su G M, Spitzer D, Wang X, Fronk S L, Cahill D G, Chabinyc M L, Bazan G C. Side-chain effects on the conductivity, morphology, and thermoelectric properties of self-doped narrow-band-gap conjugated polyelectrolytes. J Am Chem Soc, 2014, 136: 13478-13481.

[131] Liang A S, Zhou X Y, Zhou W Q, Wan T, Wang L H, Pan C J, Wang L. Side-chain effects on the thermoelectric properties of fluorene-based copolymers. Macromol Rapid Commun, 2017, 38: 1600817.

[132] Broch K, Venkateshvaran D, Lemaur V, Olivier Y, Beljonne D, Zelazny M, Nasrallah I, Harkin D J, Statz M, Pietro R D, Kronemeijer A J, Sirringhaus H. Measurements of ambipolar Seebeck coefficients in high-mobility diketopyrrolopyrrole donor-acceptor copolymers. Adv Electron Mater, 2017, 3: 1700225.

[133] Poleschner H, John W, Hoppe F, Fanghänel E, Roth S. Tetrathiafulvalene. XIX. Synthese und eigenschaften elektronenleitender poly-dithiolenkomplexe mit ethylentetrathiolat und tetrathiafulvalentetrathiolat als brückenliganden. J Phys Chem, 1983, 325: 957-975.

[134] Holdcroft G E, Underhill A E. Preparation and electrical conduction properties of polymeric transition metal complexes of 1, 1, 2, 2-ethenetetrathiolate ligand. Synth Met, 1985, 10: 427-434.

[135] Vicente R, Ribas J, Cassoux P, Valade L. Synthesis, characterization and properties of highly conducting organometallic polymers derived from the ethylene tetrathiolate anion. Synth Met, 1986, 13: 265-280.

[136] Sun Y M, Sheng P, Di C A, Jiao F, Xu W, Qiu D, Zhu D B. Organic thermoelectric materials and devices based on p- and n-type poly (metal 1, 1, 2, 2-ethenetetrathiolate) s. Adv Mater, 2012, 24: 932-937.

[137] Sheng P, Sun Y M, Jiao F, Liu C M, Xu W, Zhu D B. Optimization of the thermoelectric properties of poly[Cu$_x$ (Cu-ethylenetetrathiolate)]. Synth Met, 2014, 188: 111-115.

[138] Talin A A, Centrone A, Ford A C, Foster M E, Stavila V, Haney P, Kinney R A, Szalai V, El Gabaly F, Yoon H P, Leonard F, Allendorf M D. Tunable electrical conductivity in metal-organic framework thin-film devices. Science, 2014, 343: 66-69.

[139] He Y, Spataru C D, Leonard F, Jones R E, Foster M E, Allendorf M D, Alec Talin A. Two-dimensional metal-organic frameworks with high thermoelectric efficiency through metal ion selection. Phys Chem Chem Phys, 2017, 19: 19461-19467.

[140] Chen X, Wang Z B, Hassan Z M, Lin P T, Zhang K, Baumgart H, Redel E. Seebeck coefficient measurements of polycrystalline and highly ordered metal-organic framework thin films. J Solid State Sci Technol, 2017, 6: 150-153.

[141] Bai S Q, Wong I H K, Lin M, Young D J, Hor T S A. A thermoelectric copper-iodide composite from the pyrolysis of a well-defined coordination polymer. Dalton Trans, 2018, 47: 5564-5569.

[142] Robertson J M. An X-ray study of the structure of the phthalocyanines. Part Ⅰ. The metal-free, nickel, copper, and platinum compounds. J Chem Soc, 1935: 615-621.

[143] Robertson J M. An X-ray study of the phthalocyanines. Part Ⅱ. Quantitative structure determination of the metal-free compound. J Chem Soc, 1936: 1195-1209.

[144] Dahlen M A. The phthalocyanines: A new class of synthetic pigments, and dyes. Ind Eng Chem Res, 1939, 31: 839-847.

[145] Eley D D. Phthalocyanines as semiconductors. Nature, 1948, 162: 819.

[146] Fielding P E, Gutman F. Electrical properties of phthalocyanines. J Chem Phys, 1957, 26: 411-419.

[147] de la Torre G, Claessens C G, Torres T. Phthalocyanines: Old dyes, new materials. Putting color in nanotechnology. Chem Commun, 2007(20): 2000-2015.

[148] Claessens C G, Hahn U, Torres T. Phthalocyanines: From outstanding electronic properties to emerging applications. Chem Rec, 2008, 8: 75-97.

[149] Hamann C, Storbeck I. Die elektrischen und thermoelektrischen Eigenschaften von Phthalocyaninen. Naturwissenschaften, 1963, 50: 327.

[150] Hamann C. On electric and thermoelectric properties of copper phthalocyanine single crystals. Phys Status Solidi, 1967, 20: 481.

[151] Hamann C. Measurements of thermoelectric power of copper phthalocyanine single-crystals. Phys Status Solidi A, 1972, 10: 509.

[152] Schlettwein D, Wohrle D, Karmann E, Melville U. Conduction type of substituted tetraazaporphyrins and perylene tetracarboxylic acid diimides as detected by thermoelectric-power measurements. Chem Mater, 1994, 6: 3-6.

[153] Pfeiffer M, Beyer A, Fritz T, Leo K. Controlled doping of phthalocyanine layers by cosublimation with acceptor molecules: A systematic Seebeck and conductivity study. Appl Phys Lett, 1998, 73: 3202-3204.

[154] Yu D E, Matsuda M, Tajima H, Naito T, Inabe T. Stable pi-pi dependent electron conduction band of TPP[M(Pc)L₂]₂ molecular conductors (TPP = tetraphenylphosphonium; M = Co, Fe; Pc = phthalocyaninato; L = CN, Cl, Br). Dalton Trans, 2011, 40: 2283-2288.

[155] Yonehara Y, Yakushi K. High-pressure study of one-dimensional phthalocyanine conductor, NiPc(AsF₆)₀.₅. Synth Met, 1998, 94: 149-155.

[156] Gama V, Almeida M, Henriques R T, Santos I C, Domingos A, Ravy S, Pouget J P. Low-dimensional molecular conductors (Per)₂M(mnt)₂, Per = perylene, mnt = maleonitrile dithiolate, M = copper or nickel: low- and high-conductivity phases. J Phys Chem, 1991, 95: 4263-4267.

[157] Gama V, Henriques R T, Bonfait G, Pereira L C, Waerenborgh J C, Santos I C, Duarte M T, Cabral J M P, Almeida M. Low-dimensional molecular metals bis(maleonitriledithiolato)bis(perylene) metal, metal = iron and cobalt. Inorg Chem, 1992, 31: 2598-2604.

[158] Dias C B, Santos I C, Gama V, Henriques R T, Almeida M, Pouget J P. A perylene conductor with a gold cyanodithiocarbimate counterion —(perylene)₂Au(cdc)₂. Synth Met, 1993, 56: 1688-1693.

[159] Liou K Y, Newcomb T P, Heagy M D, Thompson J A, Heuer W B, Musselman R L, Jacobsen C S, Hoffman B M, Ibers J A. Preparation and characterization of (tetrabenzoporphyrinato) cobalt (II) iodide, a ring-oxidized molecular conductor. Inorg Chem, 1992, 31: 4517-4523.

[160] Cho C, Wallace K L, Tzeng P, Hsu J H, Yu C, Grunlan J C. Outstanding low temperature thermoelectric power factor from completely organic thin films enabled by multidimensional conjugated nanomaterials. Adv Energy Mater, 2016, 6: 1502168.

[161] Wang L M, Zhang Z M, Liu Y C, Wang B R, Fang L, Qiu J J, Zhang K, Wang S R. Exceptional thermoelectric properties of flexible organic-inorganic hybrids with monodispersed and periodic nanophase. Nat Commun, 2018, 9: 3817.

[162] Germs W C, Guo K, Janssen R A J, Kemerink M. Unusual thermoelectric behavior indicating a hopping to bandlike transport transition in pentacene. Phys Rev Lett, 2012, 109: 016601.

[163] Pernstich K P, Rössner B, Batlogg B. Field-effect-modulated Seebeck coefficient in organic semiconductors. Nat Mater, 2008, 7: 321.

[164] Bernstein U, Chaikin P M, Pincus P. Tetrathiafulvalene tetracyanoquinodimethane (TTF-TCNQ)-zero-bandgap semiconductor. Phys Rev Lett, 1975, 34: 271-274.

[165] Chaikin P M, Greene R L, Etemad S, Engler E. Thermopower of an isostructural series of organic conductors. Phys Rev B, 1976, 13: 1627-1632.

[166] Greene R L, Mayerle J J, Schumaker R, Castro G, Chaikin P M, Etemad S, Laplaca S J. Structure, conductivity, and thermopower of HMTTF-TCNQ. Solid State Commun, 1976, 20: 943-946.

[167] Kwak J F, Beni G, Chaikin P M. Thermoelectric power in Hubbard-model systems with different densities: N-methylphenazinium-tetracyanoquinodimethane (NMP-TCNQ), and quinolinium ditetracyanoquinodimethane. Phys Rev B, 1976, 13: 641-646.

[168] Zhu D B, Wang P, Wan M X, Yu Z L, Zhu N L, Gartner S, Schweitzer D. Synthesis, structure and electrical-properties of the two-dimensional organic conductor, (BEDT-TTF)$_2$BrI$_2$. Physica B & C, 1986, 143: 281-284.

[169] Kwak J F, Chaikin P M, Russel A A, Garito A F, Heeger A J. Anisotropic thermoelectric-power of TTF-TCNQ. Solid State Commun, 1975, 16: 729-732.

[170] von Mühlenen A, Errien N, Schaer M, Bussac M N, Zuppiroli L. Thermopower measurements on pentacene transistors. Phys Rev B, 2007, 75: 115338.

[171] Harada K, Sumino M, Adachi C, Tanaka S, Miyazaki K. Improved thermoelectric performance of organic thin-film elements utilizing a bilayer structure of pentacene and 2, 3, 5, 6-tetrafluoro- 7, 7, 8, 8-tetracyanoquinodimethane (F$_4$-TCNQ). Appl Phys Lett, 2010, 96: 253304.

[172] Bryce M R. Recent progress on conducting organic charge-transfer salts. Chem Soc Rev, 1991, 20: 355-390.

[173] Chaikin P M, Kwak J F, Jones T E, Garito A F, Heeger A J. Thermoelectric power of tetrathiofulvalinium tetracyanoquinodimethane. Phys Rev Lett, 1973, 31: 601-604.

[174] Beni G, Kwak J F, Chaikin P M. Thermoelectric-power, coulomb correlation and charge-transfer in TCNQ salts. Solid State Commun, 1975, 17: 1549-1551.

[175] Bender K, Hennig I, Schweitzer D, Dietz K, Endres H, Keller H J. Synthesis, structure and

physical-properties of a two-dimensional organic metal, di[bis(ethylene-dithiolo)tetrathioful-valene] triiodide, $(BEDT-TTF)_2^+ \ I_3^-$. Mol Cryst Liq Cryst, 1984, 108: 359-371.

[176] Chtioui-Gay I, Faulmann C, de Caro D, Jacob K, Valade L, de Caro P, Fraxedas J, Ballesteros B, Steven E, Choi E S, Lee M, Benjamin S M, Yvenou E, Simonato J P, Carella A. Synthesis, characterization, and thermoelectric properties of superconducting $(BEDT-TTF)_2I_3$ nanoparticles. J Mater Chem C, 2016, 4: 7449-7454.

第 **4** 章

n 型有机热电材料

虽然单独利用 p 型或 n 型热电材料即可构建热电器件[1]，但高效的热电转换离不开高性能的 p 型和 n 型材料协同作用，因此发展高性能 n 型材料，对于构筑高效有机热电器件至关重要。在 p 型有机热电材料中，PEDOT、DPP 等体系的热电优值已超过 0.2[2, 3]，基于 PEDOT 的 p 型复合材料体系也已经获得优异的热电性能[4, 5]。而 n 型有机热电材料的相关研究仍面临着性能提升、稳定性与加工性等多重挑战。本章将对 n 型有机热电材料的相关研究进行系统介绍，并结合具体研究成果对若干核心问题，如性能提升、稳定性增强，进行有针对性的介绍和讨论。

4.1 n 型有机热电材料概述

抛开有机热电材料所共同面临的性能提升问题，对于 n 型有机热电材料来说，实现在空气环境中的稳定高性能成为发展高效 n 型有机热电材料需要解决的最重要问题之一。基于目前的相关研究，n 型有机热电材料的性能稳定性可以通过若干策略得以提升，如合理的分子结构设计、合适的掺杂剂选择以及对材料的适当封装。

朱道本等发展的一类基于金属有机配位聚合物的 n 型有机热电材料，作为第一个高性能 n 型材料体系其热电优值可达 0.3[6]，使 n 型有机材料的最高性能可与 p 型有机材料比肩。

虽然金属有机配位聚合物 poly(Ni-ett) 代表了目前 n 型有机材料的最高水平，但在现阶段的 n 型有机热电效应研究中，各类材料、多体系的广泛探索仍十分重要。不同材料如共轭聚合物、金属有机配合物、有机导体等在热电效应相关研究中所展现出的不同特点，对 n 型有机热电材料的发展具有重要意义。例如，对于 n 型聚合物材料，虽然掺杂稳定性仍是亟待解决的问题，但聚合物材料的大面积制备加工、轻质、低成本等优点将会为后期的实际应用带来巨大优势；除此以外，聚合物在分子结构(骨架、侧链)上的设计空间，为热电性能优化提供了有效手段。

而对于有机小分子而言，虽然其 n 型热电性能尚低于最高水平，但此类材料通常具有更加明确的分子结构与堆积方式，从而更有利于探索有机材料的热电性能构效关系，为有机热电效应的理论完善、材料的性能提升提供重要的依据和指导。

部分 n 型有机材料的热电性能见表 4-1。

表 4-1　部分 n 型有机材料的热电性能

材料	掺杂剂	调控策略	塞贝克系数 /(μV/K)	电导率 /(S/cm)	功率因子 /[μW/(m·K^2)]	热导率 /[W/(m·K)]	热电优值 (温度条件)	参考文献
P(NDI2OD-T2)	N-DMBI	液相掺杂	−850	8×10^{-3}	0.6	—	—	[7]
PNDTI-BTT-PD	N-DMBI	液相掺杂	−169	5.0	14.2	—	—	[8]
P(NDI2OD-Tz2)	TDAE	气相掺杂	—	—	1.5	—	—	[9]
BBL	TDAE	气相掺杂	—	—	0.43	—	—	[10]
FBDPPV	N-DMBI	液相掺杂	−210	14	28	—	—	[11]
PDPF	N-DMBI	液相掺杂	−235	1.3	4.65	—	—	[12]
LPPV-1	N-DMBI	液相掺杂		1.1	1.96	—	—	[13]
poly(Ni-ett)	—	电化学	−90～−140	200～400	453	0.4～0.5	0.3(室温)	[6]
(TTF)[Ni(dmit)$_2$]$_2$	—	—	−31	300	29	—	—	[14]
(DMe-DCNQI)$_2$Cu	—	—	−34	1000	110	—	—	[15]
TTF-TCNQ	—	—	−28	500	39.2	—	—	[16]
TDPPQ	Bi	界面掺杂	−585	3.3	113	—	—	[17]
A-DCV-DPPTT	N-DMBI	液相掺杂	−665	5.3	236	0.34	0.26(373K)	[18]
2DQTT-o-OD	(2-Cyc-D MBI-Me)$_2$	液相掺杂			17.2	0.28	0.02(室温)	[19]
2DQQT	N-DMBI	液相掺杂	−183	14	41.6	0.42	0.03(室温)	[20]

4.2 共轭聚合物

对于 n 型聚合物热电材料体系，掺杂效率和掺杂稳定性作为关键因素决定了材料体系的理论与"实际"性能。提高聚合物的掺杂效率和稳定性，则需要从体系的选择、分子结构的合理设计、掺杂剂的优选等多个方面入手以获得理想的结果。一些典型的 n 型聚合物掺杂体系中，聚合物和掺杂剂分子的化学结构见图 4-1。

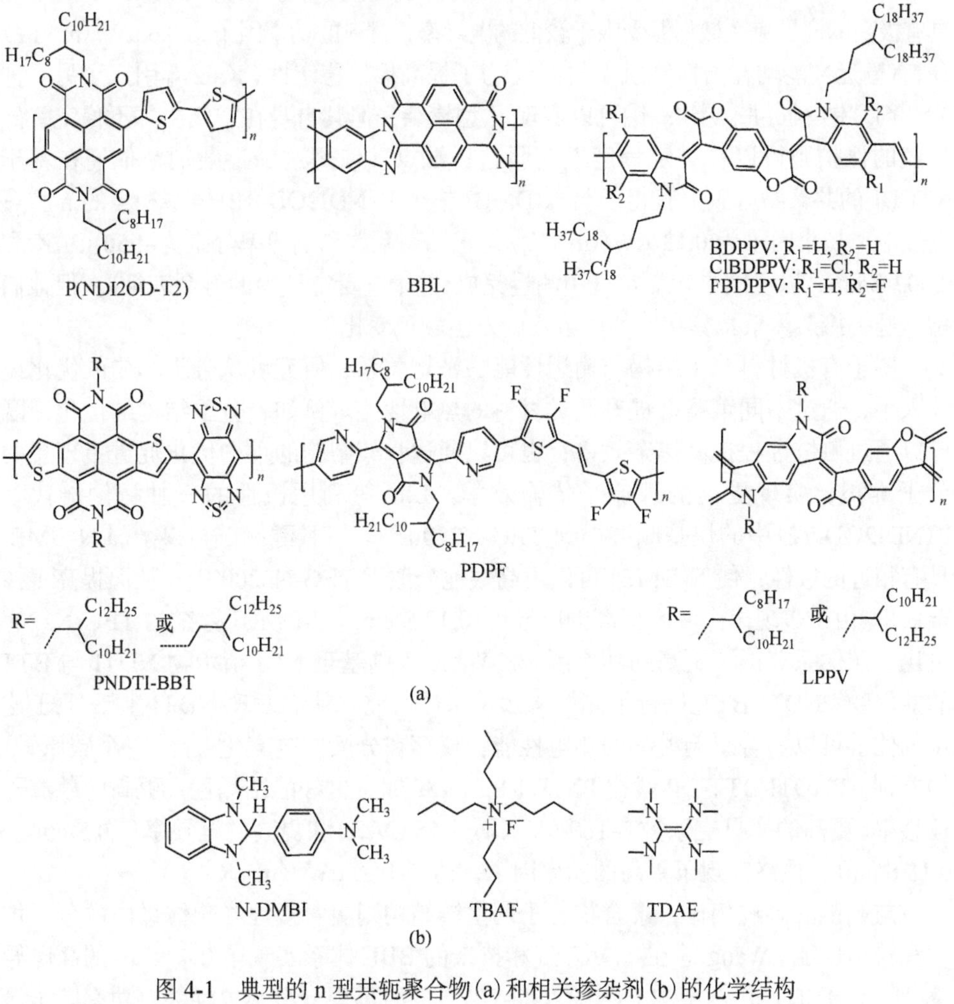

图 4-1 典型的 n 型共轭聚合物(a)和相关掺杂剂(b)的化学结构

在掺杂材料体系中，掺杂剂的种类可以直接决定体系的掺杂效率及材料性能。2000 年，Katz 等报道了一种基于 NTCDI(后通常被缩写为 NDI)的 D-A 型共聚物[21,22]，因其可以实现空气中稳定的高电子迁移率而受到广泛的关注[23,24]。Chabinyc 等首次研究了 P(NDI2OD-T2)掺杂体系的热电性能，并比较了不同掺杂剂对热电性能的影响[7]。他们指出，相比于经典的 n 型掺杂剂 N-DPBI，利用 N-DMBI 对 P(NDI2OD-T2)进行掺杂可以获得更高的掺杂效率和更好的热电性能。他们认为在掺杂过程中，由于掺杂剂与聚合物发生相分离，只有少量发生有效作用，多数掺杂剂分子在薄膜表面聚集。而聚合物膜内的 N-DPBI 具有更大的空间位阻，破坏半导体分子堆积。作为对比，N-DPBI 掺杂的薄膜电导率为 0.004 S/cm，而 N-DMBI 掺杂的 P(NDI2OD-T2)薄膜电导率为 0.008 S/cm，材料呈现 n 型热电性质，塞贝克系数为–850 μV/K。虽然具有极高的塞贝克系数，但受限于较低的电导率，材料的功率因子为 0.6 μW/(m·K^2)（所有输运性能均在惰性气氛下测得）。为了提高掺杂稳定性，Katz 等引入了另一种掺杂剂"钠-硅凝胶"[25]：钠可以实现 n 型掺杂，但其自身在空气中并不稳定，硅凝胶的保护则可以在一定程度上克服这一缺点。使用这一掺杂剂，他们在基于NTCDI 的共聚物薄膜上获得了与 N-DMBI 掺杂 P(NDI2OD-T2)体系相当的 n 型热电性能：功率因子为 0.13 μW/(m·K^2)，塞贝克系数和电导率分别为–950 μV/K 和0.002 S/cm，以上结果均在空气中测量完成（并未进行空气中的寿命表征）。但他们指出这一掺杂体系暴露在空气中会逐渐发生颜色变化。

鉴于有机材料分子结构与输运性能的密切关系，研究者从分子结构的优化设计入手，通过不同策略来提升此类材料的热电性能。例如，分子结构的优化，既可以通过侧链工程提高掺杂效率，也可以通过骨架结构的重构优化促进更理想的分子堆积，实现更高的载流子传输效率。Liu 等利用极性的三甘醇侧链代替P(NDI2OD-T2)中的烷基侧链得到 TEG-N2200[26]。三甘醇侧链与掺杂剂 N-DMBI具有相近的极性，使 N-DMBI 可以更高效地分散于 TEG-N2200 中，从而提高了掺杂效率。由于表现出大幅度提高的电导率（0.17 S/cm），N-DMBI 掺杂的 TEG-N2200也比参照体系获得了更高的功率因子。Wang 等则基于 NDI 衍生物 NDTI 与 BTT的共聚物 PNDTI-BTT 进行了侧链构效关系的研究。他们发现 NDTI 上 N 原子连接的侧链可以显著影响材料的热电性能：仅存在分叉侧链支化位点（一个碳原子）的差别，PNDTI-BTT-DP 就比 PNDTI-BTT-DT 拥有更好的结晶性、更高的载流子迁移率、更高的塞贝克系数（–169 μV/K *vs.* –56 μV/K）和更高的电导率（5.0 S/cm *vs.*0.18 S/cm），最终实现了更高的功率因子，达到 14.2 μW/(m·K^2)。

与侧链的影响相比，聚合物分子的主链结构则更直接地影响体系内的分子堆积和输运性能。Wang 等在 TDAE 气相掺杂的 BBL 体系实现了 2.4 S/cm 的高电导率[10]，高于 TDAE 掺杂的 P(NDI2OD-T2)；同时呈现 n 型热电性能，功率因子最高为 0.43 μW/(m·K^2)。他们认为 BBL 的刚性分子骨架更有利于极化子和自旋离域，有利于高效的分子内传输，从而获得更高的极化子迁移率。随后他们基于这一思路对 P(NDI2OD-T2)的骨架结构进行优化[9]：利用噻唑代替原有的噻吩单元，得到 P(NDI2OD-Tz2)（图 4-2）。由于具有更加平面和刚性的分子骨架，P(NDI2OD-

Tz2)具有更好的 π-π 堆积和分子间相互作用,因此 TDAE 气相掺杂的 P(NDI2OD-Tz2)薄膜具有显著提高的电导率。随后通过调节掺杂时间可以实现对 n 型热电性能的优化(图 4-2),功率因子最高为 1.5 μW/(m · K^2)。同时他们也指出噻唑单元的引入减弱了分子的 D-A 特性,同样成为性能优化要素[27, 28]。

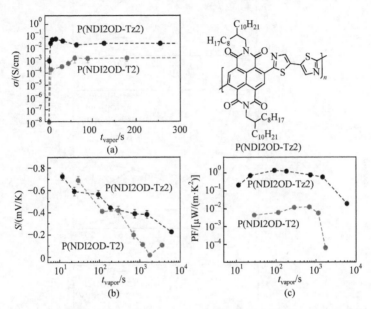

图 4-2　P(NDI2OD-Tz2)的结构式以及电导率(a)、塞贝克系数(b)和功率因子(c)随掺杂时间的变化[9]

聚合物主链上的杂原子取代同样可以显著影响材料的热电性能。2015 年,裴坚等基于 BDPPV 体系发展了一类新的高性能可溶液加工 n 型共轭聚合物热电材料体系[11]。他们在 BDPPV 骨架上分别引入氟原子和氯原子,得到 ClBDPPV 和 FBDPPV,二者的 LUMO 能级(–4.3 eV 和–4.17 eV)均低于 BDPPV。他们将 BDPPV、ClBDPPV 和 FBDPPV 与 n 型掺杂剂 N-DMBI 在溶液中共混并成膜后,研究了氟、氯原子取代对 BDPPV 体系热电性能的影响(图 4-3)。他们发现卤素原子的引入对体系的电子迁移率和掺杂效率产生了显著影响,使 ClBDPPV 和 FBDPPV 具有更高的电导率,其中 FBDPPV 的电导率更高,达到 14 S/cm。得益于电导率的显著提高,FBDPPV 的功率因子最高达到了 28 μW/(m · K^2)(n 型),远高于未经卤素取代的 BDPPV[低于 4 μW/(m · K^2)]。

随后他们又基于杂原子取代的"给体修饰"策略,成功实现了 n 型 D-A 聚合物的热电性能优化[12]。他们基于 DPP(吡咯并吡咯二酮,diketopyrrolopyrrole)单

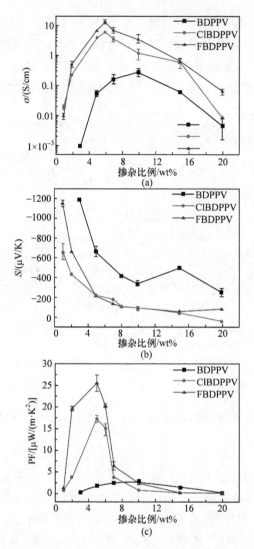

图 4-3 在不同掺杂比例下 BDPPV、ClBDPPV 和 FBDPPV 的电导率(a)、塞贝克系数(b)和
功率因子(c)[11]

元合成了一类 D-A 型共聚物，并对给体进行了吸电子基团(—F)修饰：其中 PDPH
为未经氟原子修饰的共聚物，PDPF 则利用氟原子进行了给体修饰，二者的分子
式见图 4-4(a)和(b)。他们发现氟原子对给体单元的修饰增加了共聚物的电子亲
和性，使掺杂效率明显提高，因此 PDPF(1.3 S/cm)展现出远高于 PDPH 的电导率
(0.001 S/cm)。结合较高的塞贝克系数(–235 μV/K)，N-DMBI 掺杂的 PDPF 的功率
因子达到 4.65 μW/(m·K²)，热电性能明显高于 PDPH 掺杂体系[图 4-4(c)～(e)]。结
合多种表征手段，他们发现氟原子的引入提高了体系的掺杂效率，同时降低了载

流子跃迁的势垒、提高了载流子迁移率。同时，这种给体修饰策略提升了 PDPF 与 N-DMBI 的混溶性、改善了共聚物分子的排列，使整个材料体系的掺杂更加均匀和高效，示意见图 4-4(f)～(i)。这一简单、有效的性能提升策略有望为 n 型 D-A 共聚物的热电性能研究和优化提供重要参考。

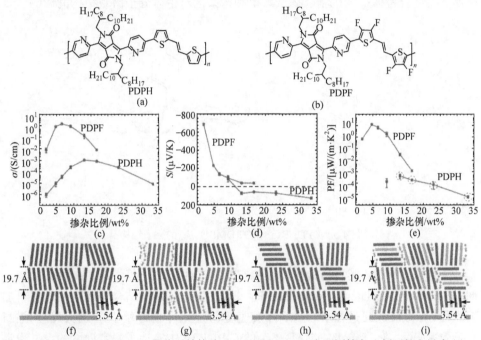

图 4-4　PDPH(a) 和 PDPF(b) 的分子结构式；PDPH 和 PDPF 在不同掺杂比例下的电导率(c)、塞贝克系数(d) 和功率因子(e)；PDPH 在本征(f) 及 N-DMBI 掺杂状态下(g) 的堆积示意图；PDPF 在本征(h) 及 N-DMBI 掺杂状态下(i) 的堆积示意图[12](见文末彩图)

除了对 n 型掺杂体系中聚合物的分子骨架进行设计和优化外，掺杂剂的选择也至关重要。裴坚等对 N-DMBI 掺杂 FBDPPV 体系的热电性能优化机制进行了深入研究，发现 N-DMBI 的加入不仅可以提高体系的载流子浓度，同时两者良好的混溶性可以增强 FBDPPV 分子间的 π-π 相互作用、促进分子间的有序堆积，进而提高体系的载流子迁移率[29]。此外，他们还设计了一种新型 n 型掺杂剂 DPDHP，分子结构见图 4-5(a)，该掺杂剂可以对 P(NDI2OD-T2)、PCBM、FBDPPV 等多个体系实现有效掺杂，其中 DPDHP 掺杂的 FBDPPV 体系可以实现 7.1 S/cm 的高电导率[30]。最近，他们又发展了一种新的二聚体掺杂剂(N-DMBI)₂[图 4-5(b)]，基于 FBDPPV 掺杂体系的热电性能，对(N-DMBI)₂ 及其他两种掺杂剂[(RuCp*mes)₂ 和 N-DMBI-H]的掺杂效果进行了对比，并以此提出了掺杂剂的设计策略[31]：

(N-DMBI)₂ 掺杂的 FBDPPV 体系可以获得更高的功率因子，通过分析他们认为 (N-DMBI)₂ 结合了 (RuCp*mes)₂ 和 N-DMBI-H 两种掺杂剂的优势，既提供了高的掺杂效率，同时小且更具平面性的分子结构对 FBDPPV 分子的 π-π 相互作用和分子堆积影响更小，从而获得了更好的输运性能。他们因此提出，掺杂剂的设计和选择需要综合考虑掺杂机制、掺杂效率和掺杂剂对主体分子微观结构的影响。

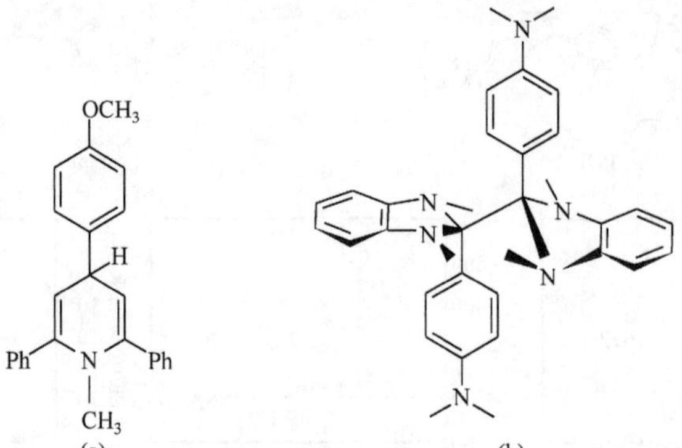

图 4-5　DPDHP(a) 和 (N-DMBI)₂(b) 的分子结构

　　为提升 BDPPV 类材料的热电性能空气稳定性，Katz 等尝试了一种新的掺杂剂 TBAF(tetrabutylammonium fluoride，四丁基氟化铵)。结合有针对性的材料加工流程，如减缓成膜过程中的溶剂挥发速度(促进分子有序堆积)、退火处理(提高掺杂效率)等，在 25 mol% TBAF 掺杂的 ClBDPPV 中实现了一定程度的空气稳定性：空气中测得的电导率为 0.62 S/cm，暴露一周后仍在 0.1 S/cm 以上。与此同时，空气中测得的塞贝克系数为 −99 μV/K，功率因子为 0.63 μW/(m · K²)。他们同时指出，膜的厚度会对其性能稳定性产生影响：过薄的膜未能展现出良好的空气稳定性，而厚膜的自封装效应可能是导致这一差异的主要原因[32]。

　　最近，裴坚等又基于一种新的分子设计策略发展了新的共轭聚合物体系，并获得了优异的 n 型热电性能和良好的空气稳定性[13]。他们通过绿色、高效的合成方法，通过碳碳双键桥连的方式构筑了共轭聚合物 LPPV-1 和 LPPV-2(图 4-1，二者的差别仅为烷基侧链不同)。与传统的偶联反应相比，该方法可以提高聚合单元的扭转势垒、减小扭转角，使骨架呈现刚性特征。而骨架的刚性有利于分子间实现强的相互作用，实现更长的极化子离域长度，更有利于载流子的分子内传输。他们利用 N-DMBI 掺杂 LPPV-1 体系，并通过掺杂调控可以实现最高 1.1 S/cm 的电导率[图 4-6(a)] 和 1.96 μW/(m · K²) 的功率因子[图 4-6(b)]。更重要的是，LPPV-1 掺杂体系展现出良好的热电性能空气稳定性，其电导率在空气中暴露 76d 后仍然可以达到 0.6 S/cm[图 4-6(c)]，功率因子在 7d 后的衰减仅有 2%[图 4-6(d)]，其空气中的性能稳定性远优于对比的 ClBDPPV 体系。他们认为较低的 LUMO 能级和刚性骨架促进的分子紧密堆积是该体系获得优异热电性能及稳定性的重要原因。

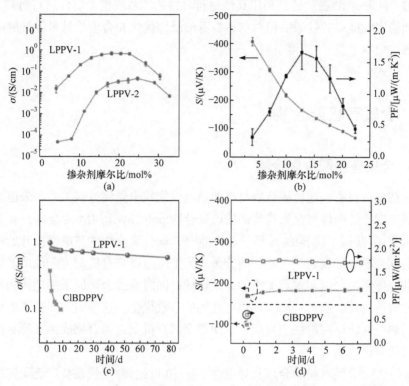

图 4-6 (a)LPPV-1 和 LPPV-2 在不同掺杂剂摩尔比下的电导率；(b)LPPV-1 在不同掺杂剂摩尔比下的塞贝克系数和功率因子；LPPV-1 和 ClBDPPV 的电导率(c)、塞贝克系数和功率因子(d)在空气环境中随时间变化情况[13]

综上，对于共轭聚合物类材料，n 型热电性能的优化、空气稳定性的增强需要从分子设计、掺杂体系和加工手段等多个方面入手。在分子设计方面，分子骨架的结构将直接影响分子的组装过程，造成堆积方式、材料形貌的差异，从而影响载流子的分子内和分子间传输。扭曲的分子骨架被认为不利于载流子在分子内的高效传输，因此刚性共轭骨架的组装成为最近 n 型共轭聚合物热电性能优化的热门思路[10,13,28]。除此之外，对分子骨架的优化设计能够有效进行体系 LUMO 能级的调控，提高掺杂效率和掺杂稳定性[13]。除聚合物的骨架结构，侧链结构也会对其热电性能产生影响，合理的侧链设计可以增强聚合物与掺杂剂间的混溶性，提高掺杂效率[8,26]。掺杂剂和掺杂方式的选择对于高热电性能的实现同样重要：掺杂剂需要与主体材料具有良好的混溶性和匹配的能级，同时掺杂的过程需要减少对主体分子有序排列的干扰,且掺杂程度需要进行精确调控以实现最佳性能[7,32]。另外,n 型聚合物材料的热电性能稳定性是决定其实用价值的重要指标,无论是厚膜的"自封装效应",还是利用其他材料对掺杂体系或整个器件进行封装,都可以达到稳定性提高的效果。但对材料自身的结构优化和合理设计可能是解决稳定性问题的根本手段。

4.3   金属有机配合物

4.3.1   金属有机配位聚合物

起初,金属有机配位聚合物材料的热电性能并未受到过多关注,朱道本等基于乙烯基四硫醇配体与金属构建的配位聚合物 poly (M-ett) (M 为金属,ett 为四硫基乙烯配体)获得了优异的 n 型热电性能[33],配位聚合物的热电性质开始吸引更多的研究兴趣。这类材料中刚性的分子骨架上由金属与有机配体配位所形成的连续 π 共轭体系,可以实现载流子的高效传输;同时通过金属原子的选择和有机配体的针对性设计、修饰可以实现热电性能的有效优化。这些因素促进了近年来该类材料热电性能研究的快速发展,也使得金属有机配位聚合物成为 n 型有机热电材料的代表性体系。

poly (M-ett)类材料的合成及导电性早在 20 世纪 80 年代便被广泛研究[34-37],但直到 2012 年其热电性能才被朱道本等首次报道[33]。他们利用液相"一锅反应"的方法制备了一系列 poly (M-ett)类材料,发现该体系展现出很高的热电性能,且其配位金属和对阳离子的种类可以显著影响材料的热电性能。尤其是当配位金属的种类不同时,材料还会展现出截然相反的热电特性:poly (Ni-ett)的塞贝克系数为负,呈现 n 型热电性能;而 poly (Cu-ett)的塞贝克系数为正,呈现 p 型热电性能。相对于 poly (Cu-ett),poly (Ni-ett)材料具有更好的热电性能,粉末压块材料室温下的电导率和塞贝克系数分别为44 S/cm 和–122 μV/K,功率因子达到66 μW/(m · K²)。结合材料自身所具备的低热导率特征,poly (Ni-ett)在 440 K 时的热电优值达到 0.2,这是当时 n 型有机材料的最高值,也使 poly (Ni-ett)成为极具潜力的高性能 n 型有机热电材料。但该体系存在的若干问题亟待解决,以推动其在有机热电材料领域的进一步发展:首先,此类材料的溶解性较差,限制了相应的研究及加工手段;

其次，利用液相"一锅反应"法制备的粉末材料呈现出明显的无定形特征，过于无序的分子排列可能会阻碍材料获得更高的热电性能；最后，此类材料制备过程中的反应条件、反应机理、材料结构等问题需要更加系统、深入的探究，以帮助研究者更好地理解和优化该体系的热电性能。

随后朱道本和其他研究者针对这些问题进行了系统的研究。他们首先利用球磨分散技术将 poly(M-ett) 分散在 PVDF 中，使复合材料体系具有良好的溶液加工性，并适用于喷墨打印技术，由此制备了柔性材料和器件[38]。为了进一步提升 poly(M-ett) 体系的热电性能及可加工性，他们采用电化学成膜方法取代原有的液相合成方法。通过电化学沉积成功制备了 poly(Ni-ett) 大面积连续薄膜材料[图 4-7(a) 和 (b)][6]。进一步的研究表明 poly(Ni-ett) 是一类窄带隙半导体材料，有利于同时获得高塞贝克系数和电导率。对比此前的粉末 poly(Ni-ett) 样品，薄膜的结构有序性有了明显的提高，室温电导率提高了 4~6 倍，同时塞贝克系数仍然保持在相同的水平，使得功率因子高达 453 $\mu W/(m \cdot K^2)$。通过 3ω 方法测得 poly(Ni-ett) 薄膜面内热导率为 0.4~0.5 $W/(m \cdot K)$，室温下 poly(Ni-ett) 薄膜的热电优值达到 0.3，为当时性能最优的 n 型有机热电材料[图 4-7(c)~(f)]。此外，poly(Ni-ett) 薄膜可以直接沉积在不同的柔性基底上，如 PET、PI 和 Teflon®等，也可以形成自支撑薄膜，大大增强了其在可穿戴电子器件中的应用前景。

此后，为了进一步优化 poly(M-ett) 材料的加工方式，提升该体系的实际应用潜力，朱道本等又发展了一种高效的 poly(Ni-ett) 薄膜图案化方法[1]：在 PET 基板上通过打印的方法，用 PDMS 覆盖于基板表面预留出沉积 poly(Ni-ett) 薄膜的区域；通过在 PDMS 表面沉积的金属铂薄膜作为工作电极，经电化学沉积后预留区域全部被 poly(Ni-ett) 薄膜所覆盖；通过剥离 PDMS 层，即可获得图案化的 poly(Ni-ett) 薄膜。采用此方法可以高效地在 40 mm×75 mm PET 基板上一次制备 6×18 个长方形的 poly(Ni-ett) 模块(每片 2 mm×3 mm)，通过真空沉积金电极，将此模块串联后即可获得由单一极性材料构成的热电器件，流程示意见图 4-8。此方法可实现 poly(Ni-ett) 热电单元模块的批量制备，性能表现出良好的均一性，有利于完成器件的集成。所得模块稳定性良好，在 12 K 温差(室温附近)下输出电压在 105 s 的测试过程中未见明显的衰减。一个含有一列 18 个 n 型热电单元的器件在 12 K 温差下(室温附近)能产生 0.468 mW 的输出功率，功率密度达到 577.8 $\mu W/cm^2$，为目前此类器件的最高结果。

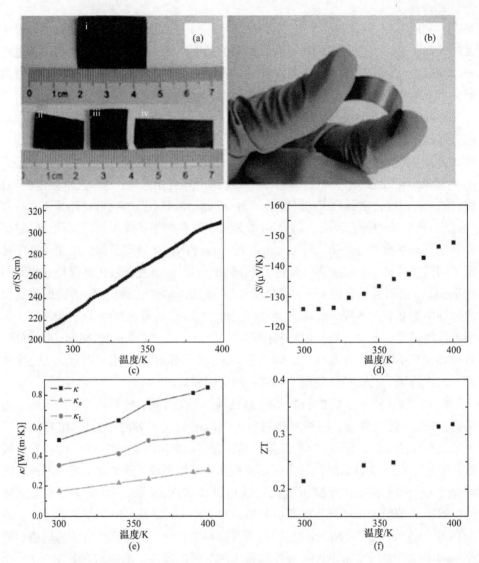

图 4-7　利用电化学方法制备的 poly(Ni-ett)薄膜的光学照片[(a)、(b)]及电导率(c)、塞贝克系数(d)、热导率(e)和热电优值(f)随温度的变化情况[6]

热导率 $\kappa = \kappa_e + \kappa_L$，$\kappa_e$ 与 κ_L 分别代表电子热导率和声子热导率

　　Yee 等发现在配位聚合反应后，将体系暴露在空气中的时间长度会显著影响材料的热电性能：反应后暴露在空气中氧化 30 min 得到的材料(与 PVDF 复合后得到的薄膜)与氧化 24 h 的材料相比具有更高的电导率和功率因子[39]。随后他们又对相关的反应条件、材料结构进行了深入探讨，并发现退火处理可以有效优化

poly（Ni-ett）/PVDF 的热电性能[40,41]。Tkachov 等则对反应机理和输运机制进行了研究，他们认为前体 1, 3, 4, 6-四硫并环戊二烯-2, 5-二酮醇解后并未生成 ett⁴进而继续发生配位聚合反应，而是生成了同 ett 具有相同化学组成但呈不同氧化状态的 tto^{2-}[42]；随后，他们利用 tto 作为配体制备了 poly（Ni-tto），认为基于 tto 制备 poly（Ni-tto）的过程更加简单、稳定，并发现其同样具有优异的热电性能[43]。随后 Yee 等利用电化学方法制备了 tto 配体，并得到了 poly（Ni-tto）及其 PVDF 复合物，其功率因子可以达到 6 μW/(m · K²) 以上[44]。

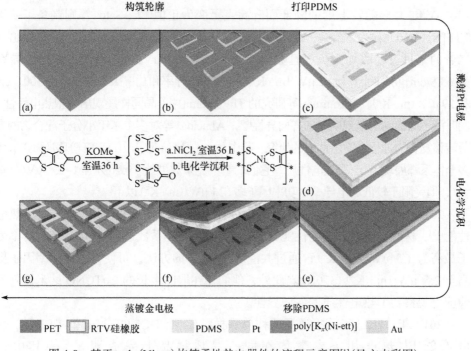

图 4-8　基于 poly（Ni-ett）构筑柔性热电器件的流程示意图[1]（见文末彩图）

对于 poly（Ni-ett）体系，随着越来越多的学者参与到这一体系的研究中，相关性能和理论定会进一步优化和完善，使其在有机热电领域发挥更大的作用。同时随着近年来配位聚合物材料体系导电性能的不断突破[45-47]，相信配位聚合物的热电性能也将受到更广泛的关注，更多、性能更优异的材料体系也将随之涌现。例如，朱道本等报道的高电导配位聚合物 Cu-BHT[45]，其同样呈现 n 型热电特征，虽然塞贝克系数在–10 μV/K 以内，但其极高的电导率（室温下可达 1580 S/cm）为后续的热电性能调控提供了很大的优化空间。

4.3.2 金属有机小分子配合物

与金属有机配位聚合物相比，金属有机小分子配合物的热电性能尚处于较低水平，在以往的相关研究中，它们的电导率、塞贝克系数往往被用作探讨输运机制的参考依据。

如前所述，基于二硫代乙烯结构单元与金属形成的配位聚合物展现出了优异的 n 型热电性能，而基于此类结构的小分子配合物同样可以呈现优异的输运性能[48]。Cassoux 等研究了 TTF[Ni(dmit)$_2$]$_2$ 单晶的塞贝克系数，发现在室温下其数值为 −46 μV/K 并伴随着温度的降低而升高直至变为正值[49]。Sato 等则制备了基于 TTF[Ni(dmit)$_2$]$_2$ 纳米颗粒的高度取向薄膜[14]；与 TTF[Ni(dmit)$_2$]$_2$ 单晶相比，二者的塞贝克系数均为负数且数值接近(−25～−30 μV/K)；薄膜的室温电导率为 63 S/cm，功率因子为 4.2 μW/(m·K^2)，晶体的电导率和功率因子则分别为 300 S/cm 和 29 μW/(m·K^2)。Nakamura 等研究的 TPP$_{1/3}$(dmit)$_2$ 单晶同样展现出 n 型热电特性，同时沿不同的轴向呈现明显的各向异性[50]。Almeida 等对多个基于小分子配合物的电荷转移复合物进行了输运性质的研究，其中 (tmtsf)[M(qdt)$_2$]、(DT-TTF)[M(pds)$_2$]$_3$ 等多个体系都展现出 n 型热电性质，它们的塞贝克系数虽处于较高水平(−10^2 μV/K 量级)，但受限于较低的电导率，功率因子多在 1 μW/(m·K^2) 以下[51,52]。

2015 年，朱道本等制备了 CuTCNQ 纳米晶材料并研究了其压块样品的热电性能[53]：材料呈现 n 型热电性能，370 K 下的塞贝克系数达到−630 μV/K，功率因子最高为 1.5 μW/(m·K^2)；通过共混 F4-TCNQ 的方法，可使体系的功率因子提高至 2.5 μW/(m·K^2)(370K)。此外，他们还在取向生长的 CuTCNQ 纳米棒阵列薄膜上观察到了热电性质的各向异性。

2017 年，Huewe 等报道了两种单晶材料 (DMe-DCNQI)$_2$Cu 和 TTT$_2$I$_3$ 的热电性能[15](热电相关参数均在同一晶体样品上完成测量)。其中，(DMe-DCNQI)$_2$Cu 呈现 n 型热电性能，室温下塞贝克系数为−34 μV/K，电导率则可以达到 1000 S/cm。得益于极高的电导率(对于 n 型有机热电材料而言)，该材料的室温功率因子达到 110 μW/(m·K^2) 以上。TTT$_2$I$_3$ 则呈现 p 型热电性能，室温功率因子可达 387 μW/(m·K^2)。他们同时进行了基于上述两种晶体的原型热电器件研究：将两种晶体通过碳胶相连，通过在原型器件两端施加温差从而研究器件的热电性能[图 4-9(a)]。在 92K 的温差下，器件的输出功率可以达到 125 nW[图 4-9(b)]，热效率 η 最高达到 0.017%，有效热电优值 ZT$_{eff}$ 为 0.005。这一结果证明有机晶体材料同样可以应用在热电器件的相关研究中。

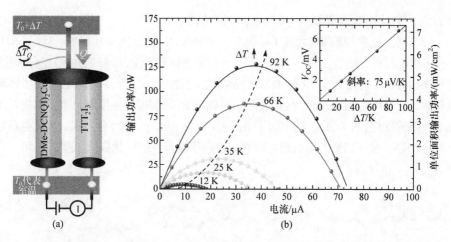

图 4-9　(a) 基于 (DMe-DCNQI)$_2$Cu 和 TTT$_2$I$_3$ 晶体的原型热电器件结构示意图；(b) 不同温差下的器件输出功率-电流曲线，内插图为不同温差下的开路电压[15]

4.4　有机小分子

对于 n 型有机小分子的热电相关性质研究，早期主要集中在以 TTF-TCNQ 为代表的电荷转移复合物。这类材料通常具有很高的电导率，具备热电性能研究和优化的先天优势；同时它们明确的晶体结构有利于有机热电效应的构效关系研究。

早在 20 世纪 70 年代，Chaikin 等就详细研究了 TTF-TCNQ 的输运性质（包括塞贝克系数）。他们首先测量了 10~300 K 下的塞贝克系数，发现在高温区材料呈现金属电导、塞贝克系数为负；而在降温过程中出现由金属态向绝缘态的转变，塞贝克系数同时改变符号[54]。随后在 TTF-TCNQ 的单晶中发现塞贝克系数呈现明显的各向异性[55]。虽然相关研究和讨论多集中于输运机制[56,57]，并未以发掘其热电性能为目的，但通过相关研究数据还是可以得知 TTF-TCNQ 在室温下的功率因子可以达到 39.2 μW/(m·K^2)（塞贝克系数和电导率分别为–28 μV/K 和 500 S/cm）[16]。2009 年，Itahara 等[58]研究了包括 TTF-TCNQ 在内的多种电荷转移复合物的热电性能（粉末压块样品），但受限于远低于单晶材料的电导率（6.62 S/cm），其功率因子仅为 0.21 μW/(m·K^2)，热电优值为 1.83×10^{-4}[热导率为 0.34 W/(m·K)]。随后 Hayashi 等研究了 TTF-TCNQ 薄膜形貌对热电性能的影响，但 TTF-TCNQ 薄膜的功率因子同样较低。基于以上结果可以看出，对于有机小分子材料，热电性能与分子的堆积方式密切相关：单晶材料具有有序而紧密的分子堆积以及由此带来的优异输运性质，但有机单晶材料的尺寸及机械强度为性能表征和实际应用带来了难度；而粉末压块或薄膜类材料更有利于性能的表征，同时也更适应于现阶段的应用解决方案，但其性能会受到分子堆积无序性的损害。

近年来，朱道本课题组发展了一类基于 TDPPQ(结构见图 4-10)的高性能 n 型有机小分子热电材料。他们首次利用重金属 Bi 通过界面掺杂手段，掺杂 TDPPQ 的超薄膜[17]。这种掺杂方式显著增加了 Bi 与 TDPPQ 界面处的载流子浓度，从而有效提高了体系的电导率，最高可达 3.3 S/cm。他们发现通过调节 Bi 薄膜层蒸镀厚度，可以实现对体系热电性能的优化(图 4-11)，功率因子最高可达 113 μW/(m·K²) (333 K，塞贝克系数为 −585 μV/K)。这一结果为有机热电材料的掺杂手段及性能优化提供了新的思路。

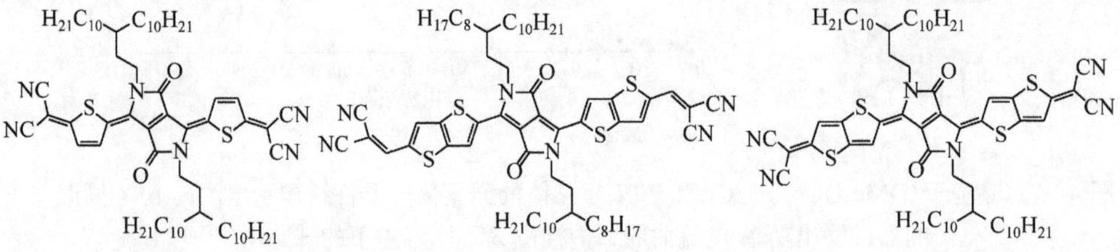

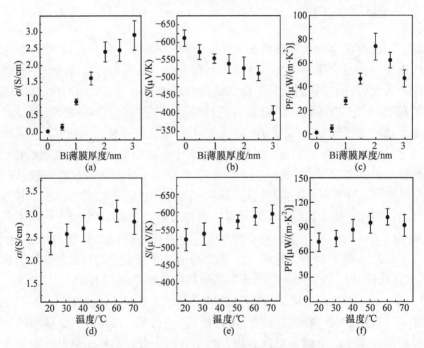

图 4-10   TDPPQ、A-DCV-DPPTT 和 Q-DCM-DPPTT 的化学结构式

图 4-11   不同 Bi 薄膜厚度下 TDPPQ 的电导率(a)、塞贝克系数(b)和功率因子(c)；不同温度下 Bi 掺杂 TDPPQ 的电导率(d)、塞贝克系数(e)和功率因子(f)[17]

随后，他们又对两种有机半导体小分子 A-DCV-DPPTT 和 Q-DCM-DPPTT(与

TDPPQ 具有相似结构, 图 4-10)进行了热电性能研究[18], 二者具有相似的化学结构但不同的电子结构, A-DCV-DPPTT 为芳香式结构, Q-DCM-DPPTT 具有醌式结构。他们发现二者骨架的结构差异可以显著影响能级结构和掺杂机理, 继而影响材料的热电性能。A-DCV-DPPTT 的能级结构更有利于掺杂剂 N-DMBI 的有效掺杂, 因而获得了更好的热电性能。通过对掺杂水平的调控以及变温热电性能研究(图 4-12), 在 N-DMBI 掺杂 A-DCV-DPPTT 体系可以实现高达 236 μW/(m·K^2)的功率因子(塞贝克系数和电导率分别为–665 μV/K 和 5.3 S/cm), 远高于 Q-DCM- DPPTT。结合有机材料固有的低热导率[0.34 W/(m·K)], A-DCV-DPPTT 的热电优值达到 0.26, 是目前 n 型有机小分子材料的最佳热电性能。

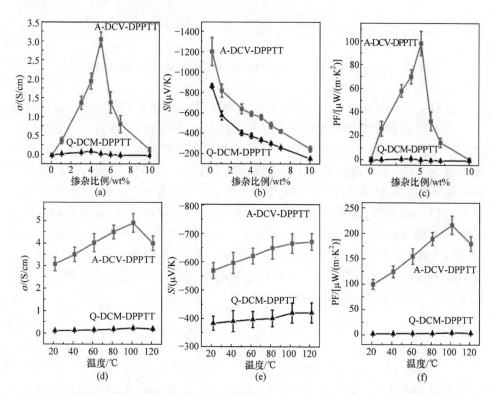

图 4-12　不同掺杂比例下 A-DCV-DPPTT 和 Q-DCM-DPPTT 的电导率(a)、塞贝克系数(b)和功率因子(c); 不同温度下 A-DCV-DPPTT 和 Q-DCM-DPPTT 的电导率(d)、塞贝克系数(e)和功率因子(f)[18]

朱晓张等发展了另一类基于 DQTT 的小分子热电材料, 实现了优异的 n 型热电性能和空气稳定性。他们研究了不同掺杂剂对 n 型小分子掺杂体系热电性能的影响, 设计并合成了三种掺杂剂 2-Cyc-DMBI-H、(2-Cyc-DMBI)$_2$ 和 (2-Cyc-DMBI-Me)$_2$

(图 4-13)，对高迁移率有机小分子 2DQTT-*o*-OD 进行掺杂。他们发现不同掺杂剂在掺杂过程中可能存在不同的掺杂机制，与此同时掺杂剂与主体分子间的能级匹配会影响掺杂效率。基于以上两点，他们发现通过能级最匹配的 (2-Cyc-DMBI-Me)$_2$ 掺杂 2DQTT-*o*-OD，可以实现最优的热电性能，室温下功率因子可达 17.2 μW/(m · K^2) [363 K 下为 33.3 μW/(m · K^2)]，结合面内热导率 0.28 W/(m · K)，热电优值达到 0.02。

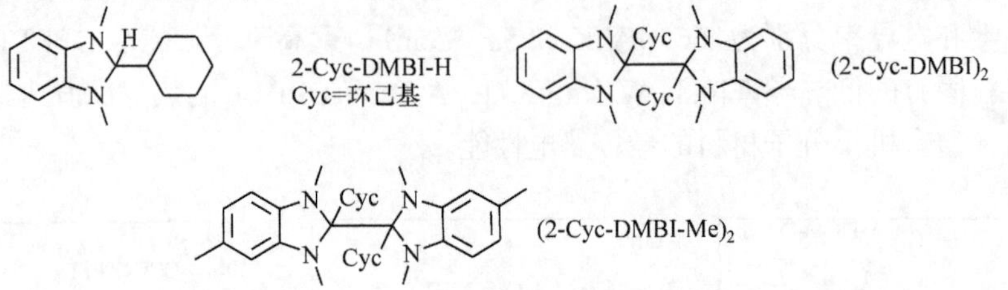

2-Cyc-DMBI-H
Cyc=环己基

(2-Cyc-DMBI)$_2$

(2-Cyc-DMBI-Me)$_2$

图 4-13 2-Cyc-DMBI-H、(2-Cyc-DMBI)$_2$ 和 (2-Cyc-DMBI-Me)$_2$ 的分子结构

他们随后通过拓展 2DQTT 的共轭平面并引入缺电子 TPD 单元，设计合成了一系列醌式寡聚噻吩小分子材料[20]，分别为 2DQBT、2DQTT、2DQQT、2DQPT[图 4-14(a)]，它们的共轭体系依次增大。随着共轭体系的增大，LUMO 能级逐渐下降、HOMO-LUMO 带隙逐渐减小[图 4-15(a)]。同时分子的醌式结构逐渐转变为双自由基结构，并发生分子堆积模式的变化。其中，2DQQT 具有较深的 LUMO 能级，且分子堆积以紧密的胆甾型 π-π 堆积为主，因而获得了更高的电导率[图 4-15(b)]和热电性能：室温下 N-DMBI 掺杂的电导率、功率因子、热导率和热电优值分别为 14 S/cm、41.6 μW/(m · K^2)、0.42 W/(m · K) 和 0.03。与此同时，该掺杂体系展现出了良好的空气稳定性，在空气中暴露 240h 后电导率仍能维持在初始数值的 80% 以上[图 4-15(c)]。

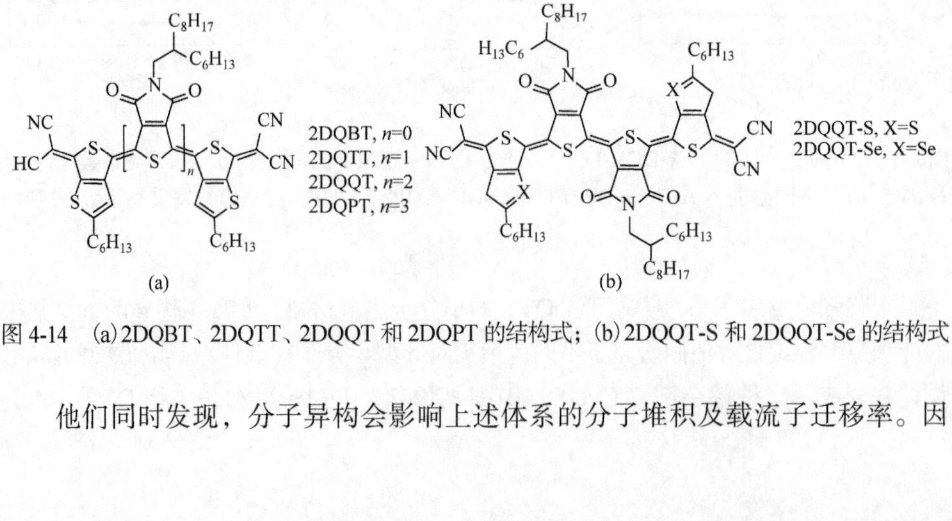

2DQBT, *n*=0
2DQTT, *n*=1
2DQQT, *n*=2
2DQPT, *n*=3

2DQQT-S, X=S
2DQQT-Se, X=Se

(a)

(b)

图 4-14 (a) 2DQBT、2DQTT、2DQQT 和 2DQPT 的结构式；(b) 2DQQT-S 和 2DQQT-Se 的结构式

他们同时发现，分子异构会影响上述体系的分子堆积及载流子迁移率。因

此基于 2DQQT 体系合成了硫原子朝内的 2DQQT-S，并通过重原子取代策略合成了 2DQQT-Se[59]，二者的分子结构见图 4-14(b)。它们均具有深的 LUMO 能级(–4.7 eV)、强的双自由基特性及刚性的分子骨架。其中，2DQQT-Se 具有更强的双自由基特性和自掺杂程度，因而获得了更高的电导率：在不需要外部掺杂的情况下，2DQQT-S 和 2DQQT-Se 的电导率分别可达 0.008 S/cm 和 0.29 S/cm，2DQQT-Se 的塞贝克系数和功率因子最高分别为–217 µV/K 和 1.4 µW/(m · K^2)。更重要的是，它们的电导率展现出了优异的空气稳定性：未经封装的情况下超过 250 h 仍未发生明显衰减(图 4-16)。这一结果为高效稳定的 n 型小分子热电材料设计提供了新的思路。

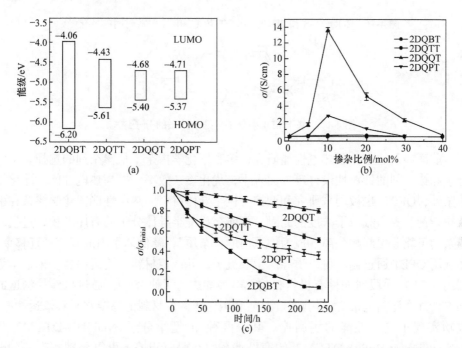

图 4-15　2DQBT、2DQTT、2DQQT、2DQPT 的 HOMO 和 LUMO 能级(a)；不同掺杂比例下的电导率(b)；在空气中电导率随时间的变化(c)[20]

此外，Segalman 等也设计了一种基于 PDI 分子的小分子自掺杂体系(图 4-17)[60]：将氨基连接到 PDI 分子上，经过退火处理生成带有未成对电子的氨基作为 n 型掺杂剂与主核发生自掺杂。他们发现氨基侧链的长度会对材料的电输运性质产生影响，其中 PDI-3(n = 6)具有最高的热电性能：电导率和塞贝克系数分别为 0.5 S/cm 和–170 µV/K，功率因子为 1.4 µW/(m · K^2)。

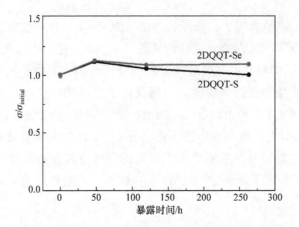

图 4-16　2DQQT-S 和 2DQQT-Se 在空气中电导率随时间的变化[59]

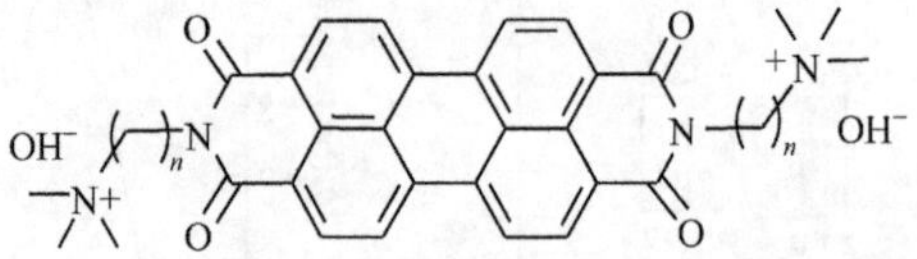

图 4-17　基于 PDI 小分子自掺杂体系的分子结构

　　前面涉及的小分子热电性能研究，多利用化学掺杂，从掺杂剂的选择、主体分子和掺杂剂的针对性设计等方面入手，优化掺杂效率、提高热电性能。除化学掺杂外，OFET 也被用来研究和调控有机半导体材料的热电性能。化学掺杂在引入掺杂剂、提高载流子浓度的同时，可能会扰乱半导体分子的有序堆积，过量的掺杂剂可能会引起相分离、成为体系内的"杂质"，降低体系内的载流子迁移率。而利用 OFET 通过栅压可以诱导产生载流子，并调控材料的输运性能。朱道本等利用 OFET 手段对四种有机材料的热电性能进行了研究[61]：通过构建长沟道的 OFET，并在源漏电极之间构建温度场，利用栅压调控材料的掺杂水平和输运性能，成功实现了热电性能的场调控。其中两种 n 型小分子 NDI3HU-DTYM2 和 NDI(2OD)(4t-BuPh)-DTYM2 的塞贝克系数在栅压调控下可以分别实现–240～–600 μV/K 和–160～–400 μV/K 的大范围调节。这一结果为有机材料的热电性能研究和优化提供了新的手段，通过构筑 OFET 的方式可以便捷地对众多已知的高迁移率材料体系进行热电性能研究，加速有机热电的研究进程。

4.5　总结

　　现阶段 n 型有机热电材料的性能已与 p 型有机材料齐头并进，poly (Ni-ett)、

A-DCV-DPPTT 等材料的热电优值已达到或接近 0.3。但相关研究中仍面临很多挑战，除提高材料热电性能外，如何提高在空气中的稳定性、获得理想的使用寿命，成为该领域的核心问题之一。而解决这一问题，既可以从主体分子和掺杂剂分子的设计、选择入手，提高掺杂稳定性，也可以发展简便、有效的封装技术，将材料与空气环境进行隔绝，提高材料的稳定性。在性能优化方面，n 型有机热电材料的研究策略与 p 型材料有共通之处，首先需要基于热电转换过程的微观机制，通过针对性的分子设计、组装调控、掺杂调控等手段，提高材料的热电性能；其次需要积极发展准确、高效的性能表征手段，加速对已有高性能 n 型有机半导体材料进行热电性能探索，加快新材料体系的发掘；最后还需要对有机热电器件的设计和构筑进行针对性优化，以便在材料性能提升的基础上提高器件性能、充分发掘有机热电器件的应用潜力。

参 考 文 献

[1] Liu L Y, Sun Y H, Li W B, Zhang J J, Huang X, Chen Z J, Sun Y M, Di C A, Xu W, Zhu D B. Flexible unipolar thermoelectric devices based on patterned poly[K_x(Ni-ethylenetetrathiolate)] thin films. Mater Chem Front, 2017, 1: 2111-2116.

[2] Bubnova O, Khan Z U, Malti A, Braun S, Fahlman M, Berggren M, Crispin X. Optimization of the thermoelectric figure of merit in the conducting polymer poly(3,4-ethylenedioxythiophene). Nat Mater, 2011, 10: 429-433.

[3] Kim G H, Shao L, Zhang K, Pipe K P. Engineered doping of organic semiconductors for enhanced thermoelectric efficiency. Nat Mater, 2013, 12: 719-723.

[4] Cho C, Wallace K L, Tzeng P, Hsu J H, Yu C, Grunlan J C. Outstanding low temperature thermoelectric power factor from completely organic thin films enabled by multidimensional conjugated nanomaterials. Adv Energy Mater, 2016, 6: 1502168.

[5] Wang L M, Zhang Z M, Liu Y C, Wang B R, Fang L, Qiu J J, Zhang K, Wang S R. Exceptional thermoelectric properties of flexible organic-inorganic hybrids with monodispersed and periodic nanophase. Nat Commun, 2018, 9: 3817.

[6] Sun Y H, Qiu L, Tang L P, Geng H, Wang H F, Zhang F J, Huang D Z, Xu W, Yue P, Guan Y S, Jiao F, Sun Y M, Tang D W, Di C A, Yi Y P, Zhu D B. Flexible n-type high-performance thermoelectric thin films of poly(nickel-ethylenetetrathiolate) prepared by an electrochemical method. Adv Mater, 2016, 28: 3351-3358.

[7] Schlitz R A, Brunetti F G, Glaudell A M, Miller P L, Brady M A, Takacs C J, Hawker C J, Chabinyc M L. Solubility-limited extrinsic n-type doping of a high electron mobility polymer for thermoelectric applications. Adv Mater, 2014, 26: 2825-2830.

[8] Wang Y, Nakano M, Michinobu T, Kiyota Y, Mori T, Takimiya K. Naphthodithiophenediimide-benzobisthiadiazole-based polymers: Versatile n-type materials for field-effect transistors and thermoelectric devices. Macromolecules, 2017, 50: 857-864.

[9] Wang S H, Sun H D, Erdmann T, Wang G, Fazzi D, Lappan U, Puttisong Y, Chen Z H, Berggren M, Crispin X, Kiriy A, Voit B, Marks T J, Fabiano S, Facchetti A. A chemically doped naphthalenediimide-bithiazole polymer for n-type organic thermoelectrics. Adv Mater, 2018, 30: 1801898.

[10] Wang S H, Sun H D, Ail U, Vagin M, Persson P O, Andreasen J W, Thiel W, Berggren M, Crispin X, Fazzi D, Fabiano S. Thermoelectric properties of solution-processed n-doped ladder-type conducting polymers. Adv Mater, 2016, 28: 10764-10771.

[11] Shi K, Zhang F J, Di C A, Yan T W, Zou Y, Zhou X, Zhu D B, Wang J Y, Pei J. Toward high performance n-type thermoelectric materials by rational modification of BDPPV backbones. J Am Chem Soc, 2015, 137: 6979-6982.

[12] Yang C Y, Jin W L, Wang J, Ding Y F, Nong S Y, Shi K, Lu Y, Dai Y Z, Zhuang F D, Lei T, Di C A, Zhu D B, Wang J Y, Pei J. Enhancing the n-type conductivity and thermoelectric performance of donor-acceptor copolymers through donor engineering. Adv Mater, 2018, 30: 1802850.

[13] Lu Y, Yu Z D, Zhang R Z, Yao Z F, You H Y, Jiang L, Un H I, Dong B W, Xiong M, Wang J Y, Pei J. Rigid coplanar polymers for stable n-type polymer thermoelectrics. Angew Chem Int Ed, 2019, 58: 11390-11394.

[14] Sato R, Kiyota Y, Kadoya T, Kawamoto T, Mori T. Thermoelectric power of oriented thin-film organic conductors. RSC Adv, 2016, 6: 41040-41044.

[15] Huewe F, Steeger A, Kostova K, Burroughs L, Bauer I, Strohriegl P, Dimitrov V, Woodward S, Pflaum J. Low-cost and sustainable organic thermoelectrics based on low-dimensional molecular metals. Adv Mater, 2017, 29: 1605682.

[16] Chaikin P M, Greene R L, Etemad S, Engler E. Thermopower of an isostructural series of organic conductors. Phys Rev B, 1976, 13: 1627-1632.

[17] Huang D Z, Wang C, Zou Y, Shen X X, Zang Y P, Shen H G, Gao X K, Yi Y P, Xu W, Di C A, Zhu D B. Bismuth interfacial doping of organic small molecules for high performance n-type thermoelectric materials. Angew Chem Int Ed, 2016, 55: 10672-10675.

[18] Huang D Z, Yao H Y, Cui Y T, Zou Y, Zhang F J, Wang C, Shen H G, Jin W L, Zhu J, Diao Y, Xu W, Di C A, Zhu D B. Conjugated-backbone effect of organic small molecules for n-type thermoelectric materials with ZT over 0.2. J Am Chem Soc, 2017, 139: 13013-13023.

[19] Yuan D F, Huang D Z, Zhang C, Zou Y, Di C A, Zhu X Z, Zhu D B. Efficient solution-processed n-type small-molecule thermoelectric materials achieved by precisely regulating energy level of organic dopants. ACS Appl Mater Interfaces, 2017, 9: 28795-28801.

[20] Yuan D F, Huang D Z, Rivero S M, Carreras A, Zhang C, Zou Y, Jiao X C, McNeill C R, Zhu X Z, Di C A, Zhu D B, Casanova D, Casado J. Cholesteric aggregation at the quinoidal-to-diradical border enabled stable n-doped conductor. Chem, 2019, 5: 964-976.

[21] Katz H E, Johnson J, Lovinger A J, Li W J. Naphthalenetetracarboxylic diimide-based n-channel transistor semiconductors: Structural variation and thiol-enhanced gold contacts. J Am Chem Soc, 2000, 122: 7787-7792.

[22] Katz H E, Lovinger A J, Johnson J, Kloc C, Siegrist T, Li W, Lin Y Y, Dodabalapur A. A

soluble and air-stable organic semiconductor with high electron mobility. Nature, 2000, 404: 478-481.

[23] Chen Z H, Zheng Y, Yan H, Facchetti A. Naphthalenedicarboximide- *vs* perylenedicarboximide-based copolymers. Synthesis and semiconducting properties in bottom-gate n-channel organic transistors. J Am Chem Soc, 2009, 131: 8-9.

[24] Yan H, Chen Z H, Zheng Y, Newman C, Quinn J R, Dotz F, Kastler M, Facchetti A. A high-mobility electron-transporting polymer for printed transistors. Nature, 2009, 457: 679-686.

[25] Madan D, Zhao X G, Ireland R M, Xiao D, Katz H E. Conductivity and power factor enhancement of n-type semiconducting polymers using sodium silica gel dopant. APL Mater, 2017, 5: 086106.

[26] Liu J, Qiu L, Alessandri R, Qiu X K, Portale G, Dong J J, Talsma W, Ye G, Sengrian A A, Souza P C T, Loi M A, Chiechi R C, Marrink S J, Hummelen J C, Koster L J A. Enhancing molecular n-type doping of donor-acceptor copolymers by tailoring side chains. Adv Mater, 2018, 30: 1704630.

[27] Di Nuzzo D, Fontanesi C, Jones R, Allard S, Dumsch I, Scherf U, von Hauff E, Schumacher S, Da Como E. How intermolecular geometrical disorder affects the molecular doping of donor-acceptor copolymers. Nat Commun, 2015, 6: 6460.

[28] Naab B D, Gu X D, Kurosawa T, To J W F, Salleo A, Bao Z A. Role of polymer structure on the conductivity of n-doped polymers. Adv Electron Mater, 2016, 2: 1600004.

[29] Ma W, Shi K, Wu Y, Lu Z Y, Liu H Y, Wang J Y, Pei J. Enhanced molecular packing of a conjugated polymer with high organic thermoelectric power factor. ACS Appl Mater Interfaces, 2016, 8: 24737-24743.

[30] Shi K, Lu Z Y, Yu Z D, Liu H Y, Zou Y, Yang C Y, Dai Y Z, Lu Y, Wang J Y, Pei J. A novel solution-processable n-dopant based on 1, 4-dihydropyridine motif for high electrical conductivity of organic semiconductors. Adv Electron Mater, 2017, 3: 1700164.

[31] Un H I, Gregory S A, Mohapatra S K, Xiong M, Longhi E, Lu Y, Rigin S, Jhulki S, Yang C Y, Timofeeva T V, Wang J Y, Yee S K, Barlow S, Marder S R, Pei J. Understanding the effects of molecular dopant on n-type organic thermoelectric properties. Adv Energy Mater, 2019, 9: 10.

[32] Zhao X G, Madan D, Cheng Y, Zhou J W, Li H, Thon S M, Bragg A E, DeCoster M E, Hopkins P E, Katz H E. High conductivity and electron-transfer validation in an n-type fluoride-anion-doped polymer for thermoelectrics in air. Adv Mater, 2017, 29: 1606928.

[33] Sun Y M, Sheng P, Di C A, Jiao F, Xu W, Qiu D, Zhu D B. Organic thermoelectric materials and devices based on p- and n-type poly (metal 1, 1, 2, 2-ethenetetrathiolate) s. Adv Mater, 2012, 24: 932-937.

[34] Poleschner H, John W, Hoppe F, Fanghänel E, Roth S. Tetrathiafulvalene. XIX. Synthese und eigenschaften elektronenleitender poly-dithiolenkomplexe mit ethylentetrathiolat und tetrathiafulvalentetrathiolat als brückenliganden. J Phys Chem, 1983, 325: 957-975.

[35] Holdcroft G E, Underhill A E. Preparation and electrical conduction properties of polymeric transition metal complexes of 1, 1, 2, 2-ethenetetrathiolate ligand. Synth Met, 1985, 10: 427-434.

[36] Vicente R, Ribas J, Cassoux P, Valade L. Synthesis, characterization and properties of highly

conducting organometallic polymers derived from the ethylene tetrathiolate anion. Synth Met, 1986, 13: 265-280.

[37] Vogt T, Faulmann C, Soules R, Lecante P, Mosset A, Castan P, Cassoux P, Galy J. A LAXS (large angle X-ray scattering) and EXAFS (extended X-ray absorption fine structure) investigation of conductive amorphous nickel tetrathiolato polymers. J Am Chem Soc, 1988, 110: 1833-1840.

[38] Jiao F, Di C A, Sun Y M, Sheng P, Xu W, Zhu D B. Inkjet-printed flexible organic thin-film thermoelectric devices based on p- and n-type poly (metal 1, 1, 2, 2-ethenetetrathiolate) s/polymer composites through ball-milling. Philos Trans A: Math Phys Eng Sci, 2014, 372: 20130008.

[39] Menon A K, Uzunlar E, Wolfe R M W, Reynolds J R, Marder S R, Yee S K. Metallo-organic n-type thermoelectrics: Emphasizing advances in nickel-ethenetetrathiolates. J Appl Poly Sci, 2017, 134: 44402.

[40] Menon A K, Wolfe R M W, Marder S R, Reynolds J R, Yee S K. Systematic power factor enhancement in n-type NiETT/PVDF composite films. Adv Funct Mater, 2018, 28: 1801620.

[41] Wolfe R M W, Menon A K, Fletcher T R, Marder S R, Reynolds J R, Yee S K. Simultaneous enhancement in electrical conductivity and thermopower of n-type NiETT/PVDF composite films by annealing. Adv Funct Mater, 2018, 28: 1803275.

[42] Tkachov R, Stepien L, Roch A, Komber H, Hennersdorf F, Weigand J J, Bauer I, Kiriy A, Leyens C. Facile synthesis of potassium tetrathiooxalate: The "true" monomer for the preparation of electron-conductive poly (nickel-ethylenetetrathiolate). Tetrahedron, 2017, 73: 2250-2254.

[43] Tkachov R, Stepien L, Grafe R, Guskova O, Kiriy A, Simon F, Reith H, Nielsch K, Schierning G, Kasinathan D, Leyens C. Polyethenetetrathiolate or polytetrathiooxalate? Improved synthesis, a comparative analysis of a prominent thermoelectric polymer and implications to the charge transport mechanism. Poly Chem, 2018, 9: 4543-4555.

[44] Wolfe R M W, Menon A K, Marder S R, Reynolds J R, Yee S K. Thermoelectric performance of n-type poly (Ni-tetrathiooxalate) as a counterpart to poly (Ni-ethenetetrathiolate): NiTTO versus NiETT. Adv Electron Mater, 2019, 5: 1900066.

[45] Huang X, Sheng P, Tu Z Y, Zhang F J, Wang J H, Geng H, Zou Y, Di C A, Yi Y P, Sun Y M, Xu W, Zhu D B. A two-dimensional π-d conjugated coordination polymer with extremely high electrical conductivity and ambipolar transport behaviour. Nat Commun, 2015, 6: 7408.

[46] Huang X, Zhang S, Liu L Y, Yu L, Chen G F, Xu W, Zhu D B. Superconductivity in a copper (II)-based coordination polymer with perfect kagome structure. Angew Chem Int Ed, 2018, 57: 146-150.

[47] Cui Y T, Yan J, Chen Z J, Zhang J J, Zou Y, Sun Y M, Xu W, Zhu D B. [Cu$_3$ (C$_6$Se$_6$)]$_n$: The first highly conductive 2D π-d conjugated coordination polymer based on benzenehexaselenolate. Adv Sci, 2019, 6: 1802235.

[48] Cassoux P. Molecular (super) conductors derived from bis-dithiolate metal complexes. Coordination Chem Rev, 1999, 185-6: 213-232.

[49] Kang W, Jerome D, Valade L, Cassoux P. Thermopower measurement of the organic conductor TTF[Ni (dmit)$_2$]$_2$ at ambient pressure. Synth Met, 1991, 42: 2343-2345.

[50] Nakamura T, Underhill A E, Coomber A T, Friend R H, Tajima H, Kobayashi A, Kobayashi H. Structure and physical properties of the tetraphenylphosphonium-[Ni(dmit)$_2$]$_3$ (dmit = 2-thioxo-1,3-dithiol-4,5-dithiolate) salt. Inorg Chem, 1995, 34: 870-876.

[51] Simao D, Lopes E B, Santos I C, Gama V, Henriques R T, Almeida M. Charge transfer salts based on Cu(qdt)$_2$, Ni(qdt)$_2$ and Au(qdt)$_2$ anions. Synth Met, 1999, 102: 1613-1614.

[52] Dias J C, Ribas X, Morgado J, Seiça J, Lopes E B, Santos I C, Henriques R T, Almeida M, Wurst K, Foury-Leylekian P, Canadell E, Vidal-Gancedo J, Veciana J, Rovira C. Multistability in a family of DT-TTF organic radical based compounds (DT-TTF)$_4$[M(L)$_2$]$_3$ (M = Au, Cu; L = pds, pdt, bdt). J Mater Chem, 2005, 15: 3187-3199.

[53] Sun Y H, Zhang F J, Sun Y M, Di C A, Xu W, Zhu D B. n-Type thermoelectric materials based on CuTCNQ nanocrystals and CuTCNQ nanorod arrays. J Mater Chem A, 2015, 3: 2677-2683.

[54] Chaikin P M, Kwak J F, Jones T E, Garito A F, Heeger A J. Thermoelectric power of tetrathiofulvalinium tetracyanoquinodimethane. Phys Rev Lett, 1973, 31: 601-604.

[55] Kwak J F, Chaikin P M, Russel A A, Garito A F, Heeger A J. Anisotropic thermoelectric-power of TTF-TCNQ. Solid State Commun, 1975, 16: 729-732.

[56] Bernstein U, Chaikin P M, Pincus P. Tetrathiafulvalene tetracyanoquinodimethane (TTF-TCNQ): A zero-bandgap semiconductor? Phys Rev Lett, 1975, 34: 271-274.

[57] Greene R L, Mayerle J J, Schumaker R, Castro G, Chaikin P M, Etemad S, Laplaca S J. The structure, conductivity, and thermopower of HMTTF-TCNQ. Solid State Commun, 1976, 20: 943-946.

[58] Itahara H, Maesato M, Asahi R, Yamochi H, Saito G. Thermoelectric properties of organic charge-transfer compounds. J Electron Mater, 2009, 38: 1171-1175.

[59] Yuan D F, Guo Y, Zeng Y, Fan Q R, Wang J J, Yi Y P, Zhu X Z. Air-stable n-type thermoelectric materials enabled by organic diradicaloids. Angew Chem Int Ed, 2019, 58: 4958-4962.

[60] Russ B, Robb M J, Brunetti F G, Miller P L, Perry E E, Patel S N, Ho V, Chang W B, Urban J J, Chabinyc M L, Hawker C J, Segalman R A. Power factor enhancement in solution-processed organic n-type thermoelectrics through molecular design. Adv Mater, 2014, 26: 3473-3477.

[61] Zhang F J, Zang Y P, Huang D Z, Di C A, Gao X K, Sirringhaus H, Zhu D B. Modulated thermoelectric properties of organic semiconductors using field-effect transistors. Adv Funct Mater, 2015, 25: 3004-3012.

第 **5** 章

复合与杂化有机热电材料

尽管有机热电材料的研究在近十年经历了快速发展，部分有机材料的热电性能在低温区已经接近多种无机热电材料体系，但有机材料热电性能的提升需求依然强烈。与此同时，柔性、轻质、环保、低价等需求也促使无机热电材料在生产成本、加工方式、适用场景等多个方面进行提升和完善。由此，有机-无机复合/杂化体系开始引起研究者的关注。有机-无机复合/杂化体系可以在不同材料的"组合"过程中取长补短、相得益彰，在优化热电性能、丰富加工手段、降低成本、保护环境等方面具有独特的优势。对于有机热电材料，与无机材料进行复合可以弥补有机材料电导率或塞贝克系数通常偏低的特点；而对于无机热电材料，与有机材料的复合不仅可以降低体系热导率(无机热电材料性能优化的核心问题之一)，同时减少无机材料的用量，可以降低对稀有金属元素的需求，降低成本并减轻质量。本章重心是概括与总结复合/杂化热电材料的设计策略、性能优化方法。

5.1 复合与杂化的基本策略与制备方法

目前，PEDOT/Bi$_2$Te$_3$[1]、SWCNT/CuSe[2]等多个复合/杂化热电材料体系已经取得了优异的热电性能。与此同时，导电聚合物与碳纳米管、石墨烯等材料形成的复合、杂化体系也被广泛研究，在此类体系中分子间的 π-π 相互作用可以使不同组分间更紧密地堆积，尤其在通过原位聚合反应构建复合体系时，分子间的 π-π 相互作用不仅可以使两组分紧密接触，还可以使原位聚合得到的高分子具有更加有序的排列，从而有利于载流子的传输[3-5]。

需要指出的是，"复合"与"杂化"的概念各有侧重，"复合"更多体现的是不同组分和相之间相互融合的状态，而"杂化"则代表不同组分在分子层面的相互作用，以及由此带来的电子结构、分子轨道的改变，但二者之间往往难以严格的区分和界定[6]。更重要的是，对于有机材料参与构筑的复合/杂化体系，它们的热电效应微观机制仍处于探索的初期阶段，相关的机制尚待完善，而现阶段的研究热点更多集中在材料热电性能的开发与优化。基于此，对材料体系进行严格的"复合"抑或"杂化"划分，可能缺少迫切的需求和意义。因此在本章中，对相关体系"复合"或"杂化"的表述，一般基于相关成果中原文的描述，即 composite（复合）或 hybrid（杂化）。部分材料体系的热电性能见表 5-1。

表 5-1　部分复合/杂化材料的热电性能

材料	制备手段	材料类型	功率因子 /[μW/(m·K^2)]	热导率 /[W/(m·K)]	热电优值 （温度条件）	参考文献
PEDOT：PSS/CNT/PVAc	液相混合	p 型	160	—	—	[7]
PANI/ graphene-PEDOT：PSS/PANI/DWCNT-PEDOT：PSS	层层组装	p 型	2710	—	—	[8]
PEDOT：PSS/Te 纳米棒	原位制备	p 型	284	—	—	[9]
PEDOT：PSS/Bi$_2$Te$_3$	模板法、气相聚合	p 型	1350	0.7	0.58（室温）	[1]
PANI/SWCNT	液相混合	p 型	176	0.43	0.12（室温）	[10]
PANI/graphene/PANI/DWCNT	层层组装	p 型	1825	—	—	[11]
polypyrrole/Bi$_2$Te$_3$	原位制备	n 型	2272	0.7	1.21（373K）	[12]
rGO/Yb$_{0.27}$Co$_4$Sb$_{12}$	液相混合	n 型	—	—	1.5（850K）	[13]
SWCNT/Bi$_2$Te$_3$	磁控溅射	n 型	1600	—	0.89（室温）	[14]
SWCNT/Cu$_2$Se	原位制备	p 型	—	0.4	2.4（1000K）	[2]
PVDF/Ni	液相混合	n 型	220	0.55	0.15（380K）	[15]

注：graphene 代表石墨烯；polypyrrole 代表聚吡咯

5.1.1　基本策略

对于任何材料体系，提高塞贝克系数和电导率、降低热导率，都是热电性能优化的永恒策略和目标，但因三者之间基于微观机制的关联，往往难以实现三个物理量的同步优化。"此消彼长"是热电性能优化过程中常常需要面临的挑战。而复合/杂化体系为解耦这种制约关系提供了有效的手段。例如，聚合物半导体材料的电导率整体上低于无机材料，因而与无机或高电导碳材料复合往往可以提高材料的电导率。与掺杂调控聚合物材料的热电性能不同（电导率和塞贝克系数往往存在相反的优化趋势），引入高电导组分提高电导率的同时，界面处的能量过滤效应同时可以过滤低能量的载流子，提高塞贝克系数。

1）提高电导率

为了提高有机材料的电导率，通常会选取高电导的材料进行复合/杂化体系的构筑，而选择的对象多为经典无机材料体系或碳纳米管、石墨烯等高电导碳材料。对于有机/无机复合材料体系，如何使两种形态、密度等方面存在明显差别的组分均匀分散、紧密接触从而实现杂化效果，是制备过程中需要面临的问题，否则复合体系的性能可能无法超越单独组分的极限，难以体现杂化的优势。对于碳纳米管与石墨烯，二者虽形态不同但均具备高迁移率，都能增加体系的电导率，同时基于迁移率的电导率提高往往不会对塞贝克系数产生负面影响[16]。

2）提高塞贝克系数

在复合/杂化体系中，塞贝克系数的增加通常源于两种因素的作用：界面过滤效应和模板效应。在复合/杂化体系的界面处被普遍认为存在能量过滤效应，使低能量的载流子在界面处被散射，而只有高能量的载流子才能通过界面，因而可以提高体系的塞贝克系数[8, 17]。但在现阶段对于能量过滤效应，尚缺乏系统、精确的表征和研究手段[18]。与此同时在复合过程中，无论是液相混合还是原位聚合，单体/聚合物与碳纳米管、石墨烯等材料间均可能存在分子间的 π-π 相互作用，而这种作用一方面使双方紧密接触，同时形成模板效应使聚合物分子在界面处的排列更加有序，从而实现载流子迁移率和热电性能的提升[19]。

3）降低热导率

无机材料和高电导碳材料通常具有较高的热导率，而与导电聚合物复合，通过界面的声子散射可以有效降低体系的热导率。同时，有机组分在溶液中可以起到稳定剂、分散剂的作用，提升无机组分在溶液中的分散稳定性[8, 20]。

4）提升加工性能

除了有机半导体、导体，有机绝缘材料同样可以参与到复合/杂化体系的构建中，而它们的作用多为提升体系的溶液加工性和柔性。例如，在 TTF：TCNQ/PVC[21]和 Bi₂Se₃/PVDF[22]体系中，PVC 和 PVDF 或提升了材料的可加工性（可用于喷墨打印），或帮助复合体系实现柔性材质。

5.1.2 制备方法

对于利用有机材料构建的复合/杂化材料体系，通常可以基于以下三种加工方法进行制备。

1) 物理混合

两个组分可以通过直接混合的方式构建复合/杂化体系: 既可以在固相中直接进行复合, 对于适合溶液加工的材料体系, 还可以通过液相混合的方式进行。例如, 球磨混合的方式常被用于碳材料与无机材料的复合过程[23,24], 这是因为碳材料可以承受后续烧结等处理所需要经历的高温。而导电聚合物与碳材料的复合往往采取液相混合的方式[7, 25, 26], 在这种方式下, 两组分间的复合会更加均匀, 且聚合物和碳材料的共轭体系间 π-π 相互作用会使二者接触更加紧密。

2) 原位聚合/反应

通过原位聚合制备复合/杂化材料, 可能相较于液相混合更易获得理想的材料体系和输运性能。在这种制备方式中, 先将聚合单体同复合的另一组分在液相中混合, 再通过聚合反应生成聚合物, 从而得到复合/杂化体系。在这一过程中, 单体分子往往因 π-π 相互作用吸附在另一组分表面, 可以形成聚合反应的模板效应, 使聚合产物紧密、有序、均匀地排列在另一组分表面, 从而得到更理想的复合形貌和更优异的输运性能[4,27]。除此以外, 在聚合物存在的条件下通过原位反应生成无机组分进行复合的方法也被广泛采用[28-30]。

3) 层层组装

层层组装方法是指将不同组分单独、交替成膜, 从而形成具有交替多层复合结构的材料体系。层层组装的优势之一是可以根据不同组分的特点选取不同的成膜条件交替成膜, 而不需要将整个复合体系一次性加工成型, 因而更易将不同组分组装到一起[8]。同时在组装过程中同样存在不同层之间的 π-π 相互作用, 使得到的材料具有更加有序的分子排列和更理想的形貌。此外, 不同层之间形成的立体载流子传输网络也可以有效提升体系的输运性能[8]。

5.2　基于聚噻吩的复合与杂化材料

聚噻吩上的侧链修饰可以对其输运及加工性能产生影响, 因此对聚噻吩侧链进行针对性设计成为优化其光电性质的有效策略, 这一思路也沿用到基于聚噻吩的复合/杂化热电材料中。例如, Kawamoto 等将针对性的分子设计同制备-处理流程有效结合, 兼顾了聚噻吩/碳纳米管复合体系的溶液加工和热电性能[31]。他们将包含碳酸酯基的柔性侧链引入聚噻吩体系(典型分子式见图 5-1), 侧链的存在可以保证聚噻吩的溶液加工性能; 随后将成膜后的材料进行加热处理, 可以实现碳酸酯基的热裂解、脱去侧链的部分结构, 从而在成膜过程后将有利于溶液加工性能的长侧链转变为有利于输运性能的短侧链(图 5-1)。

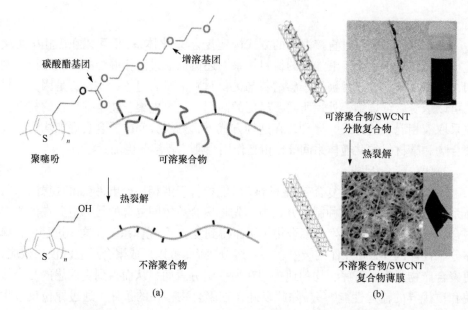

图 5-1　碳酸酯基侧链取代的聚噻吩/碳纳米管复合材料的热裂解流程示意图(a)和材料形貌图(b)[31]

经过热裂解处理后的聚噻吩/碳纳米管薄膜具有显著提高的功率因子[从 6.4 μW/(m·K²) 提高至 15.8 μW/(m·K²)]，且由裂解前的可溶状态变为不溶，有利于提高薄膜的稳定性。在含有特定侧链的体系中，材料的溶解—分散—成膜过程可使用乙醇作为溶剂，使制备流程更加绿色环保。由于 P3HT 和 PEDOT 在热电研究中展现出优异性能，目前主要围绕这两种聚合物开展复合/杂化材料热电性能研究。

5.2.1　基于 P3HT 的复合与杂化材料

2012 年，Qiu 等报道了基于 P3HT 和 Bi_2Te_3 纳米线复合材料的热电性能[32]。他们利用液相混合+滴膜的方式制备了 P3HT/Bi_2Te_3 薄膜，并通过调节 P3HT 掺杂水平及 Bi_2Te_3 含量等手段优化材料的热电性能：Bi_2Te_3 纳米线的加入虽然会导致体系电导率的降低，但可以有效提高塞贝克系数，功率因子最高可达 13.6 μW/(m·K²)。

碳纳米管(CNT)自身具有优异的电输运性质，并且可与高分子半导体通过 π-π 相互作用形成紧密接触，进行有效的电荷传输。同时碳纳米管的一维结构可以在导电区域间形成有效连接，提高载流子的传输效率。这些优点都促使碳纳米管与聚噻吩的复合与杂化受到更多关注。碳纳米管自身的种类、形貌都会对其输运性能产生影响，因此这些因素同样也会影响相应复合材料的热电性能[33, 34]。

Cho 和 Jang 等对 P3HT/CNT 复合体系的热电性能以及影响因素进行了系统研究[35-37]。他们首先研究了成膜方式对热电性能的影响，发现相比于传统的滴膜方式，利用棒式涂覆[38](bar-coating)得到的 P3HT/CNT 薄膜具有更高的功率因子，且其性能不依赖于 P3HT 的额外掺杂[35]。他们认为这种差异主要由不同成膜方式所导致的形貌及聚集态差异所致。经过优化的 P3HT/CNT 薄膜的功率因子可达 105 $\mu W/(m \cdot K^2)$。随后他们发现将掺杂剂 $FeCl_3$ 旋涂到 P3HT/CNT 薄膜(通过棒式涂覆制备)上可以获得更高的热电性能(与将 P3HT/CNT 薄膜浸润到掺杂剂溶液中的方法相比)[36]，功率因子最高达到(267±38)$\mu W/(m \cdot K^2)$[塞贝克系数和电导率分别为(31.1±2.1)$\mu V/K$ 和(2760±170)S/cm]。此外，他们还探索了利用喷涂技术进行 P3HT/CNT 薄膜的制备[37]，同样获得了良好的效果，功率因子可达(325±101)$\mu W/(m \cdot K^2)$[塞贝克系数和电导率分别为(97±11)$\mu V/K$ 和(345±88)S/cm]。

对于柔性薄膜材料，成膜工艺、膜的机械性能与其热电性能同样重要。Müller 等将聚环氧乙烷[poly(ethylene oxide)，PEO]加入到 P3HT 中并用 F_4-TCNQ 掺杂，获得的厚膜具有相同水平(与不加入绝缘的 PEO 相比)的热电性能和更好的机械性能[39]。此外，他们利用 n 型碳纳米管与 P3HT 进行复合，在 P3HT/CNT 体系中实现了组分比例和紫外光诱导两种方式驱动的 p-n 热电性能转换，为热电器件的高效构筑提供了有效的思路[40]。他们首先通过调节 n 型碳纳米管与 P3HT 的比例，发现随着碳纳米管比例的提高，复合材料的塞贝克系数从正变为负；与此同时，在一定的组分比例之下，用紫外光照射材料可以使原本正的塞贝克系数转变为负(图 5-2)。这一现象使利用同一组分溶液制备具有完整 p-n 组件的有机柔性热电器件成为可能。

随着有机热电的相关研究日趋深入，电子结构对材料性能的重要影响逐渐被重视，并被纳入到有机热电材料性能优化的有效手段中。早在 2010 年，Katz 等就基于聚噻吩体系开展了通过复合手段进行态密度调节，从而实现热电性能优化的探索性研究[41]。而最近 Kemerink 等基于 P3HT 复合体系，进行了利用能级调控优化热电性能的实验与理论研究[42]。他们利用具有更浅 HOMO 的 P3HT 与具有更深 HOMO 的 PTB7 和 TQ1 构筑了两种由 F_4-TCNQ 掺杂的复合材料体系，通过对两种组分的比例进行调节来调控体系的态密度，从而实现优化塞贝克系数的目的。简言之，通过调整两种组分的比例，使费米能级 E_F 与载流子的传输能级 E_{tr} 分别处在两种材料的相应轨道上，致使两者之间的差距最大，即可实现塞贝克系数的最大化，原理示意见图 5-3[42]。通过这种策略，他们成功将 P3HT/PTB7 和 P3HT/TQ1 的塞贝克系数优化至 1100 $\mu V/K$ 和 2000 $\mu V/K$ 左右，对应的电导率分别为 0.3 S/cm 和 0.03 S/cm。

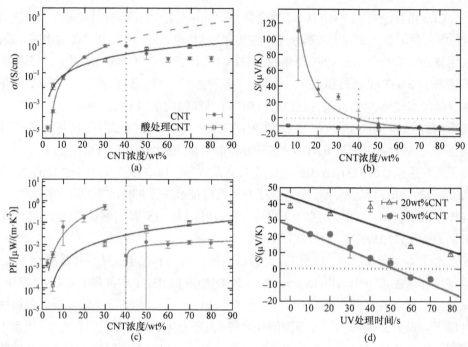

图 5-2　P3HT/CNT 复合材料中电导率(a)、塞贝克系数(b)和功率因子(c)随 n 型碳纳米管含量
的变化；塞贝克系数随紫外光照射时间的变化(d)[40]

　　除此以外，Graham 等基于 P3HT/Te 纳米线的研究，提出能量过滤效应可能
并未与其他报道一致，未对材料热电性能起到决定性作用[43]。这一观点与 Urban
等基于 PEDOT：PSS/Te 的观点近似[18]，证明在有机复合体系中，材料的输运及
优化机制需要更系统、深入的研究。

5.2.2　基于 PEDOT 的复合与杂化材料

　　PEDOT 作为现阶段热电性能最好、研究最为广泛的 p 型有机热电材料之一，
其复合材料自然受到了更多的关注。得益于 PEDOT 体系的优异性能，基于 PEDOT
的复合材料既可以选取 Bi_2Te_3、碳纳米管等高热电性能或高电导率材料，来继续
提高 PEDOT 体系的热电性能，同时也可以选取不具备热电性能的有机组分进行
机械性能的改进。就优化策略而言，因 PEDOT 体系已经可以通过二次掺杂等手
段实现 10^3 S/cm 以上的电导率，因此选取高塞贝克系数的材料体系(如碲纳米材
料)与 PEDOT 进行复合，更有利于高热电性能的实现。与此同时，为了达到更好
的优化效果，也可以选取多种组分进行"三元"甚至"多元"复合材料体系的构
筑。另外，因 PEDOT：PSS 等体系存在离子参与的"电子-离子"混合热电传输
行为，因此相关复合物的热电性能研究中也需注意相关科学问题[44,45]。

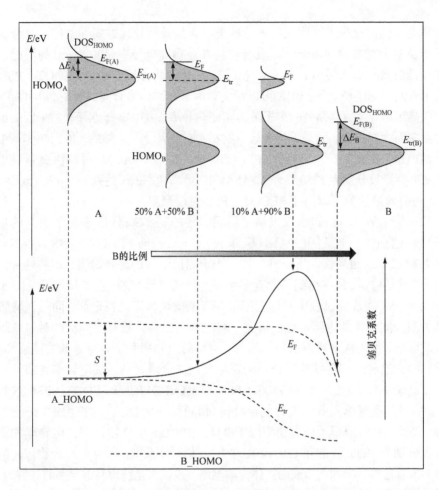

图 5-3 在复合材料体系中通过调节不同组分的比例进行态密度(DOS)调控、优化塞贝克系数
(S)的原理示意图[42]

　　将 PEDOT 体系与碳材料复合是目前热门研究方向之一，其中碳纳米管和石墨
烯为主要复合组分。碳纳米管因其优异的热学、电学及机械性能，自其发现之日起
逐渐发展成为明星材料体系。碳纳米管可实现高电导，但因其同时具备高热导特性，
因而自身通常难以实现高热电性能。但利用碳纳米管的高电导、高迁移率等物理特
性，以及高比表面积、高长径比等结构特征，可以在聚合物/碳纳米管复合材料中
实现更强的 π-π 相互作用、更大范围的载流子传输网络以及更高的载流子迁移率，
而这些都为获得更高的热电性能提供了有利条件。与此同时，近年来石墨烯因其稳
定、优异的光、电、力学性能也引起了广泛关注，其独特二维共轭结构所带来的高
迁移率，也十分有利于在复合热电材料中发挥重要作用。

　　2010 年，Yu 和 Grunlan 等对 PEDOT∶PSS/CNT 复合物的热电性能进行了系

统的研究。他们比较了不同碳纳米管种类、含量及后处理方式等条件对复合材料电导率及塞贝克系数的影响[25]。复合材料在获得高电导率(400 S/cm)的同时，保持了较低的热导率水平[0.2～0.4 W/(m·K)]，他们将原因归结为 PEDOT：PSS 在碳纳米管间起到了桥梁的作用，可以帮助载流子在碳纳米管间实现更高效的传输，进而提高了电导率；界面处的声子散射则使热导率保持在较低水平，并未因碳纳米管的存在而大幅提高，而是保持在聚合物材料的平均水平。随后，他们在体系中引入 PVAc(聚乙酸乙烯酯)，得到的 PEDOT：PSS/CNT/PVAc 复合材料[7]的最高电导率和塞贝克系数分别为 1350 S/cm 和 41 μV/K，最高功率因子达到 160 μW/(m·K²)。PVAc 的引入被认为可以防止 PEDOT：PSS 过度聚集。

2016 年，Yu 和 Grunlan 又发展了层层组装的复合物材料，获得了极高的功率因子[8]。他们先依次利用 PANI(聚苯胺)、graphene-PEDOT：PSS、PANI 和 DWCNT(双壁碳纳米管)-PEDOT：PSS 构筑四层结构的复合物膜，再将这种"四层结构"重复构筑，最终得到了含有多层复合结构的膜材料，制备过程可见图 5-4。PEDOT：PSS 在成膜过程中充当石墨烯和双壁碳纳米管的稳定剂，同时在薄膜中降低各组分间的接触电阻。他们研究了将"四层结构"重复不同次数对材料热电性能的影响，发现随着重复次数的增加，材料的电导率和塞贝克系数均持续提高。与此同时，这种"四层结构"循环构筑得到的复合膜材料，其电导率和塞贝克系数均要高于 PANI/graphene-PEDOT：PSS 和 PANI/DWCNT-PEDOT：PSS 这两种"两层结构"重复单元所构筑的复合材料(相同循环次数下)。在"四层结构"循环 80 次时，材料取得了最高功率因子 2710 μW/(m·K²)(图 5-5，电导率和塞贝克系数分别为 1900 S/cm 和 120 μV/K 左右)。整个体系中由被导电聚合物包裹的双壁碳纳米管连接石墨烯而形成的立体传输网络，被认为是获得高电导率的关键因素；而层与层之间，不同成分界面之间的能量过滤效应提高了整个体系的塞贝克系数。

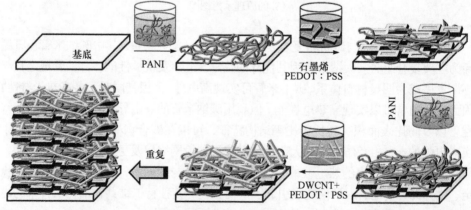

图5-4 PANI/graphene-PEDOT：PSS/PANI/DWCNT-PEDOT：PSS层层组装制备复合物薄膜的流程示意图[8]

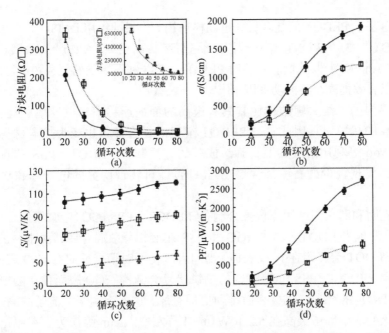

图 5-5 PANI/graphene-PEDOT∶PSS(△)、PANI/DWCNT-PEDOT∶PSS(□)和
PANI/graphene-PEDOT∶PSS/PANI/DWCNT-PEDOT∶PSS(●)在多层结构不同循环次数下的
方块电阻(a)、电导率(b)、塞贝克系数(c)和功率因子(d)[8]

此外，他们还引入电化学聚合手段进行多层结构复合物薄膜的构建[46]。他们先分别用聚二烯丙基二甲基氯化铵(PDDA)和脱氧胆酸钠(DOC)对多壁碳纳米管(MWCNT)进行溶液分散，再交替利用两种溶液进行层层组装。随后以多壁碳纳米管多层膜为电极，进行 PEDOT 的电化学聚合，从而得到 MWCNT/PEDOT 复合材料。经过不同制备条件(MWCNT-PDDA 和 MWCNT-DOC 双层结构的循环次数，PEDOT 的电化学聚合时间等)的对比和优化，获得的最高功率因子为 155 μW/(m·K²)。

除层层组装的方法外，原位聚合、物理混合等手段也被用来制备基于 PEDOT 的复合热电材料。陈光明等利用原位聚合方法制备了 PEDOT∶PSS/MWCNT 薄膜[47]：首先将 EDOT、PSSNa(聚苯乙烯磺酸钠)与 MWCNT 在液相中混合，EDOT 通过π-π相互作用和范德瓦耳斯力吸附在 MWCNT 上；随后加入氧化剂使 EDOT 发生聚合反应，生成 PEDOT 包裹 MWCNT 结构的复合材料。随后他们又通过液相物理混合的方法制备 PEDOT/SWCNT 复合材料[48]：先利用液液界面的电化学方法制备 PEDOT∶PF₆(六氟磷酸根)，再将 PEDOT∶PF₆颗粒与单壁碳纳米管在液相中混合，通过抽滤成膜的方法制备了 PEDOT∶PF₆/SWCNT 薄膜。通过调节单壁碳纳米管的比例，材料的功率因子可优化至 253.7 μW/(m·K²)左右。

二次掺杂手段已被广泛应用于 PEDOT 体系的电导率和热电性能优化，而相应手段对基于 PEDOT 的复合材料也同样适用。徐景坤等用 DMSO 处理层层组装的 PEDOT：PSS/SWCNT 薄膜，可以将电导率提高至 241 S/cm，功率因子最高为 21.1 μW/(m·K^2)[49]。他们利用肼对 PEDOT：PSS 和石墨烯的复合物进行后处理，同样可以有效提高材料的功率因子[26]。

石墨烯的二维共轭结构使其具有极高的面内迁移率和电导率(但同时也展现出较高的热导率)，因此它与 PEDOT 组建的复合体系也成为热电材料的研究热点。Woo 等利用溶液共混、旋涂成膜的方法制备 PEDOT：PSS 和石墨烯的复合物，发现较少的石墨烯含量(3%以内)即可实现明显的电导率和功率因子提高[50]。

陈光明和邱东等利用原位聚合制备 PEDOT：PSS/rGO(还原氧化石墨烯)复合物[5]，发现当 EDOT 单体与 rGO 和 PSS 在液相分散混合后，由于强的 π-π 相互作用，EDOT 会吸附在 rGO 表面。当加入氧化剂时聚合反应在 rGO 表面发生，从而得到 PEDOT：PSS 包覆 rGO 的馅饼状复合结构。rGO 表面存在的模板效应使得 PEDOT 分子链在 rGO 表面排列更加有序，进而有利于载流子的高效传输，经过优化的功率因子最高在 5.2 μW/(m·K^2)左右。Kim 等认为，在原位聚合过程中，PSS 扮演着双重角色：既是 PEDOT 的掺杂剂，也是 rGO 在溶液分散过程中的稳定剂。在不经过任何后处理的情况下，他们利用原位聚合方法制备的 PEDOT：PSS/rGO 复合物可以实现 637 S/cm 的电导率，功率因子最高为 45.7 μW/(m·K^2)[51]。

Zhang 等在 PEDOT：PSS 体系中引入 C$_{60}$ 和 rGO 构筑了三元复合体系[52]，认为 rGO 可以增加复合物的迁移率，继而提高电导率和塞贝克系数；而 C$_{60}$ 则可以增加塞贝克系数同时抑制体系的热导率。各组分界面处的能量过滤效应和声子散射效应则分别对塞贝克系数和热导率的优化产生积极影响。他们研究了不同 C$_{60}$ 和 rGO 含量对体系性能的影响，并最终获得最优功率因子为 32.4 μW/(m·K^2)。Kim 等在 PEDOT：PSS/graphene/MWCNT 三元复合体系中实现的最高功率因子则为 37.08 μW/(m·K^2)[53]。

Du 等比较了 GO(氧化石墨烯)、rGO 和 GQDs(石墨烯量子点)与 PEDOT：PSS 进行复合所得材料的热电性能差别，发现 PEDOT：PSS/GQDs 具有更高的热电性能[54]。他们认为石墨烯量子点与 PEDOT 分子链间的 π-π 相互作用以及与 PSS 间的静电相互作用，促使 PEDOT 与 PSS 之间产生有效的相分离，同时使 PEDOT 分子链排列更加有序，从而实现了更好的热电性能优化效果。

碲(Te)因其高塞贝克系数，经常被用作无机热电材料的掺杂剂，它与 PEDOT 复合同样取得了良好的效果。Urban 和 Segalman 等在 PEDOT：PSS 水溶液中原位制备 Te 纳米棒[28]，得到的复合材料具备高于任一单一组分的电导率，功率因子可达 70.9 μW/(m·K^2)(塞贝克系数 19.3 μV/K、电导率 163 S/cm)。反应过程中有机组分的存在被认为可以阻止 Te 纳米棒表面被氧化。同时，他们通过制备不同长度的 Te 纳米线、控制聚合物含量、不同的溶剂处理方式等手段，对 PEDOT：PSS/Te 纳米线的热电性能进行了优化[55]，最终得到的功率因子超过100 μW/(m·K^2)。随后他们在 Te 纳米线中引入 CuTe 合金亚相[29]，发现亚相的引入可以导致 Te 纳米线的形貌发生改变(由直变弯)，同时伴随产生的能量过滤效应使得塞贝克系数明显提高。通过对 Cu 含量的调控，可实现对复合物热电性能的优化。

与此同时，他们对 PEDOT：PSS/Te 体系的热电传输机制进行了研究。他们认为对于类似的有机/无机复合热电材料体系，载流子输运主要发生在有机组分中靠近有机/无机界面处的高导电区域[56]。随后根据实验结果和理论计算，他们基于PEDOT：PSS/Te 提出了新的复合体系输运机制及性能优化策略[18]。他们认为被广泛引用的能量过滤效应在热电性能优化中所起到的作用被过高估计。他们提出Te 纳米线的表面对于 PEDOT 分子链而言存在模板效应，PEDOT 分子会在 Te 纳米线表面更有序地排列，而 PSS 分子则没有体现出同样的倾向，这使得靠近界面处的有机组分展现出更高的载流子迁移率并提高了电导率。同时，界面处存在无机组分表面向 PEDOT 分子链的电子转移，对于 p 型的 PEDOT 而言起到去掺杂作用，从而导致塞贝克系数增大并伴随电导率稍有下降。这些因素共同作用使得复合材料的热电性能显著提升。基于此他们认为，类似 PEDOT：PSS/Te 纳米线的有机/无机复合材料体系，热电传输主要发生在界面附近的有机相中，而无机组分在界面处诱导的模板效应以及界面处电荷转移造成的去掺杂效应是复合体系性能提升的关键。

Bae 等利用硫酸对 PEDOT：PSS/Te 纳米棒复合物薄膜进行二次掺杂处理[9]，通过控制硫酸浓度(图 5-6)，可以将功率因子提高至 284 μW/(m·K^2)(塞贝克系数 114.97 μV/K、电导率 214.86 S/cm)。随后他们发现，在 PEDOT：PSS/Te 纳米棒中引入石墨烯或单壁碳纳米管，可以有效提高体系电导率，通过控制碳材料的加入量可以实现复合物功率因子的优化[57]。此外，他们认为单壁碳纳米管的优化效果优于石墨烯，因为碳纳米管的长管状结构可以更有效地在 PEDOT：PSS/Te 颗粒之间增加导电通道。

陈立东团队用 TeCl$_4$ 作为氧化剂，通过一步氧化聚合反应制备 PEDOT/Te 量子点复合材料[58]：TeCl$_4$ 氧化 EDOT 生成 PEDOT，Te^{IV} 变为 Te 量子点，同时引入 FeDBSA$_3$ 作为共氧化剂，最终生成 PEDOT：(DBSA/Cl)-Te 复合物。FeDBSA$_3$ 作为共氧化剂，不仅可以控制反应速率，同时 Fe^{III}/Te^{IV} 的比例还会影响 Te 的形貌，从而影响复合物的塞贝克系数。通过反应条件的调控与优化，可以获得连续、均匀的复合物薄膜，功率因子近 100 μW/(m·K^2)。Cantarero 等利用电化学手段发展了另一种制备 PEDOT/Te 复合物的高效方法[59]：先利用电化学聚合方法制备

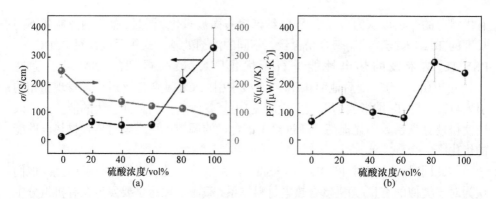

图 5-6　不同浓度硫酸处理后 PEDOT：PSS/Te 纳米棒的电导率和塞贝克系数(a)以及功率因子(b)[9]

PEDOT 薄膜，再以 PEDOT 薄膜为工作电极，在 PEDOT 之上再制备一层 Te 薄膜，最终得到的复合薄膜功率因子可达 320 μW/(m·K²)。他们认为与传统的溶液制备和性能优化方案相比，这种方法更适合高效的大规模工业化制备。

　　碲化铋(Bi₂Te₃)作为目前最成熟的无机热电材料体系之一，它与有机热电材料的复合自然受到了较多关注。Katz 等利用 PEDOT：PSS 与 Bi₂Te₃(p 型和 n 型)进行复合物薄膜的构筑方法和热电性能研究[60]。他们先将 Bi₂Te₃ 球磨、分散后，通过滴膜方式制备 Bi₂Te₃ 薄膜，再将 PEDOT：PSS 溶液滴加到 Bi₂Te₃ 薄膜上，形成 PEDOT：PSS/Bi₂Te₃ 复合物薄膜。通过这种方式，可以根据 Bi₂Te₃ 种类的不同分别得到 p 型和 n 型的复合物薄膜，功率因子分别超过(p 型)130 μW/(m·K²)和(n 型)80 μW/(m·K²)。他们指出在制备过程中，将球磨后的 Bi₂Te₃ 用盐酸进行预处理至关重要，因为可以去除 Bi₂Te₃ 表面的氧化层，从而获得更好的热电性能。Urban 等通过另一种策略，同样基于 PEDOT：PSS 和 Bi₂Te₃ 制备了 p 型和 n 型的复合物材料[20]。他们先在 Bi₂Te₃ 表面修饰 S²⁻，再将 PEDOT：PSS 与其混合，通过 Bi₂Te₃ 表面的 S²⁻ 与 PEDOT 分子链的化学相互作用使 PEDOT：PSS 紧密附着在 Bi₂Te₃ 上。随后针对 PEDOT：PSS 组分进行后处理(用甲酸或先甲酸后水合肼的处理方式)，即可获得 p 型或 n 型 PEDOT：PSS/Bi₂Te₃ 杂化材料，流程示意见图 5-7。通过对 Bi₂Te₃ 含量的控制，可以实现对复合材料功率因子的优化(图 5-7)。Du 等基于 PEDOT：PSS/Bi₀.₅Sb₁.₅Te₃ 体系，比较了成膜方式对复合材料热电性能的影响[61]。他们发现在将两种组分进行液相混合后，利用滴膜方式得到的复合物薄膜，其热电性能优于通过旋涂方式得到的复合物薄膜，而这种差别很可能源于不同成膜方式下引起的形貌差异。

　　Wang 等利用模板法制备了 Bi₂Te₃ 颗粒均匀分布在 PEDOT 中的复合物薄膜，并获得了优异的热电性能[1]。他们先通过模板制备不同大小但均匀分布的 Bi₂Te₃ 纳米颗粒阵列，再用气相聚合法制备 PEDOT 于 Bi₂Te₃ 纳米颗粒之上/间，最终得

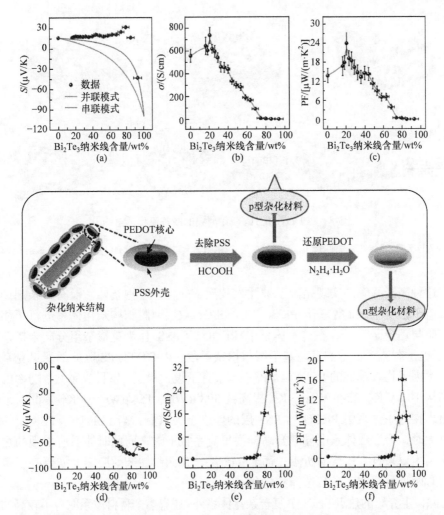

图 5-7　不同 Bi_2Te_3 含量下 p 型 PEDOT：PSS/Bi_2Te_3 的塞贝克系数(a)、电导率(b)和功率因子(c)；不同 Bi_2Te_3 含量下 n 型 PEDOT：PSS/Bi_2Te_3 的塞贝克系数(d)、电导率(e)和功率因子(f)[20]

中间图形为获得 p 型和 n 型 PEDOT：PSS/Bi_2Te_3 的流程示意图

到 PEDOT 与 Bi_2Te_3 纳米颗粒阵列构成的杂化薄膜材料，流程示意见图 5-8。得益于这种构筑方式中更理想的表面积/体积比，这种薄膜具有降低的热导率和良好的机械性能。Bi_2Te_3 纳米颗粒的直径和含量可以对杂化体系的热电性能产生显著影响，体系的功率因子可达 1350 $\mu W/(m \cdot K^2)$，热电优值最高为 0.58。

　　最近，在无机材料体系中常用的调制掺杂(modulation doping)方法也被应用于 PEDOT 杂化体系的热电性能优化。调制掺杂是指由两种半导体材料构成的体系中，载流子从重掺杂材料向另一种轻(不)掺杂材料转移并实现高迁移率的现

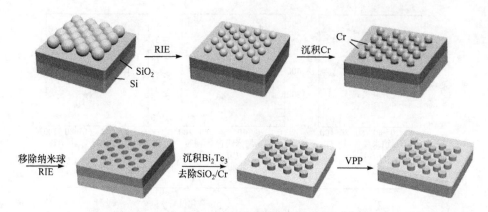

图 5-8 PEDOT/Bi₂Te₃ 杂化薄膜的制备流程示意图[1]

主要流程包括聚苯乙烯纳米球的图案化、利用反应离子刻蚀技术制作纳米孔洞阵列模板、蒸镀 Bi₂Te₃ 纳米颗粒阵列以及气相聚合法制备 PEDOT

象，这种高迁移率的实现是源于被注入载流子的轻（不）掺杂体系没有掺杂剂造成的载流子散射。Lee 等基于 PEDOT：PSS/Ge 双层薄膜结构杂化体系进行了相关的实验与理论研究[62]，在这一体系中 PEDOT：PSS 作为重掺杂组分向未掺杂的 Ge 层提供载流子。他们发现基于调制掺杂手段，PEDOT：PSS/Ge 的塞贝克系数和功率因子均较单纯的 PEDOT：PSS 体系有了极大提高，塞贝克系数、功率因子分别从 10 μV/K、3.5 μW/(m · K^2) 提高到 398 μV/K、154 μW/(m · K^2)。同时他们指出，在这一体系中 PEDOT：PSS 层的厚度至关重要，当 PEDOT：PSS 层的厚度过大时，会导致体系电导率升高，塞贝克系数下降，而此时体系所展现的热电性能则主要来自有机层的贡献，而非 Ge 层。在调制掺杂效应中，需要基于多个因素对两种材料体系进行选择和优化。

除以上介绍的热点 PEDOT 复合杂化体系外，还有多个材料体系取得了较高的热电性能。Ju 和 Kim 通过调节 SnSe 纳米片的比例，在 PEDOT：PSS/SnSe 纳米片复合薄膜中实现了近 400 μW/(m · K^2) 的功率因子[63]。陈立东等报道的 PEDOT：PSS/Cu₂Se 体系功率因子也可以达到 398.7 μW/(m · K^2) (418K)[30]。此外，聚乙烯醇、聚氨酯等绝缘材料也被应用于 PEDOT 复合体系用以提高材料的机械性能[64, 65]。

5.3 基于聚苯胺的复合与杂化材料

早期的聚苯胺复合/杂化体系并未展现出较高的热电性能[66-70]，得益于聚苯胺自身电导率的逐步提高及其易制备、性能稳定等特点，基于聚苯胺的复合/杂化材料热电性能研究在近年来始终得到持续关注。

2011 年，Toshima 等利用聚苯胺和碲化铋制备杂化材料[71]，虽然碲化铋的引入使复合体系具备高于聚苯胺的功率因子，但显然其热电性能远低于经典的无机碲化铋体系。近年来，Deng 等通过将碲纳米棒同聚苯胺在液相中进行混合，制备 PANI/Te 纳米棒复合物[72]，通过调节碲纳米棒的含量，可以将室温功率因子优化至 105 μW/(m·K²)。随后他们将碲替换为硫化铋，制备了 PANI/硫化铋纳米棒复合物[73]，与 PANI/Te 不同，PANI/硫化铋经过退火处理可以实现 n 型热电性能，且 p-n 转变温度与硫化铋含量相关。

近年来，基于聚苯胺的复合/杂化体系的发展，更多聚焦于聚苯胺与碳纳米管、石墨烯的复合材料上。Meng 等[74]指出基于聚苯胺原位聚合得到的 PANI/CNT 复合材料，其塞贝克系数高于两种单一组分，他们将这种提高归结为 PANI 与 CNT 界面处的能量过滤效应。通过进一步优化组分间的比例，功率因子可优化至 5 μW/(m·K²)。陈立东团队通过原位聚合方法制备 PANI/SWCNT，并通过调节 SWCNT 含量优化材料的热电性能，粉末压块材料的功率因子和热电优值最高分别为 20 μW/(m·K²) 和 0.004[75]。随后，他们通过将 PANI 和 SWCNT 在间甲酚中混合并成膜，得到的复合物薄膜功率因子达到 176 μW/(m·K²)，混合过程中聚苯胺分子通过与碳纳米管的 π-π 相互作用有序排列在碳纳米管外壁，被认为是热电性能提升的关键因素[10]。通过相似的复合手段，Yu 等基于 PANI/DWCNT 实现了最高为 220 μW/(m·K²) 的功率因子。2016 年，陈立东等结合原位聚合方法与优化的溶液加工工艺，进一步提升了 PANI/SWCNT 的热电性能[76]：通过控制 SWCNT 的含量（图 5-9），薄膜的功率因子可以达到 217 μW/(m·K²)（电导率达到 1440 S/cm）。除此之外，他们还将电纺丝技术引入到 PANI/CNT 的制备过程中，以改善复合材料中的分子有序性[77]。需要指出的是，碳纳米管特殊的一维结构在 PANI/CNT 复合体系中容易引起材料的各向异性[78]，这在材料的表征和应用中都需要引起注意。

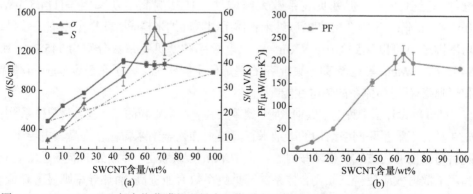

图 5-9　PANI/SWCNT 复合物薄膜的电导率和塞贝克系数随 SWCNT 含量的变化（a）；相应的功率因子随 SWCNT 含量的变化（b）[76]

除通过苯胺/聚苯胺与碳纳米管之间的 π-π 相互作用，对碳纳米管进行基团修饰同样可以促进二者之间的紧密连接和有序排列。He 等先将碳纳米管进行氨基修饰（A-CNT），再进行聚苯胺的原位聚合，得到 PANI/A-CNT[79]。他们发现氨基修饰不仅可以使碳纳米管在溶液中具备更好的分散性，同时也可以使聚苯胺更好地连接在碳纳米管上，实现二者更紧密的接触，从而有利于载流子的高效传输。通过调节掺杂剂比例对聚苯胺的掺杂水平进行系统调节，可以使 PANI/A-CNT 的功率因子达到 401 $\mu W/(m \cdot K^2)$。这种对碳材料的官能团修饰，同样被用在聚苯胺/石墨烯复合材料中[80]。

同聚苯胺/碳纳米管复合材料一样，聚苯胺与石墨烯的复合材料也可以通过多种手段进行制备，如液相混合[81]、原位聚合[3, 4]、固相机械混合[82]等，复合手段的不同同样会对材料性能产生影响。蔡克峰和陈立东等分别比较了液相混合成膜和粉末压块两种处理方式对聚苯胺/石墨烯热电性能的影响[81, 83]，他们都发现液相混合后再加工成薄膜，可以使聚苯胺/石墨烯材料获得更高的热电性能，这与聚苯胺/碳纳米管中发现的规律相一致，源于溶液分散混合过程中，聚苯胺分子从更扭曲、更紧密向更延展、更分散的形态转变。而陈立东等进一步比较了液相混合与原位聚合对聚苯胺/石墨烯复合材料热电性能的影响[27]。他们发现原位聚合可以使复合物实现更高的功率因子，最高可达 55 $\mu W/(m \cdot K^2)$，电导率和塞贝克系数分别为 814 S/cm 和 26 $\mu V/K$。他们认为原位聚合可以使聚苯胺更有序地排列在石墨烯表面，同时与石墨烯之间存在更强的相互作用。

为了进一步提升聚苯胺/碳材料复合体系的热电性能，可以引入第三种材料构筑三元复合体系。第三种组分的引入，或会增加体系界面，增强能量过滤效应、提高塞贝克系数，或可以改善原有两种组分的接触，提高载流子迁移率，从而起到优化体系热电性能的作用。He 等将二氧化钛引入到聚苯胺/碳纳米管体系[84]，虽然电导率受到影响，但塞贝克系数大幅增加，成功提高了功率因子[114.5 $\mu W/(m \cdot K^2)$]。陈立东等在聚苯胺/碳纳米管体系引入碲纳米棒[85]，获得了相似的效果，功率因子也可以达到 101 $\mu W/(m \cdot K^2)$（电导率和塞贝克系数分别为 345S/cm 和 54 $\mu V/K$）。Wang 等在聚苯胺/聚吡咯/石墨烯体系同样也取得了高于聚苯胺/石墨烯和聚吡咯/石墨烯体系的热电性能[86]。

Cho 等设计了一种基于碳纳米管、聚苯胺和金纳米颗粒的三元复合材料体系[87]：先在具有三维互联网络结构的碳纳米管薄膜上加入金纳米颗粒，提高其电导率；随后通过抽滤的方式使聚苯胺附着在金纳米颗粒/碳膜上。界面处的能量过滤效应和声子散射效应使得三元复合体系的塞贝克系数有所提高，而热导率则显著降低，最终使三元复合体系的热电优值达到 0.203，高于碳膜或金纳米颗粒/碳膜复合的二元材料。与之形成对比的是，对于 P3HT 参与的具有相同构建策略的三元复合体系，由于塞贝克系数和电导率均有所降低，其热电优值相对较低。他们认为 P3HT 与碳纳米管间的 π-π 相互作用较弱是造成这种情况的主要原因。

　　2015 年，Grunlan 等引入了一种更复杂的手段构筑基于聚苯胺的三元复合材料[11]。他们先按照聚苯胺/石墨烯/聚苯胺/双壁碳纳米管的顺序，通过层层组装的方法构筑四层复合结构，再将这种四层结构循环重复构建，最终得到基于三种成分的层层组装复合"厚膜"[厚度随四层结构重复次数的增加而增加，流程示意见图 5-10(a)]。他们认为在这种复合结构中，聚苯胺包覆在碳纳米管外层形成有序排列，同时与石墨烯结构相互连接，可以形成更高效的三维载流子传输网络[示意见图 5-10(b)]，因而使体系的载流子迁移率大幅提高，同时优化了体系的电导率和塞贝克系数。四层结构循环次数与热电性能的关系见图 5-11，在由 40 个四层结构循环构筑得到的聚苯胺/石墨烯/聚苯胺/双壁碳纳米管复合材料中，实现了极高的功率因子[1825 μW/(m·K²)]。而这一性能显著高于同样循环次数下的聚苯胺/石墨烯或聚苯胺/双壁碳纳米管复合材料(图 5-11)。

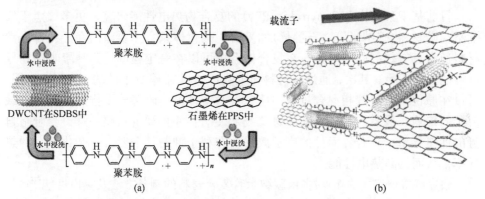

(a)　　　　　　　　　　　　　　　　(b)

图 5-10　聚苯胺/石墨烯/聚苯胺/双壁碳纳米管复合材料的制备流程示意图(a)和载流子传输示意图(b)[11]

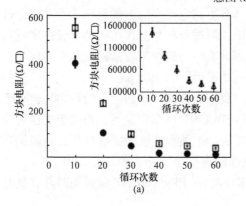

(a)

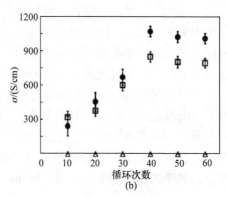

(b)

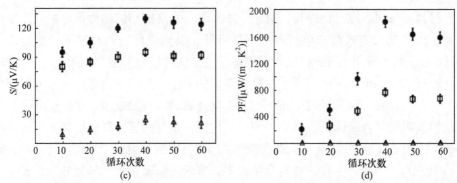

图 5-11 "双层-循环"结构的聚苯胺/石墨烯（△）、聚苯胺/双壁碳纳米管（□），以及"四层-循环"结构的聚苯胺/石墨烯/聚苯胺/双壁碳纳米管（●）复合材料在不同双/四层复合结构循环构筑次数下的方块电阻(a)、电导率(b)、塞贝克系数(c)和功率因子(d)[11]

5.4 基于聚吡咯的复合与杂化材料

目前基于聚吡咯（polypyrrole，PPy）的复合物热电性能研究，更多聚焦于聚吡咯与碳材料（碳纳米管、石墨烯）的复合、杂化体系，主要原因在于：首先碳材料通常具有较高的电导率，在复合体系中可以在一定程度上弥补聚吡咯在导电性能上的不足；其次，通过碳材料与吡咯单体/聚吡咯分子链的 π-π 相互作用，可以在原位聚合或液相混合过程中使二者紧密接触、改善分子排列，有利于载流子的传输；最后，与其他聚合物/碳材料复合体系的研究策略一样，聚吡咯自身的低热导率，结合界面处的声子散射，有利于抑制整个复合、杂化体系的热导率，从而提高热电性能。

蔡克峰等研究了聚吡咯/多壁碳纳米管复合材料的制备方法及热电性能[88, 89]。他们通过聚吡咯的原位聚合制备对甲苯磺酸掺杂的聚吡咯/多壁碳纳米管复合材料，并通过调节二者的比例对体系的热电性能进行优化[88]。复合体系的电导率显著高于单纯的聚吡咯材料，一方面因为具有更高电导率的多壁碳纳米管对输运过程做出贡献，另一方面在原位聚合过程中，通过 π-π 相互作用碳纳米管在聚吡咯的原位聚合过程中起到了模板的作用，使聚吡咯与碳纳米管紧密接触并实现更有序的分子排列。经过优化，该复合材料的功率因子为 2.08 $\mu W/(m \cdot K^2)$。

在原位聚合制备复合材料的过程中，反应介质及"添加剂"的种类均会对产物的热电性能产生影响。陈光明等在 PPy/SWCNT 体系中发现，相比于水作为反应介质，"水+乙醇"的组合可以得到形貌更加平整和连续的聚吡咯[90]；而碳纳米管的含量同样对复合材料的热电和机械性能有显著影响。经优化，PPy/SWCNT 复合物薄膜的功率因子可达 20 $\mu W (m \cdot K^2)$ 左右。PPy/SWCNT 薄膜同时具有良好的机械性能：最小卷曲半径小于 0.6 mm，同时在弯曲、拉伸等状态下均可保持热电性能的稳定性(图 5-12)。他们还利用十二烷基磺酸钠(SDS)作为稳定剂在水中分散 rGO，并通过原位聚合反应制备聚吡咯，得到聚吡咯包覆 rGO 纳米片的复合材料体系[91]。他们发现 SDS 不仅可以使 rGO 在水中更稳定地分散，同时起到加快吡咯聚合速率、提高聚吡咯电导率的作用。该复合体系的功率因子高于单纯的聚吡咯和 rGO，达到 3 μW/(m·K²)。随后，他们用两亲分子十六烷基三甲基溴化铵(CTAB)代替 SDS，得到聚吡咯纳米线(CTAB 充当"软模板")包覆 rGO 纳米片的复合体系，二者的紧密接触及共同构筑的三维传输网络，同样提升了复合体系的热电性能[92]。

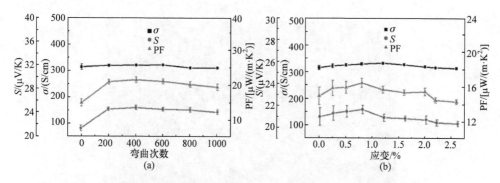

图 5-12　聚吡咯/单壁碳纳米管薄膜在弯曲(a)和拉伸(b)状态下的热电性能[90]

虽然目前聚吡咯/碳材料复合体系的热电性能无法划归优秀之列，但已经有研究展示了相关材料的应用潜力：Ha 等基于聚吡咯/石墨烯/聚二甲基硅氧烷复合体系构筑了"压力-温度"多功能传感器，其中利用材料的热电效应可实现高精度的温度传感[93]。与此同时，聚吡咯同经典无机热电材料碲化铋构成的杂化材料体系，同样可以获得很高的热电优值[1.21(373 K)，n 型，热导率为 0.7 W/(m·K)][12]。

5.5　基于金属有机配合物的复合与杂化材料

随着朱道本课题组基于金属有机配位聚合物 poly(M-ett)体系实现了高达 0.3 的 n 型热电性能[94]，该体系在有机热电领域的潜力逐步显现。与此同时，为了进一步优化其热电性能、提升材料的可加工性，研究者基于此体系开始了复合材料的制备方法及热电性能研究。

为了解决 poly(M-ett)溶解性差、无法溶液加工的问题，朱道本等将 poly(M-ett)与可溶性高分子材料 PVDF 球磨混合制备 poly(M-ett)/PVDF 复合物，且复合物可以通过喷墨打印技术成膜[95]。在经过多种手段的热电性能优化后（形貌调控、不同组分比例、热处理温度等），他们利用 poly（Cu-ett）/PVDF（p 型）和 poly（Ni-ett）/PVDF（n 型）经喷墨打印技术构建了包含六组 p-n 热电偶的柔性热电器件（图 5-13）：在 25 K 的温差下，开路电压可达 15 mV。随后 Yee 等基于优化的 poly（Ni-ett）合成条件及后处理方式，在 poly（Ni-ett）/PVDF 薄膜材料中获得了近 23 μW/（m·K^2）的功率因子[96, 97]。

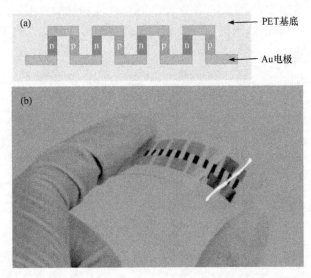

图 5-13　基于 poly（Cu-ett）/PVDF（p 型）和 poly（Ni-ett）/PVDF（n 型）的柔性热电器件的结构示意图（a）和光学照片（b）[95]

Toshima 等基于 poly（M-ett）进行了三元复合材料 poly（Ni-ett）/CNT/PVC 的制备与热电性能研究[98, 99]。在他们的设计思路中，碳纳米管为整个复合体系提供高电导，poly（Ni-ett）纳米颗粒起到改善碳纳米管之间接触、促进载流子输运的作用，而 PVC 作为绝缘组分则在体系中起到降低热导率、提升材料可加工性的作用。他们发现，虽然 poly（Ni-ett）具有 n 型热电特性，但复合材料体系呈现出 p 型热电性能，且电导率与碳纳米管的比例密切相关（塞贝克系数则受其影响较小）。此外，他们发现溶剂（甲醇）处理可以提升材料的热电性能。经优化，这个三元复合体系的功率因子可以达到 86.6 μW/（m·K^2）（340K）[99]。

最近，Bilotti 等基于 poly（Ni-ett）材料进行了具有优异拉伸性能的复合材料薄膜的制备与性能研究，并对其实际应用进行了具有启发性的探索[100]。他们将 poly（Ni-ett）同聚氨酯（polyurethane, Lycra）进行复合，得到极具拉伸性的复合薄膜：通过调控 poly（Ni-ett）的含量，薄膜在展现 n 型热电性能（塞贝克系数和电导率分别为−40 μV/K 和 10^{-2} S/cm）的同时，可以实现超过 500% 的拉伸应变。基于这一复合材料，他们又设计了一种全新的有机柔性热电器件构筑策略和方法：将 n 型 poly(Ni-ett)/Lycra 同 p 型 PEDOT：PSS/Lycra 通过热压方式交替连接在一起(无须无机材料辅助连接)，沿连接处折叠后再热压(需用聚氨酯薄膜进行绝缘保护)即可得到柔性热电原型器件(图 5-14)。利用这种柔性热电器件结构，他们设计了一种自供电传感器：通过手腕上的柔性热电器件进行温差发电，可以驱动手指上的运动探测器，侦测手指的伸曲活动。

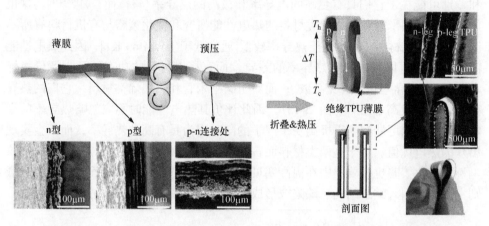

图 5-14　基于 n 型 poly(Ni-ett)/Lycra 与 p 型 PEDOT：PSS/Lycra 构筑柔性热电器件的流程示意图及相应部件的 SEM 和光学照片[100]

陈光明等基于金属有机配合物 PhC$_2$Cu 和单壁碳纳米管构建了具有优异热电性能的柔性复合材料[101]。他们通过"溶液混合-过滤成膜"的方式制备复合物，随着 PhC$_2$Cu 比例的增加，电导率会逐步降低，塞贝克系数则几乎不随两组分比例的变化而改变(为 55 μV/K 左右)；材料的功率因子最高达到 200 μW/(m·K^2)。在实现高热电性能的同时，PhC$_2$Cu/SWCNT 材料同样展示出良好的自支撑柔性。

5.6　基于碳材料的复合与杂化材料

5.6.1　碳材料的热电性能

20 世纪末和 21 世纪初，碳纳米管[102]和石墨烯[103]材料相继掀起的研究热潮，为具有悠久历史的碳材料家族注入了新的活力。因其独特的化学结构所带来的优异物理化学性质，碳纳米管、石墨烯等新型碳材料一跃成为广受关注的明星材料体系，在微电子、能源、生物传感等众多领域[104-107]具有很高的应用潜力。对于碳纳米管和石墨烯材料而言，尽管其热电相关性质（塞贝克系数、电导率、热导率）在 2010 年以前已经被研究和报道，但同有机热电材料一样，它们的热电性能及优化策略研究在 2010 年前后，随着有机材料的热电性能实现大幅提升才逐渐受到更多的关注，它们的热电性能也在日渐深入的研究中持续提高。

对于碳纳米管和石墨烯材料而言，与其他大部分有机材料相比，最大的特点和差别可能在于它们具有更高的电导率和极高的热导率（整体而言）[108-110]，这也使得针对碳纳米管和石墨烯类材料的热电性能研究和优化策略与有机材料有所不同：对于有机材料体系，由于热导率较低[通常低于 1 W/(m·K)]，因此热电性能的研究经常可以暂时忽略热导率的差异，而直接以材料的功率因子为评价指标（即只考虑电导率和塞贝克系数）；而对于碳纳米管和石墨烯类材料，它们的热导率可以达到极高水平[110]（图 5-15），因此评价其热电性能时不应忽略热导率的影响，因为它们可能在获得极高功率因子的同时因为具有高的热导率，而不会实现出众的热电优值。对于这两类材料而言，由于自身具有较高的电导率，因此其热电性能优化策略也主要集中在提高塞贝克系数和降低热导率上，而热导率的降低则主要依靠引入纳米结构、缺陷或形成复合/杂化体系来增强声子散射。

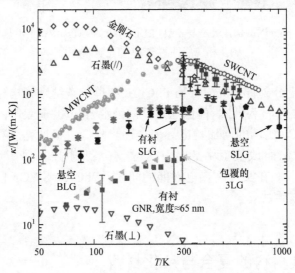

图 5-15　各种碳材料在不同温度下的热导率[110]

//和⊥分别表示沿石墨平面和垂直于平面的方向。SWCNT. 单壁碳纳米管；MWCNT. 多壁碳纳米管；SLG. 单层石墨烯；BLG. 双层石墨烯；3LG. 三层石墨烯；GNR. 石墨烯纳米带

1. 碳纳米管

1993 年，Iijima 和 Bethune 等分别发表了成功制备单壁碳纳米管的研究成

果[111, 112]，拉开了碳纳米管研究热潮的序幕。碳纳米管可以看成由石墨烯卷曲而成，主要由 sp^2 杂化碳原子相互连接成六边形网格结构的一维纳米材料。根据结构中包含石墨烯片层结构数目的多少，可以分为单壁碳纳米管、双壁碳纳米管和多壁碳纳米管。碳纳米管的一维纳米结构使其具备独特的光、电、热学性质，也在众多领域具备极高的应用价值[104]。

就热电性能而言，碳纳米管可以达到的高电导率(超过 10^3 S/cm)是其自身优势，但通常情况下呈现的低塞贝克系数(绝对值通常小于 10^2 μV/K)和高热导率则是其实现高热电性能需要克服的劣势。单根单壁碳纳米管的热导率可以达到 $10^3 \sim$ 10^4 W/(m·K)[109]，而巴基纸形态的碳纳米管的热导率则根据制备工艺、材料形貌及各向异性的差异，可以分布在 $10^{-1} \sim 10^2$ W/(m·K)[108]。与单根碳纳米管相比，聚集态碳纳米管的热导率主要因为碳纳米管间接触时产生的声子散射而显著降低。

单壁碳纳米管的结构(直径和手性)会对其输运性质产生影响，呈现半导体(s-SWCNT)或金属性(m-SWCNT)。根据理论研究，s-SWCNT 的本征塞贝克系数高于 m-SWCNT，甚至可以超过 2000 μV/K[113]；而 s-SWCNT 的本征电导率则低于 m-SWCNT[114]，但可根据掺杂进行改善。这种输运性能差异是单壁碳纳米管热电性能优化和调控中需要考虑的因素，而在常规制备手段下，未经分离处理的单壁碳纳米管通常是二者的混合物。Piao 等[115]和 Nakai 等[116]的研究结果都表明，s-SWCNT 的塞贝克系数远高于 m-SWCNT。2016 年，Blackburn 等对单壁碳纳米管的热电性能进行了系统的理论与实验研究[117]。他们利用密度泛函理论研究了 SWCNT 中手性、直径、电子结构对塞贝克系数的影响，计算表明通过优化，s-SWCNT 的塞贝克系数可以超过 1000 μV/K，远高于 m-SWCNT。同时，他们利用高分子辅助进行 s-SWCNT 的选择性分离，并对 s-SWCNT 薄膜的热电性能进行了优化。通过精确控制掺杂对电子带隙进行调控，薄膜的功率因子最高达到 340 μW/(m·K²)(电子带隙为 $1.1 \sim$ 1.2 eV)。同时他们发现掺杂手段不仅有效提高了材料的电导率，同时还降低了热导率。他们将原因归结为掺杂后增强的声子散射，同时也指出这一现象说明即使在高掺杂条件下，声子热导仍然是 SWCNT 薄膜传热的主要贡献。与此同时，这些现象都表明掺杂的合理调控可以有效优化 s-SWCNT 的热电性能[117]。

就影响因素而言，碳纳米管的种类、掺杂情况、制备手段等都会影响材料的宏观热电性能[118-120]。就优化策略而言，如前所述碳纳米管的塞贝克系数整体较低，热导率普遍偏高，因此提高塞贝克系数、降低热导率成为优化碳纳米管热电性能的重要手段。Small 等在早期进行了单根单壁碳纳米管的塞贝克系数电场调控探索[118]，这种策略(电场调控)后来也被应用于单壁碳纳米管薄膜的塞贝克系数调控，并可以实现 p-n 传输机制的转变[121,122]。Yan 等用 Ar 等离子体处理碳纳米管的巴基纸[123]，使其塞贝克系数和功率因子大幅提高(电导率降低)，功率因子最高可超过 120 μW/(m·K²)。最近，Nonoguchi 等通过简便的方法制备硼原子取代

(掺杂)的单壁碳纳米管薄膜，可以使电导率和塞贝克系数同时提升。结合化学掺杂手段，材料的功率因子最高可以达到 102 $\mu W/(m \cdot K^2)$，相比于未经取代和掺杂的 SWCNT 薄膜，其性能实现了超过 15 倍的提升[124]。对于热导率的优化，碳纳米管间的接触将显著影响材料中的声子散射和导热水平，在体系中加入低热导率的有机材料、构筑复合/杂化体系，成为获取低热导率、高热电性能的热门策略。

2016 年，解思深等利用浮动催化化学气相沉积法(floating catalyst chemical vapor deposition, FCCVD)制备连续网状结构的单壁碳纳米管薄膜[125]。与液相分散成膜方式相比，这种方式得到的薄膜，其内部碳纳米管间的接触更加紧密，而且不会因为超声分散或绝缘表面活性剂的加入导致结构缺陷或增大碳纳米管间的接触电阻，因而更有利于载流子的传输。该薄膜的电导率超过 3×10^3 S/cm，塞贝克系数则为 60～90 $\mu V/K$，面内热导率则为 40～50 W/(m·K)，最高功率因子为 2482 $\mu W/(m \cdot K^2)$，而热电优值因为较高的面内热导率则处于 10^{-2} 量级。他们指出，对于碳纳米管材料，热导率的准确测量至关重要，因为碳纳米管大的表面积使热导率测量过程中的热量散失(对流、辐射)不应被忽视，这些因素很可能会导致热导率测量的偏差(低估)和最终热电性能的高估。随后，他们利用同样的制备手段，通过聚亚乙基亚胺(polyethyleneimine, PEI)掺杂，获得了稳定、高效的 n 型热电性能[126]。通过调节 PEI 的掺杂浓度，体系的功率因子最高达到 1500 $\mu W/(m \cdot K^2)$，对应的塞贝克系数和电导率分别为–64 $\mu V/K$ 和 3630 S/cm，而且在近三个月的检测中都保持了良好的空气稳定性(未经封装)。与此同时，鉴于 FCCVD 方法可以同时制备稳定、高性能的 p 型和 n 型 SWCNT 材料，他们利用这一优势设计了一种高效方法用以构筑基于 SWCNT 的热电器件：在利用 FCCVD 方法制备大面积 SWCNT 薄膜后，通过掩模板将预定区域进行保护(形成 p 型 SWCNT 区域)，用 PEI 掺杂未保护区域得到 n 型 SWCNT 区域，再将薄膜沿 p-n 交界处进行折叠，即可得到具有折叠薄膜结构的柔性有机热电器件，流程示意见图 5-16。

碳纳米管材料由于被空气中氧气的掺杂而通常显示为 p 型热电性能，但经过 n 型掺杂剂的掺杂则可以呈现 n 型热电性能。一般而言，布朗斯特酸或路易斯酸可以实现单壁碳纳米管的 p 型掺杂，而布朗斯特碱或路易斯碱则可以进行 n 型掺杂[108]；成功的 p 型掺杂需要掺杂剂的电子亲和能大于单壁碳纳米管的电离势，而 n 型掺杂则需要掺杂剂的电离势小于单壁碳纳米管的电子亲和能[108]。

Nonoguchi 等研究了 33 种掺杂剂对单壁碳纳米管热电性能的影响[127]，在其中 18 种掺杂剂的掺杂下，单壁碳纳米管可以呈现 n 型热电性能。这 18 种掺杂剂包括含有氨基、亚胺基的化合物，以及多种膦类化合物(图 5-17，因篇幅有限，掺杂剂的全称及结构请参考相关文献[127])。同时他们发现膦类掺杂剂掺杂下的 n 型单壁碳纳米管具有很高的空气稳定性，其中 tpp(三苯基膦)和 dppp[1,3-双(二苯膦)丙烷]掺杂的单壁碳纳米管薄膜的功率因子可达 25 $\mu W/(m \cdot K^2)$。

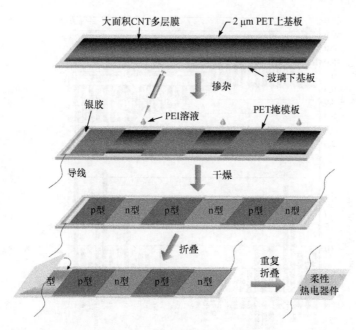

图 5-16　通过浮动催化化学气相沉积法制备单壁碳纳米管薄膜并通过选区 n 型掺杂构筑基于单
壁碳纳米管的柔性热电器件的流程示意图[126]

在 n 型碳纳米管材料的研究中，良好的稳定性也是研究者追求的重要目标之一。Nakashima 等将 $CoCp_2$ 封装进单壁碳纳米管，实现了稳定的 n 型掺杂[128]。对于未掺杂 $CoCp_2$ 的单壁碳纳米管薄膜，空气中氧气的掺杂使其自然而然地显示出 p 型热电性能；当把 $CoCp_2$ 插入单壁碳纳米管内壁后，$CoCp_2$ 的掺杂使单壁碳纳米管薄膜转而呈现 n 型热电性能。除了塞贝克系数符号的转变，$CoCp_2$@SWCNT 薄膜的电导率也大幅度提高近 10 倍，使得 n 型薄膜的功率因子也明显高于 p 型。由于 $CoCp_2$ 被插入（封装于）碳纳米管内壁，碳纳米管自身成为封装材料，阻隔了 $CoCp_2$ 和空气中的氧气，因而获得了稳定的 n 型热电性能。

利用掺杂剂进行化学掺杂可以使有机材料获得 n 型热电性能，这种方式的优势在于操作简便、有利于柔性材料的大面积制备。而电场调控作为有机半导体材料的常用性能调控手段，同样可以用来进行有机热电材料的性能调控（包括实现 n 型热电性能），而这种手段可以实现费米能级的精确调控，从而更细致地调节材料的输运性能。Yanagi 等利用离子液体作为双电层，通过双电层晶体管[129]（electric double layer transistor）对单壁碳纳米管薄膜的热电性能进行调控，并成功实现了材料塞贝克系数的 p-n 转变。随后 Shimizu 等采用相近手段同样对金属态单壁碳纳米管薄膜的热电性能进行了基于双电层晶体管的电场调控，并观察到了碳纳米管材料中多子带（multi-subband）结构的第一个热电性能证据[122]。

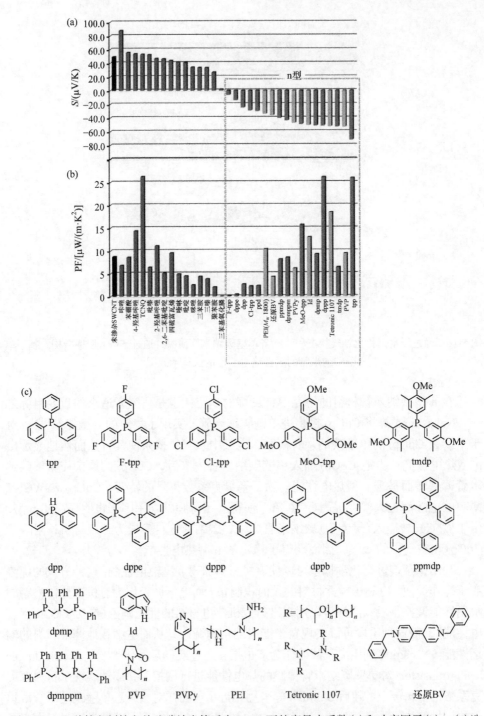

图 5-17　33 种掺杂剂掺杂单壁碳纳米管后在 310K 下的塞贝克系数(a)和功率因子(b)；(c)选用的 n 型掺杂剂的分子结构式[127]

2. 石墨烯

随着 2010 年之后有机半导体材料的热电性能逐步提升[130-132]，石墨烯的热电性能和相关效应[133, 134]也引起了更多的关注和研究。Sevinçli 等通过理论计算指出，经过纳米结构设计与优化的石墨烯纳米带，热导率可以降低 98.8%，从而使热电优值提高至 3.25(800K)[135]。

Ajayan 和 Yan 等利用氧等离子体处理少数层石墨烯[136]：石墨烯的塞贝克系数从 80 μV/K 提高至 700 μV/K(575K)左右，他们把这种现象归结为等离子体处理后在少数层石墨烯中引入的结构无序和缺陷对电子结构的影响；虽然电导率随之降低(从 400~500 S/cm 降低到 200~300 S/cm)，但功率因子成功从原始状态的 320 μW/(m·K^2)提高至 4500 μW/(m·K^2)左右。

石墨烯材料通常具有较高的热导率，因此在提高功率因子的同时降低热导率成为提高石墨烯热电性能的重要策略。经过纳米结构优化的石墨烯纳米带通常被认为具有大幅度降低的热导率，从而有利于获得高热电性能[137-139]。Son 等利用相近策略成功制备了石墨烯纳米网(nanomeshes)，使材料的热导率大幅度降低[140]。他们利用嵌段共聚物的自组装和反应离子刻蚀(RIE)技术制备具有特定多孔状结构的石墨烯纳米网。这种纳米结构的形成增强了材料内的声子散射，从而在获得理想电导率和塞贝克系数的同时实现了较低的热导率[受网状结构形貌影响，可低至 78 W/(m·K)]。

与石墨烯相比，氧化石墨烯通常具有较低的热导率，且因其含有大量官能团而具有更好的溶液加工性能。但氧化石墨烯的电导率较低，阻碍了其在热电转换领域的应用，将氧化石墨烯还原通常可以有效提高其电导率[141]。Kim 等通过控制氧化石墨烯的还原程度，进行电导率和塞贝克系数的调控[142]：随着还原程度的增加，电导率显著提高且伴随塞贝克系数降低。

Drew 和 Hu 等利用高温(3300 K)还原处理氧化石墨烯[143]，使电导率得到大幅度提高，可以达到 1450 S/cm(室温)，约为 1000 K 下还原氧化石墨烯的 300 倍(5 S/cm)。与此同时，高温还原后的氧化石墨烯(HT-rGO)展现出了极高的热电转换工作温度[图 5-18(b)]，在 3000K 的温度下功率因子仍接近 10^3 μW/(m·K^2)[图 5-18(a)]，其中电导率达到 4000 S/cm 左右，塞贝克系数近 50 μV/K。这一工作温度甚至超过众多经典"高温区"无机热电材料。而材料的最高功率因子可达 5450 μW/(m·K^2)。这一结果展示了石墨烯类材料在高温环境热电转换的潜力。

除逐步提升的热电性能外，石墨烯类材料在实际应用中的优势也逐渐显露。林时胜等实现了超 2 m 自支撑柔性石墨烯薄膜的准工业级制备[144]，同时利用掺杂手段进行费米能级调控，优化材料的热电性能，功率因子可达 840 μW/(m·K^2)。

3. 富勒烯

富勒烯及其衍生物已在催化、光伏、气体存储等多个领域展现出较大的应用

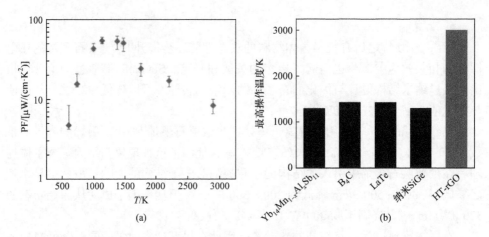

图 5-18 (a) 高温还原氧化石墨烯在不同温度下的功率因子；(b) 高温还原氧化石墨烯和若干无机热电材料的工作温度对比[143]

潜力。2011 年，Adachi 等利用 Cs_2CO_3 界面掺杂 C_{60}[145]，使功率因子最高达到 20.5 $\mu W/(m \cdot K^2)$（电导率最高为 8.6 S/cm，塞贝克系数在−100 $\mu V/K$ 以上）。随后 Barbot 等采用共蒸镀方式对 C_{60} 进行 Cs_2CO_3 掺杂[146]，通过对掺杂程度的调控优化体系的热电性能，功率因子可达 28.8 $\mu W/(m \cdot K^2)$。为了提升与掺杂剂的混溶性、提高掺杂效率，Koster 等用亲水的三甘醇类侧链对富勒烯进行修饰，得到可溶液加工的富勒烯衍生物 PTEG-1[图 5-19(a)][147]。他们发现在 N-DMBI 掺杂 PTEG-1 的体系中，N-DMBI 主要分布在 PTEG-1 极性侧链所处的层空间之中，不会影响 PTEG-1 分子的 π-π 堆积，因而使二者具备良好的相溶性，从而实现高达 18%的掺杂效率。通过对掺杂浓度的调控，可以实现热电性能的有效优化[图 5-19(b)～(d)]：电导率最高为 2.05 S/cm,对应塞贝克系数为−284 $\mu V/K$,最大功率因子达到 16.7 $\mu W/(m \cdot K^2)$。

PCBM 作为 C_{60} 的衍生物具有更好的溶解性和更低的热导率，前者提供的加工性优势有利于对其进行热电性能研究，而后者则是优秀热电材料的特质之一。但 PCBM 的本征电导率较低，需要进行有效掺杂以获取理想的导电性能。为了提高掺杂效率、提升热电性能，Kemerink 等引入了一种新的掺杂策略[148]，通过"反向"的双层结构构建掺杂体系：先在基底上旋涂掺杂剂薄膜层再旋涂 PCBM 层。与传统的混溶掺杂方式相比，这种掺杂方式避免了薄膜内的相分离，使体系获得了更高的电导率和功率因子，功率因子最高可达 35 $\mu W/(m \cdot K^2)$。

5.6.2 基于碳材料的复合与杂化热电材料

由于在电输运上展现出的优异性质，碳纳米管、石墨烯被广泛用于复合/杂化热电体系的构筑，而它们的"合作者"既可以是有机材料，也可以是无机材料。

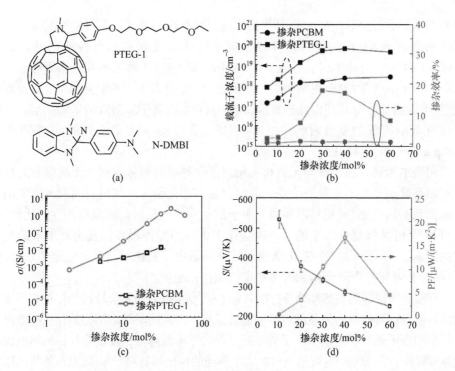

图 5-19　(a) PTEG-1 和 N-DMBI 的分子结构；不同掺杂浓度下 PTEG-1 的载流子浓度和掺杂效率(b)、电导率(c)及塞贝克系数和功率因子(d)[147]

　　尽管在近年来的研究中，碳纳米管、石墨烯材料已经可以取得很高的功率因子[125, 126, 143]，但严格来说它们在现阶段还无法被划归高性能热电材料体系之列(由于通常具有高热导率，因此在获得高功率因子的同时可能无法获得相近水平的热电优值[108, 125])，因而与其他材料进行复合和杂化成为获得高热电性能的可行手段之一。在与有机材料构建复合材料体系时，现阶段的选择多为具有高热电性能的有机半导体体系，如 PEDOT、聚苯胺等。这些内容已在前面介绍。而在与无机材料进行复合时，选择的对象通常为经典的高性能无机热电材料(如碲化铋)，因而碳纳米管和石墨烯的加入通常扮演增加界面、降低热导率的角色。

　　在碳纳米管与有机材料构筑复合体系的过程中，溶液加工仍然是常用的处理手段，而在溶液加工的过程中，通常需要加入稳定剂(分散剂)来防止碳纳米管间的过度聚集。稳定剂的加入则会对体系的热电性能产生影响。Grunlan 等比较了半导体稳定剂和绝缘体稳定剂对于碳纳米管/聚乙酸乙烯酯复合材料热电性能的影响[149]，他们发现在使用半导体稳定剂时，复合体系的塞贝克系数可以实现 5 倍左右的提高，而功率因子则提高一个数量级。

　　有机小分子的溶液加工优势，使得它们可以更高效便捷地通过溶液加工手段与碳纳米管进行复合。Yin 等[150]指出，通过对有机小分子进行针对性的设计、合成，可以实现小分子/碳纳米管体系电子结构的优化和热电性能提升，其中 SWCNT/TCzPy 的功率因子可达 110 μW/(m·K²)左右。陈光明和王雷等通过研究证明小分子的化学结构(侧链种类、数量等)[151]、分散剂、各组分比例、后处理方式[152]等因素都会对其热电性能造成影响。其中，在基于单壁碳纳米管和叔胺基取代的吲哚酮构成的复合材料中[151]，实现了优异的 n 型热电性能[功率因子为 289 μW/(m·K²)(430K)]。

用碳纳米管、石墨烯与无机材料构筑复合热电材料体系时，无机组分的选择目前以高性能无机热电材料为主，如碲化铋、碲化铅等。碳材料的引入通常用于降低体系的热导率(利用界面导致的声子散射)[13,23]。除目前展现出的性能优势外，碳材料/无机材料复合体系的另一优势在于更高的操作温度以及由此带来的更丰富的制备、加工手段；在有机/碳材料复合体系中，有机材料的热稳定性(通常较低)往往会限制整个复合体系的热稳定性和操作温度。

赵新兵等通过溶剂热和热压方法制备了锑化钴/石墨烯复合材料[153]。他们发现少量的石墨烯即可使复合体系的电导率显著提高，与此同时纳米结构的存在有效降低了材料的声子热导率。功率因子的提高伴随热导率的降低，使复合材料的热电优值大幅度提高，在 800K 时可达 0.61，高于单纯的锑化钴材料[153]。陈立东等将还原氧化石墨烯分别与 $Ce_yFe_3CoSb_{12}$ 和 $Yb_yCo_4Sb_{12}$ 复合，无机组分晶界处的石墨烯可以提高晶界间热阻，从而降低体系的热导率，提高热电优值：p 型 $Ce_yFe_3CoSb_{12}$/rGO 和 n 型 $Yb_yCo_4Sb_{12}$/rGO 的热电优值分别可以达到 1.06(700K)和 1.51(850K)[13]。

近年来，研究人员基于 Cu_2X(X=S、Se)/碳材料复合体系获得了很高的热电性能。李敬峰等结合机械合金化和放电等离子烧结(SPS)技术有效制备了 $Cu_{2-x}S$/石墨烯复合材料[154]，少量的石墨烯即可在 $Cu_{2-x}S$ 晶粒间形成有效的三维网络结构。伴随热导率的降低(石墨烯的引入使塞贝克系数升高、电导率降低，故功率因子与 $Cu_{2-x}S$ 处于同一水平)，复合体系的热电优值明显提高，在 873 K 时可以达到 1.56[功率因子和热导率分别为 1197 μW/(m·K²)和 0.67 W/(m·K)]。而王晓临等通过相似策略同样获得了优异的热电性能[24]：通过"球磨-熔融-淬火"方法制备了 Cu_2S/石墨烯复合材料，同样利用晶界处 Cu_2S 与石墨烯声子态密度(phonon density of states)失配，达到降低热导率、提高热电优值的目的，热电优值在 873 K 时可达 2.44[热导率为 0.4 W/(m·K)]。陈立东等将碳纳米管、铜粉、硒粉通过球磨技术进行混合，铜原子通过强的化学作用吸附于碳纳米管表面并与硒发生反应，使 Cu_2Se 纳米晶直接生长在碳纳米管表面，最后经过放电等离子烧结得到 Cu_2Se/CNTs 块材，流程示意见图 5-20[2]。两相界面处的声子散射使杂化体系的热导率显著降低[可低至 0.4 W/(m·K)左右]，从而使相应的热电优值有效提高，在 1000 K 时可达 2.4，较 Cu_2Se 提高约 30%。

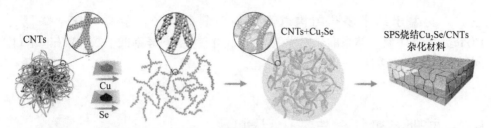

图 5-20　由碳纳米管、铜粉、硒粉制备 Cu₂Se/CNTs 杂化材料的流程示意图[2]

对于碳纳米管材料，由于空气中氧气的掺杂作用通常显示为 p 型热电性能，而通过有效的 n 型掺杂则可以使其转变为 n 型热电性能。Nonoguchi 和陈光明等分别利用多种有机小分子材料与碳纳米管构筑了 n 型复合热电材料体系，并获得了理想的热电性能[151, 155-157]。

碳材料与无机材料构成的复合/杂化体系，在获得稳定、高效的 n 型热电性能方面同样取得了瞩目的成果。唐新峰等通过原位制备 PbTe 纳米颗粒构筑 n 型 PbTe/石墨烯纳米复合材料[158]，其电导率高于 PbTe，而热导率则显著降低，热电优值在 670 K 可以达到 0.7[热导率为 0.7 W/(m · K)左右]。Li 和 Wang 等分别基于碲化铋/石墨烯量子点[159]和硫化钛/C₆₀[160]体系实现了 0.55(425 K)和 0.3(400 K)的热电优值，这两个体系的共同特点是，碳材料的加入虽然会带来电导率的下降，但热导率同样降低，且塞贝克系数提高，从而获得了更高的热电性能。

最近，邸凯平等设计了一种制备高性能柔性热电材料的新策略[14]：以单壁碳纳米管网络作为骨架，通过磁控溅射手段制备自支撑的柔性 Bi₂Te₃/SWCNT 复合材料，Bi₂Te₃ 纳米晶粒紧密附着在碳纳米管表面并呈现高度的有序性(图 5-21)。该复合材料的塞贝克系数为负，呈现 n 型热电性能，室温下的功率因子在 1600 μW/(m · K²)

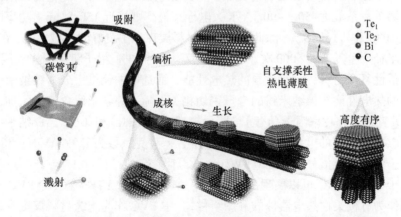

图 5-21　以单壁碳纳米管为骨架，通过磁控溅射技术制备 Bi₂Te₃/SWCNT 柔性复合热电材料的流程及结构示意图[14](见文末彩图)

左右。得益于纳米多孔结构以及界面引起的声子散射和热导率降低，Bi_2Te_3/SWCNT 复合体系的热电优值可达 0.89[室温，热导率低于 0.6 W/(m·K)]，同时具备良好的柔性。

5.7　其他有机复合与杂化材料

利用有机材料与无机材料构建复合体系是获得 n 性热电性能的有效途径。与有机掺杂体系相比，复合体系往往可以实现稳定的性能；与无机材料相比，则可以实现更小的质量和良好的柔性。Katz 等利用基于均苯四甲酸二酰亚胺的聚合物与原位生长的氯化锡微晶复合，得到的 n 型复合材料在室温下功率因子为 80 $\mu W/(m·K^2)$，热电优值达到 0.12[热导率为 0.2 W/(m·K)][161]。Koumoto 等设计了一种简单的"剥离-重组"策略制备基于二硫化钛和有机小分子(正己胺和 N-甲基甲酰胺)的具有超晶格结构的杂化薄膜材料，其在具备良好柔性的同时可以实现 210 $\mu W/(m·K^2)$ 的功率因子(n 型)[162]。在与 p 型材料 PEDOT：PSS 共同构筑的柔性热电器件中，70 K 的温差下可以实现 2.5 W/m^2 的功率密度输出。

在利用有机材料构筑复合、杂化热电体系时，除选取经典的有机热电或有机半导体材料外，有机绝缘材料同样可以参与复合材料的制备。在有机导电材料参与复合体系的构筑时，有机组分或作为载流子传输的主体，或改善体系的载流子输运并降低热导率；而当利用有机绝缘材料构筑复合体系时，则主要利用它们降低热导率，降低材料的密度(质量)、提升柔性。

Carroll 等利用铜掺杂的硒化铋纳米片与 PVDF 复合，得到柔性的自支撑复合物薄膜[22]。该材料呈现 n 型热电性能，塞贝克系数和电导率均随铜的掺杂浓度而改变；塞贝克系数为–50～–90 $\mu V/K$，电导率最高则接近 150 S/cm，功率因子最高可达 103.2 $\mu W/(m·K^2)$。除此之外，该材料展现出了良好的机械性能：在 2 mm 的弯曲半径下重复弯曲 5000 次，功率因子仅下降约 13%。梁子骐等同样利用 PVDF 获得了柔性复合材料，具有优异的热电性能，而选取的无机组分为镍纳米线[15]。该材料的热电性能与镍纳米线的含量密切相关，随着镍纳米线含量的增加，电导率、塞贝克系数和功率因子(n 型)均明显提高[图 5-22(a)和(b)]。当镍纳米线的含量为 80%时，薄膜的电导率可达 4701 S/cm，塞贝克系数为–20.6 $\mu V/K$；380 K 时功率因子和热电优值分别为 220 $\mu W/(m·K^2)$[图 5-22(c)]和 0.15。

由于 TTF-TCNQ 可以展现出稳定的 n 型热电性能，TTF：TCNQ/PVC 复合物常用来作为有机柔性热电器件的 n 型组件，其中 PVC 作为绝缘材料仅提升材料的可加工性。2008 年，Wüsten 等基于 TTF：TCNQ/PVC(n 型)和石墨/PVC(p 型)通过喷墨打印的方式构筑了第一个"三臂厚膜"原型热电器件(石墨/PVC、TTF：

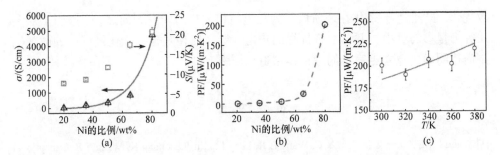

图 5-22　在 Ni/PVDF 复合物薄膜中不同镍纳米线含量下的电导率和塞贝克系数(a)以及功率因
子(b)；　80%镍纳米线含量下功率因子随温度的变化情况(c)[15]

TCNQ/PVC、石墨/PVC 依次连接)。基于原型热电器件的性能研究，他们预测在
6 cm×6 cm 大小的同类器件中可以实现 1 μW 的功率输出[163]。随后，在 Crispin 等
"创纪录"的 PEDOT∶Tos 热电性能研究中，TTF∶TCNQ/PVC 同样作为 n 型组
件与 PEDOT∶Tos(p 型)共同构筑了有机热电器件，在包含 54 组 p-n 热电偶的器
件中，10 K 的温差最高可以实现 0.128 μW 的功率输出[21]。

　　复合材料体系因为可以根据需求选取不同特性的材料，因而往往比单一组分
材料具备更好的机械性能或可加工性，从而更有利于进行热电性能以外、面向实
际应用需求(如加工方式、器件构筑等)的方法与策略研究。Rademann 等将氧化
亚铜、石墨、聚三氟氯乙烯进行复合得到具有 p 型热电性能的胶黏剂，将其注入
到软管中可以在软管两端实现温差发电[164]。

5.8　总结

　　在热电材料研究与开发的过程中，既需要优化材料的热电性能，即提高热电
优值，也需要提升材料的实用性，如降低成本、减小质量、提供柔性等。无论有
机材料还是无机材料，在这些问题的解决过程中都可能会面临困难和挑战。将两
种或更多种材料进行复合与杂化，可为以上问题的解决提供有效手段。通过选取
不同特点的材料进行复合与杂化，可以"扬长避短、优势互补"。例如，在有机材
料中引入高电导的碳材料或无机材料，可以弥补有机材料电导率低的劣势；而在
无机材料中加入有机组分则可以降低热导率、提升柔性。与此同时，复合与杂化
体系伴随界面的产生，往往会影响材料的聚集态、载流子输运机制等，从而实现
热电性能的进一步优化。两组分之间若存在强 π-π 相互作用，则会诱导界面附近
的分子实现更有序的排列，从而利于更高效的载流子输运；又如界面处潜在的声
子散射、能量过滤等效应，可以实现对热导率、塞贝克系数等热电性能参数的有

效优化。虽然复合/杂化在现阶段作为热电材料的热门研究方向之一，吸引了众多研究力量参与其中，并已实现优异的热电性能，但在复合、杂化过程中的微观机制尚待明确，建立更完善的理论体系迫在眉睫。

参 考 文 献

[1] Wang L M, Zhang Z M, Liu Y C, Wang B R, Fang L, Qiu J J, Zhang K, Wang S R. Exceptional thermoelectric properties of flexible organic-inorganic hybrids with monodispersed and periodic nanophase. Nat Commun, 2018, 9: 3817.

[2] Nunna R, Qiu P F, Yin M J, Chen H Y, Hanus R, Song Q F, Zhang T S, Chou M Y, Agne M T, He J Q, Snyder G J, Shi X, Chen L D. Ultrahigh thermoelectric performance in Cu_2Se-based hybrid materials with highly dispersed molecular CNTs. Energy Environ Sci, 2017, 10: 1928-1935.

[3] Xiang J L, Drzal L T. Templated growth of polyaniline on exfoliated graphene nanoplatelets (GNP) and its thermoelectric properties. Polymer, 2012, 53: 4202-4210.

[4] Zhao Y, Tang G S, Yu Z Z, Qi J S. The effect of graphite oxide on the thermoelectric properties of polyaniline. Carbon, 2012, 50: 3064-3073.

[5] Xu K L, Chen G M, Qiu D. Convenient construction of poly (3,4-ethylenedioxythiophene) - graphene pie-like structure with enhanced thermoelectric performance. J Mater Chem A, 2013, 1: 12395-12399.

[6] Zou H, Wu S S, Shen J. Polymer/silica nanocomposites: Preparation, characterization, properties, and applications. Chem Rev, 2008, 108: 3893-3957.

[7] Yu C, Choi K, Yin L, Grunlan J C. Light-weight flexible carbon nanotube based organic composites with large thermoelectric power factors. ACS Nano, 2011, 5: 7885-7892.

[8] Cho C, Wallace K L, Tzeng P, Hsu J H, Yu C, Grunlan J C. Outstanding low temperature thermoelectric power factor from completely organic thin films enabled by multidimensional conjugated nanomaterials. Adv Energy Mater, 2016, 6: 1502168.

[9] Bae E J, Kang Y H, Jang K S, Cho S Y. Enhancement of thermoelectric properties of PEDOT：PSS and tellurium-PEDOT：PSS hybrid composites by simple chemical treatment. Sci Rep, 2016, 6: 18805.

[10] Yao Q, Wang Q, Wang L M, Chen L D. Abnormally enhanced thermoelectric transport properties of SWNT/PANI hybrid films by the strengthened PANI molecular ordering. Energy Environ Sci, 2014, 7: 3801-3807.

[11] Cho C, Stevens B, Hsu J H, Bureau R, Hagen D A, Regev O, Yu C, Grunlan J C. Completely organic multilayer thin film with thermoelectric power factor rivaling inorganic tellurides. Adv Mater, 2015, 27: 2996-3001.

[12] Kim C, Baek J Y, Lopez D H, Kim D H, Kim H. Interfacial energy band and phonon scattering effect in Bi_2Te_3-polypyrrole hybrid thermoelectric material. Appl Phys Lett, 2018, 113: 153901.

[13] Zong P A, Hanus R, Dylla M, Tang Y S, Liao J C, Zhang Q H, Snyder G J, Chen L D.

Skutterudite with graphene-modified grain-boundary complexion enhances ZT enabling high-efficiency thermoelectric device. Energy Environ Sci, 2017, 10: 183-191.

[14] Jin Q, Jiang S, Zhao Y, Wang D, Qiu J H, Tang D M, Tan J, Sun D M, Hou P X, Chen X Q, Tai K P, Gao N, Liu C, Cheng H M, Jiang X. Flexible layer-structured Bi_2Te_3 thermoelectric on a carbon nanotube scaffold. Nat Mater, 2019, 18: 62-68.

[15] Chen Y N, He M H, Liu B, Bazan G C, Zhou J, Liang Z Q. Bendable n-type metallic nanocomposites with large thermoelectric power factor. Adv Mater, 2017, 29: 1604752.

[16] Wang H, Yu C. Organic thermoelectrics: Materials preparation, performance optimization, and device integration. Joule, 2019, 3: 53-80.

[17] Yu C, Choi K, Yin L, Grunlan J C. Light-weight flexible carbon nanotube based organic composites with large thermoelectric power factors. ACS Nano, 2011, 5: 7885-7892.

[18] Kumar P, Zaia E W, Yildirim E, Repaka D V M, Yang S W, Urban J J, Hippalgaonkar K. Polymer morphology and interfacial charge transfer dominate over energy-dependent scattering in organic-inorganic thermoelectrics. Nat Commun, 2018, 9: 5347.

[19] Chen G M, Xu W, Zhu D B. Recent advances in organic polymer thermoelectric composites. J Mater Chem C, 2017, 5: 4350-4360.

[20] Sahu A, Russ B, Su N, Forster J D, Zhou P, Cho E S, Ercius P, Coates N E, Segalman R A, Urban J J. Bottom-up design of *de novo* thermoelectric hybrid materials using chalcogenide resurfacing. J Mater Chem A, 2017, 5: 3346-3357.

[21] Bubnova O, Khan Z U, Malti A, Braun S, Fahlman M, Berggren M, Crispin X. Optimization of the thermoelectric figure of merit in the conducting polymer poly (3,4-ethylenedioxythiophene). Nat Mater, 2011, 10: 429-433.

[22] Dun C C, Hewitt C A, Huang H H, Xu J W, Zhou C J, Huang W X, Cui Y, Zhou W, Jiang Q K, Carroll D L. Flexible n-type thermoelectric films based on Cu-doped Bi_2Se_3 nanoplate and polyvinylidene fluoride composite with decoupled Seebeck coefficient and electrical conductivity. Nano Energy, 2015, 18: 306-314.

[23] Suh D, Lee S, Mun H, Park S H, Lee K H, Kim S W, Choi J Y, Baik S. Enhanced thermoelectric performance of $Bi_{0.5}Sb_{1.5}Te_3$-expanded graphene composites by simultaneous modulation of electronic and thermal carrier transport. Nano Energy, 2015, 13: 67-76.

[24] Li M, Cortie D L, Liu J X, Yu D H, Islam S M K N, Zhao L L, Mitchell D R G, Mole R A, Cortie M B, Dou S X, Wang X L. Ultra-high thermoelectric performance in graphene incorporated Cu_2Se: Role of mismatching phonon modes. Nano Energy, 2018, 53: 993-1002.

[25] Kim D, Kim Y, Choi K, Grunlan J C, Yu C. Improved thermoelectric behavior of nanotube-filled polymer composites with poly (3,4-ethylenedioxythiophene) poly (styrenesulfonate). ACS Nano, 2010, 4: 513-523.

[26] Xiong J H, Jiang F X, Shi H, Xu J K, Liu C C, Zhou W Q, Jiang Q L, Zhu Z Y, Hu Y J. Liquid exfoliated graphene as dopant for improving the thermoelectric power factor of conductive PEDOT : PSS nanofilm with hydrazine treatment. ACS Appl Mater Interfaces, 2015, 7: 14917-14925.

[27] Wang L M, Yao Q, Bi H, Huang F Q, Wang Q, Chen L D. PANI/graphene nanocomposite films

with high thermoelectric properties by enhanced molecular ordering. J Mater Chem A, 2015, 3: 7086-7092.

[28] See K C, Feser J P, Chen C E, Majumdar A, Urban J J, Segalman R A. Water-processable polymer-nanocrystal hybrids for thermoelectrics. Nano Lett, 2010, 10: 4664-4667.

[29] Zaia E W, Sahu A, Zhou P, Gordon M P, Forster J D, Aloni S, Liu Y S, Guo J H, Urban J J. Carrier scattering at alloy nanointerfaces enhances power factor in PEDOT : PSS hybrid thermoelectrics. Nano Lett, 2016, 16: 3352-3359.

[30] Lu Y, Ding Y F, Qiu Y, Cai K F, Yao Q, Song H J, Tong L, He J Q, Chen L D. Good performance and flexible PEDOT : PSS/Cu$_2$Se nanowire thermoelectric composite films. ACS Appl Mater Interfaces, 2019, 11: 12819-12829.

[31] He P, Shimano S, Salikolimi K, Isoshima T, Kakefuda Y, Mori T, Taguchi Y, Ito Y, Kawamoto M. Noncovalent modification of single-walled carbon nanotubes using thermally cleavable polythiophenes for solution-processed thermoelectric films. ACS Appl Mater Interfaces, 2019, 11: 4211-4218.

[32] He M, Ge J, Lin Z Q, Feng X H, Wang X W, Lu H B, Yang Y L, Qiu F. Thermopower enhancement in conducting polymer nanocomposites via carrier energy scattering at the organic-inorganic semiconductor interface. Energy Environ Sci, 2012, 5: 8351-8358.

[33] Bounioux C, Diaz-Chao P, Campoy-Quiles M, Martin-Gonzalez M S, Goni A R, Yerushalmi-Rozene R, Muller C. Thermoelectric composites of poly (3-hexylthiophene) and carbon nanotubes with a large power factor. Energy Environ Sci, 2013, 6: 918-925.

[34] Qu S Y, Wang M D, Chen Y L, Yao Q, Chen L D. Enhanced thermoelectric performance of CNT/P3HT composites with low CNT content. RSC Adv, 2018, 8: 33855-33863.

[35] Lee W, Hong C T, Kwon O H, Yoo Y, Kang Y H, Lee J Y, Cho S Y, Jang K S. Enhanced thermoelectric performance of bar-coated SWCNT/P3HT thin films. ACS Appl Mater Interfaces, 2015, 7: 6550-6556.

[36] Hong C T, Lee W, Kang Y H, Yoo Y, Ryu J, Cho S Y, Jang K S. Effective doping by spin-coating and enhanced thermoelectric power factors in SWCNT/P3HT hybrid films. J Mater Chem A, 2015, 3: 12314-12319.

[37] Hong C T, Kang Y H, Ryu J, Cho S Y, Jang K S. Spray-printed CNT/P3HT organic thermoelectric films and power generators. J Mater Chem A, 2015, 3: 21428-21433.

[38] Khim D, Han H, Baeg K J, Kim J, Kwak S W, Kim D Y, Noh Y Y. Simple bar-coating process for large-area, high-performance organic field-effect transistors and ambipolar complementary integrated circuits. Adv Mater, 2013, 25: 4302-4308.

[39] Kiefer D, Yu L Y, Fransson E, Gomez A, Primetzhofer D, Amassian A, Campoy-Quiles M, Müller C. A solution-doped polymer semiconductor: Insulator blend for thermoelectrics. Adv Sci, 2017, 4: 1600203.

[40] Dorling B, Ryan J D, Craddock J D, Sorrentino A, El Basaty A, Gomez A, Garriga M, Pereiro E, Anthony J E, Weisenberger M C, Goni A R, Müller C, Campoy-Quiles M. Photoinduced p- to n-type switching in thermoelectric polymer-carbon nanotube composites. Adv Mater, 2016, 28: 2782-2789.

[41] Sun J, Yeh M L, Jung B J, Zhang B, Feser J, Majumdar A, Katz H E. Simultaneous increase in Seebeck coefficient and conductivity in a doped poly (alkylthiophene) blend with defined density of states. Macromolecules, 2010, 43: 2897-2903.

[42] Zuo G Z, Liu X J, Fahlman M, Kemerink M. High Seebeck coefficient in mixtures of conjugated polymers. Adv Funct Mater, 2018, 28: 1703280.

[43] Liang Z M, Boland M J, Butrouna K, Strachan D R, Graham K R. Increased power factors of organic-inorganic nanocomposite thermoelectric materials and the role of energy filtering. J Mater Chem A, 2017, 5: 15891-15900.

[44] Wang H, Hsu J H, Yi S I, Kim S L, Choi K, Yang G, Yu C. Thermally driven large n-type voltage responses from hybrids of carbon nanotubes and poly (3,4-ethylenedioxythiophene) with tetrakis (dimethylamino) ethylene. Adv Mater, 2015, 27: 6855-6861.

[45] Choi K, Kim S L, Yi S I, Hsu J H, Yu C. Promoting dual electronic and ionic transport in PEDOT by embedding carbon nanotubes for large thermoelectric responses. ACS Appl Mater Interfaces, 2018, 10: 23891-23899.

[46] Culebras M, Cho C, Krecker M, Smith R, Song Y X, Gomez C M, Cantarero A, Grunlan J C. High thermoelectric power factor organic thin films through combination of nanotube multilayer assembly and electrochemical polymerization. ACS Appl Mater Interfaces, 2017, 9: 6306-6313.

[47] Xu K L, Chen G M, Qiu D. *In situ* chemical oxidative polymerization preparation of poly (3,4-ethylenedioxythiophene) /graphene nanocomposites with enhanced thermoelectric performance. Chem Asian J, 2015, 10: 1225-1231.

[48] Fan W S, Guo C Y, Chen G M. Flexible films of poly (3,4-ethylenedioxythiophene) /carbon nanotube thermoelectric composites prepared by dynamic 3-phase interfacial electropolymerization and subsequent physical mixing. J Mater Chem A, 2018, 6: 12275-12280.

[49] Song H J, Liu C C, Xu J K, Jiang Q L, Shi H. Fabrication of a layered nanostructure PEDOT∶ PSS/SWCNTs composite and its thermoelectric performance. RSC Adv, 2013, 3: 22065-22071.

[50] Kim G H, Hwang D H, Woo S I. Thermoelectric properties of nanocomposite thin films prepared with poly (3,4-ethylenedioxythiophene) poly (styrenesulfonate) and graphene. Phys Chem Chem Phys, 2012, 14: 3530-3536.

[51] Yoo D, Kim J, Kim J H. Direct synthesis of highly conductive poly (3,4-ethylenedioxythiophene) ∶ poly (4-styrenesulfonate) (PEDOT∶PSS) /graphene composites and their applications in energy harvesting systems. Nano Research, 2014, 7: 717-730.

[52] Zhang K, Zhang Y, Wang S R. Enhancing thermoelectric properties of organic composites through hierarchical nanostructures. Sci Rep, 2013, 3: 3448.

[53] Yoo D, Kim J, Lee S H, Cho W, Choi H H, Kim F S, Kim J H. Effects of one- and two-dimensional carbon hybridization of PEDOT∶PSS on the power factor of polymer thermoelectric energy conversion devices. J Mater Chem A, 2015, 3: 6526-6533.

[54] Du F P, Cao N N, Zhang Y F, Fu P, Wu Y G, Lin Z D, Shi R, Amini A, Cheng C. PEDOT∶ PSS/graphene quantum dots films with enhanced thermoelectric properties via strong interfacial interaction and phase separation. Sci Rep, 2018, 8: 6441.

[55] Yee S K, Coates N E, Majumdar A, Urban J J, Segalman R A. Thermoelectric power factor

optimization in PEDOT：PSS tellurium nanowire hybrid composites. Phys Chem Chem Phys, 2013, 15: 4024-4032.

[56] Coates N E, Yee S K, McCulloch B, See K C, Majumdar A, Segalman R A, Urban J J. Effect of interfacial properties on polymer-nanocrystal thermoelectric transport. Adv Mater, 2013, 25: 1629-1633.

[57] Bae E J, Kang Y H, Lee C, Cho S Y. Engineered nanocarbon mixing for enhancing the thermoelectric properties of a telluride-PEDOT：PSS nanocomposite. J Mater Chem A, 2017, 5: 17867-17873.

[58] Shi W, Qu S Y, Chen H Y, Chen Y L, Yao Q, Chen L D. One-step synthesis and enhanced thermoelectric properties of polymer-quantum dot composite films. Angew Chem Int Ed, 2018, 57: 8037-8042.

[59] Culebras M, Igual-Muñoz A M, Rodríguez-Fernández C, Gómez-Gómez M I, Gómez C, Cantarero A. Manufacturing Te/PEDOT films for thermoelectric applications. ACS Appl Mater Interfaces, 2017, 9: 20826-20832.

[60] Zhang B, Sun J, Katz H E, Fang F, Opila R L. Promising thermoelectric properties of commercial PEDOT：PSS materials and their Bi_2Te_3 powder composites. ACS Appl Mater Interfaces, 2010, 2: 3170-3178.

[61] Du Y, Cai K F, Chen S, Cizek P, Lin T. Facile preparation and thermoelectric properties of Bi_2Te_3 based alloy nanosheet/PEDOT：PSS composite films. ACS Appl Mater Interfaces, 2014, 6: 5735-5743.

[62] Lee D, Zhou J W, Chen G, Shoo-Horn Y. Enhanced thermoelectric properties for PEDOT：PSS/undoped Ge thin-film bilayered heterostructures. Adv Electron Mater, 2019, 5: 1800624.

[63] Ju H, Kim J. Chemically exfoliated SnSe nanosheets and their SnSe/poly（3,4-ethylenedioxythiophene）：poly（styrenesulfonate）composite films for polymer based thermoelectric applications. ACS Nano, 2016, 10: 5730-5739.

[64] Zhang T, Li K W, Li C C, Ma S Y, Hng H H, Wei L. Mechanically durable and flexible thermoelectric films from PEDOT：PSS/PVA/$Bi_{0.5}Sb_{1.5}Te_3$ nanocomposites. Adv Electron Mater, 2017, 3: 1600554.

[65] Taroni P J, Santagiuliana G, Wan K N, Calado P, Qiu M T, Zhang H, Pugno N M, Palma M, Stingelin-Stutzman N, Heeney M, Fenwick O, Baxendale M, Bilotti E. Toward stretchable self-powered sensors based on the thermoelectric response of PEDOT：PSS/polyurethane blends. Adv Funct Mater, 2018, 28: 1704285.

[66] Subramaniam C K, Kaiser A B, Gilberd P W, Wessling B. Electronic transport-properties of polyaniline PVC blends. J Poly Sci Part B, 1993, 31: 1425-1430.

[67] Yoon C O, Reghu M, Moses D, Heeger A J, Cao Y. Electrical transport in conductive blends of polyaniline in poly（methyl methacrylate）. Synth Met, 1994, 63: 47-52.

[68] Subramaniam C K, Kaiser A B, Gilberd P W, Liu C J, Wessling B. Conductivity and thermopower of blends of polyaniline with insulating polymers （PETG and PMMA）. Solid State Commun, 1996, 97: 235-238.

[69] Sanjai B, Raghunathan A, Natarajan T S, Rangarajan G, Thomas S, Prabhakaran P V,

Venkatachalam S. Charge transport and magnetic properties in polyaniline doped with methane sulphonic acidand polyaniline-polyurethane blend. Phys Rev B, 1997, 55: 10734-10744.

[70] Jousseaume V, Morsli M, Bonnet A, Tesson O, Lefrant S. Electrical properties of polyaniline-polystyrene blends above the percolation threshold. J Appl Poly Sci, 1998, 67: 1205-1208.

[71] Toshima N, Imai M, Ichikawa S. Organic-inorganic nanohybrids as novel thermoelectric materials: Hybrids of polyaniline and bismuth(Ⅲ)telluride nanoparticles. J Electron Mater, 2011, 40: 898-902.

[72] Wang Y, Zhang S M, Deng Y. Flexible low-grade energy utilization devices based on high-performance thermoelectric polyaniline/tellurium nanorod hybrid films. J Mater Chem A, 2016, 4: 3554-3559.

[73] Wang Y, Liu G F, Sheng M, Yu C, Deng Y. Flexible thermopower generation over broad temperature range by PANI/nanorod hybrid-based p-n couples. J Mater Chem A, 2019, 7: 1718-1724.

[74] Meng C Z, Liu C H, Fan S S. A promising approach to enhanced thermoelectric properties using carbon nanotube networks. Adv Mater, 2010, 22: 535-539.

[75] Yao Q, Chen L D, Zhang W Q, Liufu S C, Chen X H. Enhanced thermoelectric performance of single-walled carbon nanotubes/polyaniline hybrid nanocomposites. ACS Nano, 2010, 4: 2445-2451.

[76] Wang L M, Yao Q, Xiao J X, Zeng K Y, Qu S Y, Shi W, Wang Q, Chen L D. Engineered molecular chain ordering in single-walled carbon nanotubes/polyaniline composite films for high-performance organic thermoelectric materials. Chem Asian J, 2016, 11: 1804-1810.

[77] Wang Q, Yao Q, Chang J, Chen L D. Enhanced thermoelectric properties of CNT/PANI composite nanofibers by highly orienting the arrangement of polymer chains. J Mater Chem, 2012, 22: 17612-17618.

[78] Chen J K, Wang L M, Gui X C, Lin Z Q, Ke X Y, Hao F, Li Y L, Jiang Y, Wu Y, Shi X, Chen L D. Strong anisotropy in thermoelectric properties of CNT/PANI composites. Carbon, 2017, 114: 1-7.

[79] Li H, Liu S Q, Li P C, Yuan D, Zhou X, Sun J T, Lu X H, He C B. Interfacial control and carrier tuning of carbon nanotube/polyaniline composites for high thermoelectric performance. Carbon, 2018, 136: 292-298.

[80] Lin Y H, Lee T C, Hsiao Y S, Lin W K, Whang W T, Chen C H. Facile synthesis of diamino-modified graphene/polyaniline semi-interpenetrating networks with practical high thermoelectric performance. ACS Appl Mater Interfaces, 2018, 10: 4946-4952.

[81] Du Y, Shen S Z, Yang W D, Donelson R, Cai K F, Casey P S. Simultaneous increase in conductivity and Seebeck coefficient in a polyaniline/graphene nanosheets thermoelectric nanocomposite. Synth Met, 2012, 161: 2688-2692.

[82] Abad B, Alda I, Diaz-Chao P, Kawakami H, Almarza A, Amantia D, Gutierrez D, Aubouy L, Martin-Gonzalez M. Improved power factor of polyaniline nanocomposites with exfoliated graphene nanoplatelets (GNPs). J Mater Chem A, 2013, 1: 10450-10457.

[83] Wang L M, Yao Q, Bi H, Huang F Q, Wang Q, Chen L D. Large thermoelectric power factor in

polyaniline/graphene nanocomposite films prepared by solution-assistant dispersing method. J Mater Chem A, 2014, 2: 11107-11113.

[84] Erden F, Li H, Wang X Z, Wang F K, He C B. High-performance thermoelectric materials based on ternary TiO₂/CNT/PANI composites. Phys Chem Chem Phys, 2018, 20: 9411-9418.

[85] Wang L M, Yao Q, Shi W, Qu S Y, Chen L D. Engineering carrier scattering at the interfaces in polyaniline based nanocomposites for high thermoelectric performances. Mater Chem Front, 2017, 1: 741-748.

[86] Wang Y H, Yang J, Wang L Y, Du K, Yin Q, Yin Q J. Polypyrrole/graphene/polyaniline ternary nanocomposite with high thermoelectric power factor. ACS Appl Mater Interfaces, 2017, 9: 20124-20131.

[87] An C J, Kang Y H, Lee A Y, Jang K S, Jeong Y, Cho S Y. Foldable thermoelectric materials: Improvement of the thermoelectric performance of directly spun CNT webs by individual control of electrical and thermal conductivity. ACS Appl Mater Interfaces, 2016, 8: 22142-22150.

[88] Wang J, Cai K F, Shen S, Yin J L. Preparation and thermoelectric properties of multi-walled carbon nanotubes/polypyrrole composites. Synth Met, 2014, 195: 132-136.

[89] Song H J, Cai K F, Wang J, Shen S. Influence of polymerization method on the thermoelectric properties of multi-walled carbon nanotubes/polypyrrole composites. Synth Met, 2016, 211: 58-65.

[90] Liang L R, Gao C Y, Chen G M, Guo C Y. Large-area, stretchable, super flexible and mechanically stable thermoelectric films of polymer/carbon nanotube composites. J Mater Chem C, 2016, 4: 526-532.

[91] Han S B, Zhai W T, Chen G M, Wang X. Morphology and thermoelectric properties of graphene nanosheets enwrapped with polypyrrole. RSC Adv, 2014, 4: 29281-29285.

[92] Zhang Z, Chen G M, Wang H F, Zhai W T. Enhanced thermoelectric property by the construction of a nanocomposite 3D interconnected architecture consisting of graphene nanolayers sandwiched by polypyrrole nanowires. J Mater Chem C, 2015, 3: 1649-1654.

[93] Park H, Kim J W, Hong S Y, Lee G, Kim D S, Oh J H, Jin S W, Jeong Y R, Oh S Y, Yun J Y, Ha J S. Microporous polypyrrole-coated graphene foam for high-performance multifunctional sensors and flexible supercapacitors. Adv Funct Mater, 2018, 28: 1707013.

[94] Sun Y H, Qiu L, Tang L P, Geng H, Wang H F, Zhang F J, Huang D Z, Xu W, Yue P, Guan Y S, Jiao F, Sun Y M, Tang D W, Di C A, Yi Y P, Zhu D B. Flexible n-type high-performance thermoelectric thin films of poly(nickel-ethylenetetrathiolate) prepared by an electrochemical method. Adv Mater, 2016, 28: 3351-3358.

[95] Jiao F, Di C A, Sun Y M, Sheng P, Xu W, Zhu D B. Inkjet-printed flexible organic thin-film thermoelectric devices based on p-and n-type poly(metal 1, 1, 2, 2-ethenetetrathiolate)s/polymer composites through ball-milling. Philos Trans A: Math Phys Eng Sci, 2014, 372: 20130008.

[96] Menon A K, Wolfe R M W, Marder S R, Reynolds J R, Yee S K. Systematic power factor enhancement in n-type NiETT/PVDF composite films. Adv Funct Mater, 2018, 28: 1801620.

[97] Wolfe R M W, Menon A K, Fletcher T R, Marder S R, Reynolds J R, Yee S K. Simultaneous enhancement in electrical conductivity and thermopower of n-type NiETT/PVDF composite films by annealing. Adv Funct Mater, 2018, 28: 1803275.

[98] Toshima N, Oshima K, Anno H, Nishinaka T, Ichikawa S, Iwata A, Shiraishi Y. Novel hybrid organic thermoelectric materials: Three-component hybrid films consisting of a nanoparticle polymer complex, carbon nanotubes, and vinyl polymer. Adv Mater, 2015, 27: 2246-2251.

[99] Oshima K, Inoue J, Sadakata S, Shiraishi Y, Toshima N. Hybrid-type organic thermoelectric materials containing nanoparticles as a carrier transport promoter. J Electron Mater, 2017, 46: 3207-3214.

[100] Wan K N, Taroni P J, Liu Z L, Liu Y, Tu Y, Santagiuliana G, Hsia I C, Zhang H, Fenwick O, Krause S, Baxendale M, Schroeder B C, Bilotti E. Flexible and stretchable self-powered multi-sensors based on the n-type thermoelectric response of polyurethane/Na$_x$(Ni-ett)$_n$ composites. Adv Electron Mater, 2019, 5: 1900582.

[101] Feng N, Gao C Y, Guo C Y, Chen G M. Copper-phenylacetylide nanobelt/single-walled carbon nanotube composites: Mechanochromic luminescence phenomenon and thermoelectric performance. ACS Appl Mater Interfaces, 2018, 10: 5603-5608.

[102] Ebbesen T W. Carbon nanotubes. Annul Rev Mater Sci, 1994, 24: 235-264.

[103] Allen M J, Tung V C, Kaner R B. Honeycomb carbon: A review of graphene. Chem Rev, 2010, 110: 132-145.

[104] de Volder M F L, Tawfick S H, Baughman R H, Hart A J. Carbon nanotubes: Present and future commercial applications. Science, 2013, 339: 535-539.

[105] Geim A K, Novoselov K S. The rise of graphene. Nat Mater, 2007, 6: 183.

[106] Geim A K. Graphene: Status and prospects. Science, 2009, 324: 1530-1534.

[107] Novoselov K S, Fal'ko V I, Colombo L, Gellert P R, Schwab M G, Kim K. A roadmap for graphene. Nature, 2012, 490: 192-200.

[108] Blackburn J L, Ferguson A J, Cho C, Grunlan J C. Carbon-nanotube-based thermoelectric materials and devices. Adv Mater, 2018, 30: 1704386.

[109] Yu C, Shi L, Yao Z, Li D Y, Majumdar A. Thermal conductance and thermopower of an individual single-wall carbon nanotube. Nano Lett, 2005, 5: 1842-1846.

[110] Xu Y, Li Z Y, Duan W H. Thermal and thermoelectric properties of graphene. Small, 2014, 10: 2182-2199.

[111] Bethune D S, Kiang C H, Devries M S, Gorman G, Savoy R, Vazquez J, Beyers R. Cobalt-catalyzed growth of carbon nanotubes with single-atomic-layerwalls. Nature, 1993, 363: 605-607.

[112] Iijima S, Ichihashi T. Single-shell carbon nanotubes of 1-nm diameter. Nature, 1993, 363: 603-605.

[113] Hung N T, Nugraha A R T, Hasdeo E H, Dresselhaus M S, Saito R. Diameter dependence of thermoelectric power of semiconducting carbon nanotubes. Phys Rev B, 2015, 92: 165426.

[114] Yanagi K, Udoguchi H, Sagitani S, Oshima Y, Takenobu T, Kataura H, Ishida T, Matsuda K, Maniwa Y. Transport mechanisms in metallic and semiconducting single-wall carbon nanotube

networks. ACS Nano, 2010, 4: 4027-4032.

[115] Piao M X, Joo M K, Na J, Kim Y J, Mouis M, Ghibaudo G, Roth S, Kim W Y, Jang H K, Kennedy G P, Dettlaff-Weglikowska U, Kim G T. Effect of intertube junctions on the thermoelectric power of monodispersed single walled carbon nanotube networks. J Phys Chem C, 2014, 118: 26454-26461.

[116] Nakai Y, Honda K, Yanagi K, Kataura H, Kato T, Yamamoto T, Maniwa Y. Giant Seebeck coefficient in semiconducting single-wall carbon nanotube film. Appl Phys Express, 2014, 7: 025103.

[117] Avery A D, Zhou B H, Lee J, Lee E S, Miller E M, Ihly R, Wesenberg D, Mistry K S, Guillot S L, Zink B L, Kim Y H, Blackburn J L, Ferguson A J. Tailored semiconducting carbon nanotube networks with enhanced thermoelectric properties. Nat Energy, 2016, 1: 16033.

[118] Small J P, Perez K M, Kim P. Modulation of thermoelectric power of individual carbon nanotubes. Phys Rev Lett, 2003, 91: 4.

[119] Yu C, Ryu Y, Yin L, Yang H. Modulating electronic transport properties of carbon nanotubes to improve the thermoelectric power factor via nanoparticle decoration. ACS Nano, 2011, 5: 1297-1303.

[120] Ryu Y, Yin L, Yu C. Dramatic electrical conductivity improvement of carbon nanotube networks by simultaneous de-bundling and hole-doping with chlorosulfonic acid. J Mater Chem, 2012, 22: 6959-6964.

[121] Yanagi K, Kanda S, Oshima Y, Kitamura Y, Kawai H, Yamamoto T, Takenobu T, Nakai Y, Maniwa Y. Tuning of the thermoelectric properties of one-dimensional material networks by electric double layer techniques using ionic liquids. Nano Lett, 2014, 14: 6437-6442.

[122] Shimizu S, Iizuka T, Kanahashi K, Pu J, Yanagi K, Takenobu T, Iwasa Y. Thermoelectric detection of multi-subband density of states in semiconducting and metallic single-walled carbon nanotubes. Small, 2016, 12: 3388.

[123] Zhao W Y, Fan S F, Xiao N, Liu D Y, Tay Y Y, Yu C, Sim D H, Hng H H, Zhang Q C, Boey F, Ma J, Zhao X B, Zhang H, Yan Q Y. Flexible carbon nanotube papers with improved thermoelectric properties. Energy Environ Sci, 2012, 5: 5364-5369.

[124] Chiang W H, Iihara Y, Li W T, Hsieh C Y, Lo S C, Goto C, Tani A, Kawai T, Nonoguchi Y. Enhanced thermoelectric properties of boron-substituted single-walled carbon nanotube films. ACS Appl Mater Interfaces, 2019, 11: 7235-7241.

[125] Zhou W B, Fan Q X, Zhang Q, Li K W, Cai L, Gu X G, Yang F, Zhang N, Xiao Z J, Chen H L, Xiao S Q, Wang Y C, Liu H P, Zhou W Y, Xie S S. Ultrahigh-power-factor carbon nanotubes and an ingenious strategy for thermoelectric performance evaluation. Small, 2016, 12: 3407-3414.

[126] Zhou W B, Fan Q X, Zhang Q, Cai L, Li K W, Gu X G, Yang F, Zhang N, Wang Y C, Liu H P, Zhou W Y, Xie S S. High-performance and compact-designed flexible thermoelectric modules enabled by a reticulate carbon nanotube architecture. Nat Commun, 2017, 8: 14886.

[127] Nonoguchi Y, Ohashi K, Kanazawa R, Ashiba K, Hata K, Nakagawa T, Adachi C, Tanase T, Kawai T. Systematic conversion of single walled carbon nanotubes into n-type thermoelectric

materials by molecular dopants. Sci Rep, 2013, 3: 3344.

[128] Fukumaru T, Fujigaya T, Nakashima N. Development of n-type cobaltocene-encapsulated carbon nanotubes with remarkable thermoelectric property. Sci Rep, 2015, 5: 7951.

[129] Yanagi K, Kanda S, Oshima Y, Kicamura Y, Kawai H, Yamamoto T, Takenobu T, Nakai Y, Maniwa Y. Tuning of the thermolelectric properties of one-dimensional material netwrks by electric double layer technigues using ionic liquids. Nano Lett, 2014, 14: 6437-6442.

[130] Dubey N, Leclerc M. Conducting polymers: Efficient thermoelectric materials. J Poly Sci Part B, 2011, 49: 467-475.

[131] Poehler T O, Katz H E. Prospects for polymer-based thermoelectrics: State of the art and theoretical analysis. Energy Environ Sci, 2012, 5: 8110-8115.

[132] Zhang Q, Sun Y M, Xu W, Zhu D B. Organic thermoelectric materials: Emerging green energy materials converting heat to electricity directly and efficiently. Adv Mater, 2014, 26: 6829-6851.

[133] Xu X D, Gabor N M, Alden J S, van der Zande A M, McEuen P L. Photo-thermoelectric effect at a graphene interface junction. Nano Lett, 2010, 10: 562-566.

[134] Sierra J F, Neumann I, Cuppens J, Raes B, Costache M V, Valenzuela S O. Thermoelectric spin voltage in graphene. Nat Nanotechnol, 2018, 13: 107-111.

[135] Sevinçli H, Sevik C, Çağın T, Cuniberti G. A bottom-up route to enhance thermoelectric figures of merit in graphene nanoribbons. Sci Rep, 2013, 3: 1228.

[136] Xiao N, Dong X G, Song L, Liu D Y, Tay Y, Wu S X, Li L J, Zhao Y, Yu T, Zhang H, Huang W, Hng H H, Ajayan P M, Yan Q Y. Enhanced thermopower of graphene films with oxygen plasma treatment. ACS Nano, 2011, 5: 2749-2755.

[137] Sevincli H, Cuniberti G. Enhanced thermoelectric figure of merit in edge-disordered zigzag graphene nanoribbons. Phys Rev B, 2010, 81: 113401.

[138] Mazzamuto F, Nguyen V H, Apertet Y, Caer C, Chassat C, Saint-Martin J, Dollfus P. Enhanced thermoelectric properties in graphene nanoribbons by resonant tunneling of electrons. Phys Rev B, 2011, 83: 235426.

[139] Karamitaheri H, Neophytou N, Pourfath M, Faez R, Kosina H. Engineering enhanced thermoelectric properties in zigzag graphene nanoribbons. J Appl Phys, 2012, 111: 054501.

[140] Oh J, Yoo H, Choi J, Kim J Y, Lee D S, Kim M J, Lee J C, Kim W N, Grossman J C, Park J H, Lee S S, Kim H, Son J G. Significantly reduced thermal conductivity and enhanced thermoelectric properties of single- and bi-layer graphene nanomeshes with sub-10 nm neck-width. Nano Energy, 2017, 35: 26-35.

[141] Jung I, Dikin D A, Piner R D, Ruoff R S. Tunable electrical conductivity of individual graphene oxide sheets reduced at "low" temperatures. Nano Lett, 2008, 8: 4283-4287.

[142] Choi J, Tu N D K, Lee S S, Lee H, Kim J S, Kim H. Controlled oxidation level of reduced graphene oxides and its effect on thermoelectric properties. Macromol Res, 2014, 22: 1104-1108.

[143] Li T, Pickel A D, Yao Y G, Chen Y A, Zeng Y Q, Lacey S D, Li Y J, Wang Y L, Dai J Q, Wang Y B, Yang B, Fuhrer M S, Marconnet A, Dames C, Drew D H, Hu L B. Thermoelectric

properties and performance of flexible reduced graphene oxide films up to 3,000 K. Nat Energy, 2018, 3: 148-156.

[144] Feng S R, Yao T Y, Lu Y H, Hao Z Z, Lin S S. Quasi-industrially produced large-area microscale graphene flakes assembled film with extremely high thermoelectric power factor. Nano Energy, 2019, 58: 63-68.

[145] Sumino M, Harada K, Ikeda M, Tanaka S, Miyazaki K, Adachi C. Thermoelectric properties of n-type C_{60} thin films and their application in organic thermovoltaic devices. Appl Phys Lett, 2011, 99: 093308.

[146] Barbot A, Di Bin C, Lucas B, Ratier B, Aldissi M. n-Type doping and thermoelectric properties of co-sublimed cesium-carbonate-doped fullerene. J Mater Sci, 2013, 48: 2785-2789.

[147] Liu J, Qiu L, Portale G, Koopmans M, Ten Brink G, Hummelen J C, Koster L J A. n-Type organic thermoelectrics: Improved power factor by tailoring host-dopant miscibility. Adv Mater, 2017, 29: 1701641.

[148] Zuo G Z, Li Z J, Wang E G, Kemerink M. High Seebeck coefficient and power factor in n-type organic thermoelectrics. Adv Electron Mater, 2018, 4: 1700501.

[149] Moriarty G P, Wheeler J N, Yu C H, Grunlan J C. Increasing the thermoelectric power factor of polymer composites using a semiconducting stabilizer for carbon nanotubes. Carbon, 2012, 50: 885-895.

[150] Yin X J, Peng Y H, Luo J J, Zhou X Y, Gao C M, Wang L, Yang C L. Tailoring the framework of organic small molecule semiconductors towards high-performance thermoelectric composites via conglutinated carbon nanotube webs. J Mater Chem A, 2018, 6: 8323-8330.

[151] Gao C M, Liu Y J, Gao Y, Zhou Y, Zhou X Y, Yin X J, Pan C J, Yang C L, Wang H F, Chen G M, Wang L. High-performance n-type thermoelectric composites of acridones with tethered tertiary amines and carbon nanotubes. J Mater Chem A, 2018, 6: 20161-20169.

[152] Gao C Y, Chen G M. *In situ* oxidation synthesis of p-type composite with narrow-bandgap small organic molecule coating on single-walled carbon nanotube: Flexible film and thermoelectric performance. Small, 2018, 14: e1703453.

[153] Feng B, Xie J, Cao G S, Zhu T J, Zhao X B. Enhanced thermoelectric properties of p-type $CoSb_3$/graphene nanocomposite. J Mater Chem A, 2013, 1: 13111-13119.

[154] Tang H C, Sun F H, Dong J F, Asfandiyar, Zhuang H L, Pan Y, Li J F. Graphene network in copper sulfide leading to enhanced thermoelectric properties and thermal stability. Nano Energy, 2018, 49: 267-273.

[155] Nonoguchi Y, Tani A, Ikeda T, Goto C, Tanifuji N, Uda R M, Kawai T. Water-processable, air-stable organic nanoparticle-carbon nanotube nanocomposites exhibiting n-type thermoelectric properties. Small, 2017, 13: 1603420.

[156] Wu G Y, Zhang Z G, Li Y F, Gao C Y, Wang X, Chen G M. Exploring high-performance n-type thermoelectric composites using amino-substituted rylene dimides and carbon nanotubes. ACS Nano, 2017, 11: 5746-5752.

[157] Cheng X J, Wang X, Chen G M. A convenient and highly tunable way to n-type carbon nanotube thermoelectric composite film using common alkylammonium cationic surfactant. J

Mater Chem A, 2018, 6: 19030-19037.

[158] Dong J D, Liu W, Li H, Su X L, Tang X F, Uher C. *In situ* synthesis and thermoelectric properties of PbTe-graphene nanocomposites by utilizing a facile and novel wet chemical method. J Mater Chem A, 2013, 1: 12503-12511.

[159] Li S, Fan T J, Liu X R, Liu F S, Meng H, Liu Y D, Pan F. Graphene quantum dots embedded in Bi$_2$Te$_3$ nanosheets to enhance thermoelectric performance. ACS Appl Mater Interfaces, 2017, 9: 3677-3685.

[160] Wang L M, Zhang Z M, Geng L X, Yuan T Y, Liu Y C, Guo J C, Fang L, Qiu J J, Wang S R. Solution-printable fullerene/TiS$_2$ organic/inorganic hybrids for high-performance flexible n-type thermoelectrics. Energy Environ Sci, 2018, 11: 1307-1317.

[161] Ireland R M, Liu Y, Guo X, Cheng Y T, Kola S, Wang W, Jones T, Yang R G, Falk M L, Katz H E. ZT>0.1 electron-carrying polymer thermoelectric composites with *in situ* SnCl$_2$ microstructure growth. Adv Sci, 2015, 2: 1500015.

[162] Tian R M, Wan C L, Wang Y F, Wei Q S, Ishida T, Yamamoto A, Tsuruta A, Shin W S, Li S, Koumoto K. A solution-processed TiS$_2$/organic hybrid superlattice film towards flexible thermoelectric devices. J Mater Chem A, 2017, 5: 564-570.

[163] Wüsten J, Potje-Kamloth K. Organic thermogenerators for energy autarkic systems on flexible substrates. J Phys D, 2008, 41: 135113.

[164] Andrei V, Bethke K, Rademann K. Adjusting the thermoelectric properties of copper（Ⅰ）oxide-graphite-polymer pastes and the applications of such flexible composites. Phys Chem Chem Phys, 2016, 18: 10700-10707.

第 **6** 章

有机离子热电材料与器件

传统有机热电材料通过电子和声子的传输与散射实现能量转换，而另一种粒子——离子移动时也可以携带热量，实现热电能量转换。有机离子热电以离子导电材料为载体，依靠材料中自由移动的离子导电。有机离子导电材料如聚电解质、离子液体等在超级电容器、锂离子电池、电致变色显示屏和传感器等诸多领域均有重要的应用。与本书前面部分涉及的有机电子热电材料相类似，当在离子导电材料两端施加温差时，由于离子的定向迁移和在电极处的积累，也可以产生电势差，将热能转化为电能。虽然这类材料的电导率相对较低，但在单位温差下却可以产生更大的电势差，在传感和热电化学等方面有重要的应用前景。

尽管离子热电转换过程与有机电子热电材料的过程十分相似，但实际上这两类材料的热电效应却并不相同，关键参数的物理内涵也不一致，不可以直接对比。本章将重点从离子热扩散现象入手，介绍无氧化还原特性的有机离子热电材料与器件的性能参数和相关应用研究进展，并对离子热电材料与传统的电子热电材料的异同点进行阐述。对于使用具有氧化还原特性电解质的热电化学电池（thermogalvanic cell，TGC），限于篇幅，本章将不做详细介绍，读者可参考其他相关文献。

6.1 离子热扩散现象

在宏观温度梯度下，可移动的不带电颗粒会朝着热端或冷端进行稳定的移动。通常，处于热端的颗粒要比冷端的颗粒移动得更快一些。因此，移动较快的热颗粒将比冷颗粒进一步扩散，从而导致冷端的净颗粒密度更高。这一现象被称为热扩散（thermodiffusion），也称为热泳（thermophoresis）或索雷效应（Soret effect），在气态、液态甚至固态混合物中都可以观察到[1]。在日常生活中有一个很好的热扩散的例子，那就是，靠近暖气的墙面会发黑。作为一个普遍的现象，热扩散已经被广泛应用于如真空沉积工艺制造光纤，在场流分馏中分离不同的聚合物颗粒，以及在微纳米通道中通过光诱导局部加热操纵单个生物大分子（如 DNA）等不同的领域中[2-4]。

以胶体为例，当将胶体悬浮液置于温度梯度 ∇T 中时，其中分散的颗粒具有热扩散漂移速度 v，该漂移速度与 ∇T 和热扩散系数 D_T 呈线性相关：

$$v = -D_T \nabla T \tag{6-1}$$

根据 D_T 的符号不同，颗粒将在冷端或热端累积。在稳态系统中，浓度梯度 ∇c 由式（6-2）给出：

$$\nabla c = -c S_T \nabla T \tag{6-2}$$

式中，$S_T = D_T / D$ 为索雷系数（Soret coefficient）；D 为扩散系数，物质的粒子从热端向冷端迁移时的索雷系数为正，反之则为负。对于可能影响温度梯度下颗粒运动方向的因素，Würger 等曾做过相关研究和总结[5]。

如果温度场中的颗粒是带电的，则在冷端的颗粒堆积会产生电势差，这个电势差会阻止带电颗粒进一步向冷端聚集，从而达到平衡。这种热电压的形成与电子热电材料中的塞贝克效应相类似，为利用热能发电提供了新的可能。在本章中，为了和电子热电材料的塞贝克系数相区分，将电势差（ΔV）与温差（ΔT）的比值称为离子塞贝克系数，用 S_i 来表示：

$$\Delta V = S_i \Delta T \tag{6-3}$$

离子塞贝克系数与相应温度梯度下带电颗粒的熵值相关，带电颗粒从热端（高熵）移动到冷端（低熵）建立稳态电压。当带电颗粒是离子时，电解质有无氧化还原活性的区别，也会使得离子热电材料在进行热能转化应用时的器件结构和工作原理不同，接下来将分别讨论这两种情形。

6.1.1　氧化还原活性电解质

当处于温度梯度下的电解质具有氧化还原活性时，它在热电极和冷电极处会发生电化学反应（图 6-1）：

$$\text{Ox} + ne^- \rightleftharpoons \text{Red} \tag{6-4}$$

氧化还原反应的吉布斯自由能变化（ΔG）由焓变（ΔH）和熵变（ΔS）两部分的贡献组成：

$$\Delta G = \Delta H - T\Delta S \tag{6-5}$$

而自由能和电极电势之间的关系是

$$\Delta G = -nFE \tag{6-6}$$

式中，n 为氧化还原反应中涉及的电子数；F 为法拉第常数。因此，可以将电极电势表示为

$$E = (T\Delta S - \Delta H)/nF \tag{6-7}$$

温度梯度下的电势变化可用电极电势对温度的一阶导数表示，即塞贝克系数：

$$S_{\text{redox}} = \text{d}E/\text{d}T = \Delta S/nF \tag{6-8}$$

因此，氧化还原电解质的塞贝克系数与电子转移时的熵变直接相关。

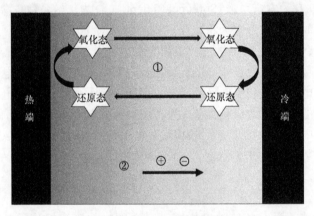

图 6-1　离子热扩散现象示意图

①当电解质具有氧化还原活性时，可用于热电化学电池；②当电解质不具有氧化还原活性时，可用于离子热电超级电容器

　　将两个处于不同温度的电极置于含有氧化还原对的电解质中，就构成了一个可以通过温差在电极间产生电势差的热电化学电池。当采用铁氰化物/亚铁氰化物作为氧化还原电解质时，热电化学电池两个电极发生的是同一个电化学半反应：

$$\left[\text{Fe}(\text{CN})_6\right]^{4-} \rightleftharpoons \left[\text{Fe}(\text{CN})_6\right]^{3-} + \text{e}^- \tag{6-9}$$

在高温端的阳极，还原性的$[\text{Fe}(\text{CN})_6]^{4-}$被氧化为$[\text{Fe}(\text{CN})_6]^{3-}$；在低温端的阴极，氧化性的$[\text{Fe}(\text{CN})_6]^{3-}$被还原为$[\text{Fe}(\text{CN})_6]^{4-}$。因此，在温度梯度下在两个电极之间可以产生电势差，通过将两个电极连接到外部负载就可以输出功率。氧化还原分子通过在两个电极之间的对流、扩散和迁移传输，实现循环往复，这种连续反应

可以让热电化学电池持续不断地产生电能。

因此，热电化学电池是一类和热电发电机类似的，可以连续将热能转化为电能的装置。然而，在电极和电解质界面，电荷输运从电子转变为离子，这一点和热电发电机是不同的。限于篇幅，本章将不对热电化学电池做详细阐述，感兴趣的读者可以参阅其他相关文献[6-11]。

6.1.2　非氧化还原活性电解质

与电子类似，当非氧化还原活性电解质中的离子处于温度梯度中时，它们会从热端向冷端进行热扩散(图 6-1)，引起浓度梯度 $\nabla c/c = -S_T \nabla T$（索雷效应）和内建电场 $E = -S_i \nabla T$（塞贝克效应）。

这些效应导致了非平衡系统中的熵流，作用于小的离子上的潜在热动力 (thermodynamic forces) 可以由马休-普朗克熵势 (Massieu-Planck entropy potentials) $-\mu_\pm/T$ 给出[1]。由于化学势 $\mu_\pm(T, c_\pm)$ 同时取决于温度 $T(r)$ 和浓度 $c_\pm(r)$，因此热动力包括两个部分 $f_\pm = H_\pm \nabla T/T - k_B T \nabla c_\pm/c_\pm$，其中第一项为溶剂化焓 (solvation enthalpy) $H_\pm$ 驱动的热扩散，第二项为普通的梯度扩散。在离子流为零的前提下套用高斯定律，可以很容易地得到盐溶液的稳态索雷系数 S_T 和电解质的塞贝克系数 S_i[12]：

$$S_T = -\frac{H_+ + H_-}{k_B T^2} \tag{6-10}$$

在本章中，电解质的塞贝克系数称为离子塞贝克系数，表示为

$$S_i = \frac{H_+ - H_-}{2qT} \tag{6-11}$$

式中，q 为一个电荷量。需要注意的是，式(6-10)仅适用于离子尺寸小于其德拜长度的小离子。对于离子尺寸大于其德拜长度的离子，如聚电解质，其离子塞贝克系数会相对更复杂一些。测量得到的溶剂化焓通常为负值且和 $k_B T$ 在同一个量级，使得索雷系数多为正值[13]。离子塞贝克系数可正可负，并且其绝对值和 k_B/q 在一个量级上(约 100 μV/K)。热电场 (thermoelectric field) 通常在胶体悬浮液的热泳过程中占主导地位。由于不同的离子焓 (ion enthalpy)，离子塞贝克系数可能会随着混合电解质如 $NaCl_xOH_{1-x}$ 的组成 x 的变化而改变其符号[14]。对于纳米胶束和微米级胶体颗粒的悬浮液，也已经证实了这种现象，与测量的焓值相一致[15, 16]。

溶剂化焓源于复杂的溶剂-离子相互作用，包括静电力、分散力和氢键作用力。到目前为止，仍然没有令人满意的理论框架来通过第一原理计算溶剂化焓[17, 18]。

在实验上，将夹在两个电极之间的非氧化还原活性电解质的离子塞贝克系数 S_i 定义为其开路电压(open-circuit voltage, V_{OC})与冷热端温差(ΔT)的比值(与离子塞贝克系数相比，金属电极的塞贝克系数基本都小于 10 μV/K，因此可以忽略不计)。鉴于本书的主旨为有机热电材料，在接下来的几节将会对有机离子热电材料的性能参数、分类和相关应用进展做逐一阐述。

6.2 有机离子热电材料与器件的性能参数

6.2.1 离子电导率

对于离子热电材料，电导率同样是表征其性能的重要参数之一。有机离子导体的导电机制与电子导体和半导体不同，其传输的载流子既不是电子，也不是空穴，而是可运动的离子。根据起主要导电作用的离子所带电荷极性的不同，离子导体可以分为阳离子导体和阴离子导体。一般情况下，由于离子导体中可运动的离子少，离子的运动速度又比电子慢很多，因此其离子电导率都不高，在室温下不超过 1 S/cm。

对于有机盐溶液、聚合物电解质、离子-电子混合导体和离子液体等不同类型的离子导体，它们的离子导电机理不同，目前还没有统一的理论。可以用式(6-12)来表明影响离子导电性能强弱的因素：

$$\sigma_i = \sum n_i q_i \mu_i \tag{6-12}$$

式中，n_i 为可自由移动的离子数；q_i 为离子所带电荷；μ_i 为离子迁移率。可自由移动的离子数与浓度、解离度等相关；虽然从式(6-12)看使用多价离子会增大离子电导率，但由于离子之间的相互作用会变得非常大，非常不利于离子的迁移，因此最好使用一价离子。离子迁移率与温度、湿度、压力、黏度、离子体积、离子浓度、溶剂特性等因素有关[19]。

对于离子导体，尤其是离子-电子混合导体，其离子电导率的测量一般采用电化学阻抗谱(electrochemical impedance spectroscopy, EIS)法[20]。具体测量时，将离子导体置于两金属电极之间，采用一个角频率为 ω 的振幅足够小的正弦波电压(通常小于 10 mV)扰动测量其在不同频率下的阻抗。采用相位角接近零时的阻抗实部或者 Nyquist 图圆弧与直线的结合点阻抗的实部作为电解质的体电阻 R，以及离子导体的截面积 A 和样品长度 d，通过式(6-13)可以得到材料的离子电导率[21]：

$$\sigma_i = \frac{d}{RA} \tag{6-13}$$

6.2.2　离子塞贝克系数

对于一种没有电化学活性的离子导体(从而消除热伽伐尼效应的贡献),其离子热电势 S_i 可以通过测量两端电极在不同温差下的开路电压 V_{OC} 得到。离子热扩散的方向和大小与离子-溶剂的作用密切相关,可以通过扩散热(diffusion heat, Q^*)进行衡量,离子塞贝克系数表述为

$$S_i = \frac{Q^*}{N_A |q| T} \tag{6-14}$$

式中, N_A 为阿伏伽德罗常数; $|q|$ 为一个电子所带的电荷。为了得到较大的 S_i 值,正离子和负离子的迁移率或浓度需要有一定的差别,已有报道的离子塞贝克系数基本都在毫伏每开尔文的量级上,最高的达到 24 mV/K[22]。电极和溶剂的选择会影响电解质在电极界面处的吸附与解吸附以及其定向移动,从而改变离子塞贝克系数的符号和大小。尽管离子热电材料在性能和潜在的应用等领域已经取得了一些进展,但对电解质中离子塞贝克效应的理解仍然非常有限,缺乏统一的理论解释。

对于离子塞贝克系数的测量,在测量过程中除了需要精准的控制温度,还需要严格的控制湿度,这可以通过温湿度箱来实现。除此之外,热电压的测量装置和离子塞贝克系数的计算与传统的电子热电材料并没有明显的差异,但是由于离子的运动相比电子要慢很多,测试过程中热电压随温度的响应也会滞后一些,电压达到稳定状态的时间会比较长。典型的电子热电材料、离子热电材料和离子-电子混合热电材料的热电压随时间的变化如图 6-2 所示。由于开路电压随时间的变化曲线具有显著差异,可以将其作为区分这三类材料的一个直观的手段。

6.2.3　离子热导率

离子热电材料的热导率包含传统热电材料的热导率及离子热导率,但以离子热导率为主,该数值与材料的结构、温度紧密相关。由于热导率测量的难度相比电导率和塞贝克系数更大,已有的有机离子热电材料的相关报道中,提供热导率相关信息的也更为缺乏。但整体上来说,离子热电材料的热导率较低,已报道的值均低于 1 W/(m · K)。

热导率的测量有许多不同的方法,分别适应不同的材料体系和热导率范围。当不考虑湿度且范围合适时,薄膜类离子热电材料的热导率可以采用和传统的电子类热电材料相同的方法进行测试。但是对于液态离子热电材料,则需要选用可以测量液体热导率的相关方法,如激光闪光法(laser flash method, LFM)、改良瞬态平面热源法(modified transient plane source, MTPS)等[23-25]。以激光闪光法为例,

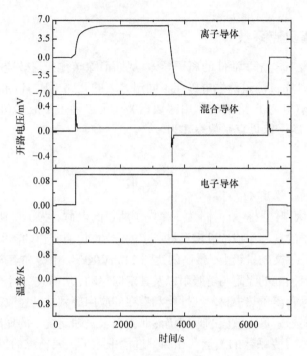

图 6-2 不同类型热电材料的开路电压随时间的变化曲线

通过使用激光闪光装置测量材料的热扩散系数 α，使用差示扫描量热法（differential scanning calorimetry, DSC）测量材料的热容量 C_p，再有密度 ρ，就可以通过公式计算材料的热导率 κ_i：

$$\kappa_i = \alpha\rho C_p \tag{6-15}$$

6.2.4 离子热电优值

电子热电材料的整体性能通常用无量纲的热电优值进行表征，类似地，定义离子热电材料的热电优值 ZT_i 为

$$ZT_i = \frac{S_i^2 \sigma_i}{\kappa_i} T \tag{6-16}$$

但是对于离子热电材料，离子无法通过热电材料和电极的界面，因此它主要通过给超级电容器充电的方式进行能量转换。

6.2.5 离子热电超级电容器的能量转换效率与能量存储

在能源转换应用中，离子塞贝克系数和电子塞贝克系数一个非常重要的不同

点在于热扩散的离子无法穿过金属电极进入外电路。因此，离子热电效应无法实现传统的热电发电机的连续工作模式。与之相反，离子会在电极处累积形成双电层（electrical double layer, EDL），从而产生随时间逐渐衰减为零的瞬态热致电流。其积分电流为存储在金属电极-电解质界面双电层电容器中的电荷，当使用合适的高电容电极材料时，积累的电荷大大增强，可为超级电容器或电池充电。将这种通过离子热电效应转换热能为电能从而为超级电容器充电的器件称为离子热电超级电容器（ionic thermoelectric supercapacitor, ITESC）。

ITESC 适合采用间歇性热源，如太阳能对超级电容器进行充电，其基本工作原理如图 6-3 所示。首先，打开加热器以在电极-电解质-电极层状结构上建立温差 ΔT，经过一段时间（t_{st}）的稳定，热电压 $V_{thermo} = S_i \Delta T$。其次，通过连接两个电极，$V_{thermo}$ 对超级电容器进行充电，充电期间的积分电流表示存储在 ITESC 的电极处的电荷 Q_{ch}。再次，断开电路（开路）并关闭加热器。在该过程中，热电压衰减到零，开路电压由于 ITESC 的电极/聚电解质界面的储存电荷的电压降而呈现相反符号。最后，可以通过将 ITESC 连接到外部电路使其放电。放电电流积分对应于放电电荷 Q_{dis}。为了简化对效率和能量的理论描述，假设没有漏电流和寄生自放电过程，则电极上储存的电荷 Q_{ch} 和电能 E_{ch} 分别为

$$Q_{ch} = CV_{thermo} = CS_i \Delta T = Q_{dis} \tag{6-17}$$

$$E_{ch} = \frac{1}{2} \frac{Q_{ch}^2}{C} = \frac{1}{2} CV_{thermo}^2 \tag{6-18}$$

在简化情形下，ITESC 的等效电路为一个提供电压 V_{thermo} 的内建发电机与一个电容为 C 的超级电容器和一个数值为 R_s 的电阻串联，这样就可以方便地将 ITESC 与 TEG-SC 的能量和效率进行比较。

现在我们开始推导 ITESC 的能量转换效率与离子热电优值的关系[26]。整个加热-冷却循环的效率等于产生的电能除以通过器件的热能，其中热能有两个主要贡献项。第一项是用于加热材料的热量，其与电极和电解质的质量和热容成正比，为了进一步简化，略去该项。第二项对应于器件通过类似于传统热电发电机所吸收的热量：①由热电流引起的从热端到冷端的珀尔帖热吸收（$S_i T_H \int I_{ch} dt$，其中 T_H 为热端的温度）；②加热器件热端的焦耳热（$\frac{1}{2} \int I_{ch}^2 R_s dt$，其中 R_s 为电解质的内部离子电阻）；③由于 ITESC 两端温度差异而产生的热量流动（$\kappa_i A \int \Delta T dt$，其中 A 为在垂直于电流方向上薄膜的截面积）。在此，将 ITESC 的最大热能到储存电能的转换效率（η_{ch}）定义为在充电时间（t_{ch}）内产生并储存的电能（E_{ch}）与吸收热能（Q_{in}）的比值：

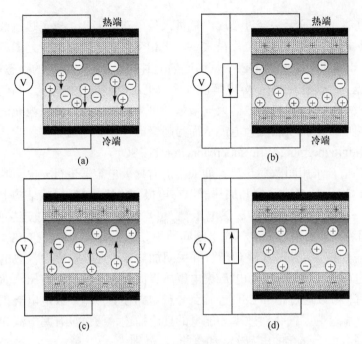

图 6-3　离子热电超级电容器工作原理示意图

(a)加热过程；(b)充电过程；(c)平衡过程；(d)放电过程

$$\eta_{ch} = \frac{E_{ch}}{Q_{in}} \tag{6-19}$$

当只考虑热能的第二贡献项时，则对于指定的充电时间 t_{ch}，ITESC 热端的热量输入是

$$Q_{in} = S_i T_H \int_0^{t_{ch}} I_{ch} dt + \kappa_i A \int_0^{t_{ch}} \Delta T dt - \frac{1}{2} \int_0^{t_{ch}} I_{ch}^2 R_s dt \tag{6-20}$$

由于

$$\int_0^{t_{ch}} I_{ch} dt = Q_{ch} = CS_i \Delta T \tag{6-21}$$

$$\int_0^{t_{ch}} I_{ch}^2 R_s dt = C(S_i \Delta T)^2 \tag{6-22}$$

那么式(6-20)可以简化为

$$Q_{in} = S_i T_H CS_i \Delta T + \kappa_i A \Delta T t_{ch} - \frac{1}{4} C(S_i \Delta T)^2 \tag{6-23}$$

超级电容器充电的时间常数

$$\tau = CR_s \tag{6-24}$$

其中

$$R_s = \frac{L}{A\sigma_i} \tag{6-25}$$

当使用 5τ 作为充电时间(在此期间电荷转移达到 99%)时，吸收的热量可以表示为

$$Q_{in} = S_i T_H C S_i \Delta T + \frac{5C\kappa_i \Delta T}{\sigma_i} - \frac{1}{4}C\left(S_i\Delta T\right)^2 \tag{6-26}$$

从而可以得到 ITESC 的最大充电效率为

$$\eta_{ch} = \frac{\Delta T}{2T_H + \frac{10\kappa_i}{\sigma_i S_i^2} - \frac{1}{2}\Delta T} \tag{6-27}$$

从式(6-27)可以明确地看出，其最大充电效率与决定离子热电性能的三个参数(σ_i、S_i 和 κ_i)密切相关。与传统的电子热电材料类似，效率会随着离子电导率和塞贝克系数的增加与热导率的降低而增加。由前面定义的离子热电优值式(6-16)，可以进一步得到能量转换效率的公式：

$$\eta_{ch} = \frac{\Delta T}{T_H} \frac{ZT_i}{2ZT_i + \frac{10T}{T_H} - \frac{1}{2}ZT_i\frac{\Delta T}{T_H}} \tag{6-28}$$

作为比较，传统的热电发电机的最大能量转换效率为

$$\eta_{max} = \frac{\Delta T}{T_H} \frac{\sqrt{1+ZT_e}-1}{\sqrt{1+ZT_e}+\frac{T_C}{T_H}} \tag{6-29}$$

对于具有相同热电优值的材料，传统 TEG 的最大效率要高于 ITESC 的能量转换效率，这是因为 ITESC 的输出功率不是恒定的，而是随着时间衰减。然而，由于离子热电材料相对较大的塞贝克系数，其在相同温差下所存储的能量可以比传统的无机 Bi_2Te_3 材料高几个数量级：

$$E_{ch} = \frac{1}{2}CV^2 = \frac{1}{2}C\left(S_i\Delta T\right)^2 \tag{6-30}$$

6.3 有机离子热电材料的分类

由于电解质在超级电容器、锂离子电池等领域的重要应用，离子液体、聚合

物电解质、有机盐溶液等不同的材料体系都被广泛细致的研究过，也有许多相关综述。但是，已有的研究主要集中在离子电导率，对于离子塞贝克系数的报道相对较少，有机离子热电材料的研究处于起步阶段。因此，从材料体系到整体性能上都有很大的优化空间。对于离子热电材料，同样表征其电导率、塞贝克系数和热导率，并且也同样使用热电优值来衡量其综合热电性能，并用 ZT_i 来表示。关于热电优值的含义，已在 6.2 节做了详细的阐述。图 6-4 总结了几类典型的有机离子热电材料的化学结构式，其相应的离子热电性能总结在表 6-1 中。

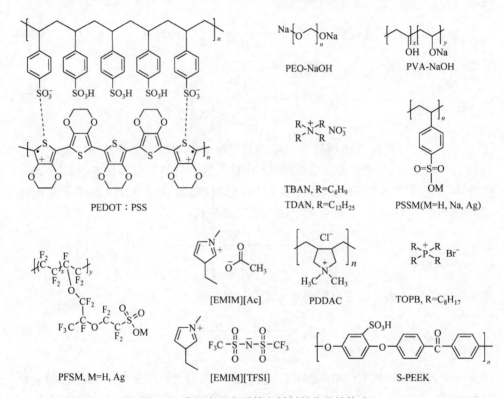

图 6-4 常见有机离子热电材料的化学结构式

表 6-1 有机离子热电材料的性能总结

材料	相对湿度/%	S_i /(mV/K)	σ_i /(S/m)	PF /[μW/(m·K²)]	κ_i /[W/(m·K)]	$ZT \times 10^{-3}$	参考文献
PSSNa	100	4	1.18	19	0.49	12	[26]
PEO-NaOH	溶液	11.1	0.0081	0.1			[27]
PSSH	70	8	9	580	0.38	400	[28]

续表

材料	相对湿度/%	S_i /(mV/K)	σ_i /(S/m)	PF /[μW/(m·K²)]	κ_i /[W/(m·K)]	ZT× 10^{-3}	参考文献
NFC-PSSNa	100	8.4	0.9	64	0.75	25	[29]
PEDOT∶PSS(1∶9)	90	16.2	29.1	7600			[30]
0.1mol/L TBAN 乙二醇溶液	溶液	3.4	0.6	6.9	0.256	0.84[a]	[31]
0.1mol/L TBAN 十二醇溶液	溶液	7.16	0.001	0.06	0.169	0.11[b]	[31]
PFSA	70	3.6	2	25.9			[32]
S-PEEK	70	5.5	0.3	9.1			[32]
PFSAAg	75	−1.5	0.43	1	0.4	3	[33]
PSSAg	40	5	0.27	6.75	0.4	6	[33]
PVA-NaOH	70	−1.2	0.5	0.72			[32]
PVA-H_3PO_4	70	1.8	3	9.7			[32]
PDDAC	70	19	1.9	686			[32]
水-[EMIM][Ac] (2∶1)	溶液	2.41					[34]
水-[EMIM][Ac] (4∶1)	溶液	−0.92					[34]
[EMIM][TFSI]	液态	−0.85	0.9	0.65			[35]
[EMIM][TFSI]∶PCDF-HFP(4∶1)	离子胶	−4	0.2	3.2			[35]
[EMIM][TFSI]∶PCDF-HFP∶PEG (4∶1∶7.5)	离子胶	13					[35]
H_2SO_4处理氧化石墨烯	70	5.7	0.4	13			[36]
填充 NaOH-PEO 的氧化纤维素薄膜		24	2	1150	0.48	715	[22]

a)310K;b)306K;没有附加说明时,表中其他 PF 和 ZT 值测试时的温度均为室温

6.3.1 有机盐溶液

有机盐溶液是较早研究的一类有机离子热电材料，如四丁基硝酸铵（tetrabutylammonium nitrate，TBAN）、四正辛基溴化鏻（tetraoctylphosphonium bromide, TOPB）和四（十二烷基）硝酸铵（tetradodecylammonium nitrate, TDAN）三种不同的有机盐在正辛醇、正十二烷醇和乙二醇等不同溶剂中所形成的溶液。在温度为 30~45℃，溶液浓度为 0.1 mol/L 时，不同溶液的离子塞贝克系数、离子电导率和热导率分别在 2.8~7.2 mV/K、0.0066~0.6 mS/cm 和 0.155~0.256 W/(m·K) 的范围内变化。其中，四丁基硝酸铵的正十二烷醇溶液的离子塞贝克系数可以高达 7.16 mV/K。然而，由于离子电导率相对较低，所能达到的最大热电优值只有 10^{-3} 量级[31]。

6.3.2 聚合物电解质

对于聚合物电解质，在锂离子电池、钠离子电池和超级电容器等不同的领域都对其离子电导率进行了表征和优化，为筛选性能优异的离子热电材料提供了大量的候选项。由于聚合物电解质中只有一种能够自由移动的电荷，而另一种符号相反的电荷被固定在聚合物链上，使得聚合物电解质可能会具有较高的离子塞贝克系数。

第一类典型的聚合物基离子热电材料体系是聚苯乙烯磺酸（polystyrene sulfonic acid, PSSH）和其金属盐，如聚苯乙烯磺酸钠（PSSNa）、聚苯乙烯磺酸银（PSSAg）等。作为单极离子导电的固态聚合物，PSSAg 在 40%相对湿度时的离子塞贝克系数为 5 mV/K，且具有适中的离子电导率和较低的热导率，在室温所能达到的最大热电优值为 0.006[37]。

对于 PSSNa 薄膜，当相对湿度在 50%~100%的范围内变化时，其离子电导率和离子塞贝克系数均会随之上升，分别从 0.026 S/m 和 0.26 mV/K 变为 1.18 S/m 和 4 mV/K。使用 3ω 方法测得的薄膜热导率，则从 50%时的 0.35 W/(m·K) 增加到 100%时的 0.49 W/(m·K)。从而，PSSNa 薄膜在室温和 100%相对湿度时的最高热电优值为 0.012[26]。通过将 PSSNa 与纳米纤维素（nanofibrilated cellulose，NFC）复合，可以简单经济高效地制备具有良好柔韧性的 NFC-PSSNa 离子热电纸。与极脆的 PSSNa 薄膜相比，NFC-PSSNa 热电纸的拉伸强度为 (16.6±1.5) MPa，杨氏模量为 (0.9±0.1) GPa，可以折叠成不同的形状。更重要的是，在整个湿度区间内，离子热电纸都具有比 PSSNa 本体材料略高的热电优值。在室温和 100%相对湿度时，离子热电纸的离子电导率、离子塞贝克系数和热导率分别为 0.9 S/m、8.4 mV/K 和 0.75 W/(m·K)，从而得到离子热电优值为 0.025，略高于纯 PSSNa 薄膜[29]。

PSSH 薄膜在室温和 70%相对湿度时拥有 9 S/m 和 7.9 mV/K 的优异的离子电导率和离子塞贝克系数，加上 0.38 W/(m·K) 的低热导率，其室温热电优值高达 0.4[28]。

第二类典型的聚合物基离子热电材料体系是全氟磺酸 (perfluoroalkanesulfonic acid, PFSA)和其金属盐，如全氟磺酸银(PFSAAg)。全氟磺酸在 70%相对湿度时的离子塞贝克系数为 3.6mV/K[32]。与 PSSAg 不同，尽管导电离子也是 Ag+，PFSAAg 在 75%相对湿度时的离子塞贝克系数却为-1.5mV/K。对于离子塞贝克系数的符号变化，可能与 Ag+和水分子的热扩散方向有关，但具体解释需要进一步的验证[33]。

第三类典型的聚合物基离子热电材料体系则是由非离子导电的聚合物基体和电解质构成的复合材料，常用的聚合物基体包括聚环氧乙烷类(polyethylene oxide, PEO)、聚丙烯腈类(polyacrylonitrile, PAN)、聚甲基丙烯酸甲酯类[poly(methyl methacrylate)，PMMA]、聚乙烯醇(polyvinyl alcohol, PVA)、聚乙烯基吡咯烷酮 (polyvinyl pyrrolidone, PVP) 和 聚偏氟乙烯-六氟丙烯类[poly(vinylidene fluoride-*co*-hexafluoropropylene)，PVDF-HFP]等；常用的电解质包括硫酸、磷酸、氢氧化钠等[38,39]。例如，通过将 NaOH 添加到分子量为 400 的 PEO 中，可以将其末端羟基(—C—OH)转化为醇的钠盐(—C—O—Na+)，所得到的 PEO-NaOH 电解质的离子塞贝克系数高达 11 mV/K，而热导率仅为 0.216 W/(m·K)；比较遗憾的是，其离子电导率相对较低，只有 8.13×10^{-3} S/m[27]。通过将 NaOH 或 H_3PO_4 与聚乙烯醇共混可以得到聚乙烯醇-氢氧化钠(PVA-NaOH)或聚乙烯醇-磷酸(PVA-H_3PO_4)复合体系电解质，但这两类材料的离子塞贝克系数绝对值均相对较小(1~1.5 mV/K)[32]。

除上述三类材料体系外，还有其他一些材料具有优异的离子热电性能。例如，具有带负电荷骨架的阳离子导体磺化聚醚醚酮(sulfonated polyether ether ketone，S-PEEK)在 70%相对湿度时的离子塞贝克系数为 5.5 mV/K[32]。而具有带正电荷骨架的阴离子导体聚(二烯丙基二甲基氯化铵)[poly(diallyldimethylammonium chloride)，PDDAC]，其离子塞贝克系数更是可以高达 19 mV/K[32]。

6.3.3　离子/电子混合导体

聚对苯乙烯磺酸(PSS)掺杂的聚 3，4-乙烯二氧噻吩(PEDOT)，即 PEDOT∶PSS，是一类稳定的、可溶液化加工的、高电导率的空穴传输材料，在过去的二十多年里受到了不同研究领域人们的普遍关注。在有机热电领域，PEDOT∶PSS 也是性能优异且被广泛研究的一类明星材料，实现了许多性能的新突破。然而，PEDOT∶PSS 不仅可以传输空穴；由于聚对苯乙烯磺酸的存在，它也可以传输离子，是一类离子/电子混合导体，也可以作为离子热电材料[21]。

对于 PEDOT∶PSS，在 10%的较低相对湿度下，其塞贝克系数在 10 μV/K 左右；随着相对湿度增加到 80%，其塞贝克系数逐渐上升为 161 μV/K。与之相对应的是，随着湿度的增加，其离子电导率也随之提高。作为比较，对离子为对甲苯磺酸(toluene sulfonate, Tos)的 PEDOT∶Tos 由于是纯的电子导体，则没有观察到塞贝克系数随湿度的明显变化。因此，PEDOT∶PSS 在高湿度情况下塞贝克系数的大幅度上升可以归结为离子热扩散作用的增强。

在 PEDOT∶PSS 中，离子塞贝克系数的贡献虽然巨大，但却只能持续很短的时间。为了更大限度地发挥离子/电子混合导体中离子对塞贝克系数的贡献，可以在电极上将具有氧化还原活性的 PSSAg 以 33%的质量比加入到 PEDOT∶PSS 中，并使用银电极来构筑器件。通过控制 PEDOT∶PSS 和电极界面处的电化学反应，离子塞贝克系数的持续时间可以得到很好地控制，从指数下降变为线性下降。作为对比，PEDOT∶PSS-PSSAg 在同等情况下输出的能量大概是 PEDOT∶PSS 的 2.5 倍[33]。

6.3.4 离子液体

离子液体(ionic liquids, ILs)电解质是由阴阳离子组成的、在室温或室温附近呈液态的盐类物质，常用的阳离子有咪唑类、吡咯类和脂肪族季铵盐等，阴离子主要有 BF_4^-、PF_6^- 和二(三氟甲基磺酰)亚胺(TFSI$^-$)等。离子液体具有诸多的优异特性，如熔点低、蒸气压极低、化学稳定性和热稳定性高、电化学窗口宽、电导率高、可循环使用等，因而被广泛地应用于电化学领域[40-42]。最近，探索离子液体离子热电性能的相关研究也开始见诸报道。

通过精准调控 1-乙基-3-甲基咪唑乙酸盐(1-ethyl-3-methylimidazolium acetate, [EMIM][Ac]) 和水的二元混合体系的组分比例，可以实现其离子热电性能从 p 型到 n 型的转变。在水-[EMIM][Ac]的摩尔比分别为 2∶1 和 4∶1 时，p 型和 n 型离子塞贝克系数达到最高，分别为 2.41 mV/K 和–0.92 mV/K。水中的氢键以及与水分子和阴阳离子所分别形成的氢键对于这种 p-n 极性转变起到了很大的作用，当水-[EMIM][Ac]的摩尔比逐渐增大至超过 4∶1 时，阴离子簇和金电极之间的相互作用逐渐减弱致使其离开金电极表面进行迁移，DFT 计算结果也表明了这一假设的合理性[34]。

另一种离子液体，1-乙基-3-甲基咪唑二(三氟甲基磺酰)亚胺盐(1-ethyl-3-methylim-idazolium bis(trifluoromethylsulfonyl)imide, [EMIM][TFSI]) 在室温下的离子电导率和离子塞贝克系数分别为 0.9 S/m 和–0.85 mV/K。当将其以 4∶1 的比例与 PVDF-HFP 混合制备成聚合物凝胶时，其离子电导率降为 0.2 S/m，而离子塞贝克系数则升到–4 mV/K[35]。进一步，当用聚乙二醇处理该聚合物凝胶时，随着用量的增加，其离子塞贝克系数从负值变为零又逐渐反向上升，最高可达 14 mV/K。

6.4 有机离子热电材料的应用进展

伴随着不同类型的有机离子热电材料的开发和离子热电性能的提升，其应用也取得了一定的进展，如离子热电超级电容器、热栅压调控的有机场效应晶体管和热传感器等[22, 27, 28, 35, 43]。下面，将对有机离子热电材料的相关应用进展做简要的概括。

在发现使用 NaOH 处理过的聚环氧乙烷(PEO-NaOH)聚合物电解质具有优异的离子塞贝克系数(11 mV/K)之后，Zhao 等提出了离子热电超级电容器的设想，并构筑了首个原型器件[27]。器件的电极为金-碳纳米管(Au-CNT)沉积在玻璃基底上，为防止液态电解质泄漏，两个电极与 1 mm 厚的聚二甲基硅氧烷(polydimethylsiloxane，PDMS)形成封闭的三明治结构，中间有小孔以注入 PEO-NaOH 电解质。其完整的一个充放电循环过程可参考图 6-3，当温差为 4.5 K，负载小于 20 kΩ 时，测得的能量储存密度为 1.35 $\mu J/cm^2$。根据式(6-30)，由于较大的塞贝克系数，在同等情况下，所述离子热电超级电容器比传统的无机 Bi_2Te_3 材料热电发电机和超级电容器串联时所储存的能量要高 3 个量级。

除了液态电解质材料，有些固态电解质材料在一定条件下也具有较好的离子热电性能，可用于构筑全固态离子热电超级电容器。例如，采用聚苯胺涂覆的石墨烯和碳纳米管作为电极，将 PSSH 膜作为电解质层夹在中间所构筑的固态离子热电超级电容器可以在外部温差下进行可逆的充放电行为。在仅有 5 K 的小温差下，超级电容器可产生 38 mV 的热电压，其电容值为 1200 F/m^2，这对于未来可穿戴设备的能量供给提供了新的设计思路[28]。分别采用硫酸处理过的氧化石墨烯和还原氧化石墨烯作为电解质层和电极，还可以构筑水平结构的离子热电超级电容器，温差为 10.5 K 时单组器件所产生的热电压为 58 mV。该器件具有优异的循环稳定性，10000 个循环后其比电容保持率为 91%。尤为重要的是，该器件可以使用激光照射进行批量制造，展现了大规模制备和应用的前景。当温差为 30 K 时，8 个串联的离子热电超级电容器模块(每个模块包含 17 个器件)所产生的热电压可以达到 2.1 V[36]。

虽然离子电荷无法通过外接电路，但离子热电材料较高的离子塞贝克系数使其除了利用间歇性热源进行充放电外，还可以利用热电压作为栅压对场效应晶体管进行调控，器件结构如图 6-5(a)所示[43]。PEO-NaOH 作为离子热电材料，其在 15～45℃的温度范围内热电压随温差线性变化，离子塞贝克系数为 7 mV/K。P3HT 作为活性层的场效应晶体管在几百毫伏的驱动电压下就可以实现栅压对源漏电流的较大调控，当栅压为 1.5 V 时，开关比可以达到 10^4。以此为基础构筑的单极反相器的电压-转移曲线与增益如图 6-5(b)所示，当温差从 30 K 变为反向 32 K 时，反相器可以从低态切换到高态，最大增益为 8。

在热栅压调控的场效应晶体管研究基础上，基于聚合物凝胶离子热电材料，还可以制备灵敏、柔性、透明、可印刷的温度传感器[35]。如前所述，当用 PEG 处理时，[EMIM][TFSI]/PVDF-HFP 聚合物凝胶的离子塞贝克系数可以从–4 mV/K

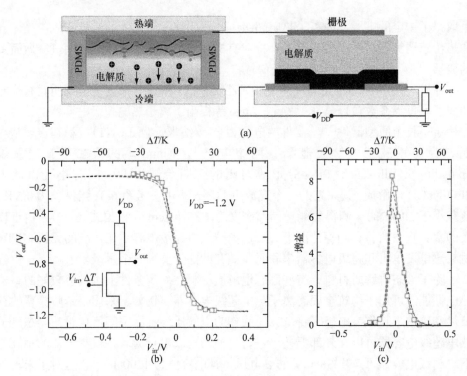

图 6-5　热栅压调控反相器的器件结构示意图(a)、电压-转移曲线(b)和增益(c)[43]

变化为 14 mV/K。36 组 p-n 热电臂连接而成的离子热电模块的热电压随温度的线性变化斜率为 0.333 V/K，用类似的方法构筑的热栅压调控的场效应晶体管的源漏电流在温差从–0.6～3.2 K 时，变化至少 2 个数量级，以此换算得到的温差灵敏度低至 0.021 K。除此之外，[EMIM][TFSI]/PVDF-HFP 还具有良好的可溶液化加工性能，通过丝网印刷[EMIM][TFSI]/PVDF-HFP 后，选择性地印刷 PEG 可以简便快捷地构筑大面积离子热电模块。

6.5　总结与展望

　　有机离子热电材料作为有机热电材料的一个分支，虽然研究时间更短，但是从材料性能调控到应用都取得了一定的进展，其研究不仅会拓宽有机热电材料的应用领域，对于传统的电子类有机热电材料的研究也会起到一定的促进作用。

　　首先，由于传统的电子有机热电材料在材料制备和掺杂改性的过程中可能会引入离子，性能测试过程中也可能会有湿度的变化，因此有机离子热电材料的研究可以帮助人们更好地、更加准确地去探究电子有机热电材料的性能。通过利用或者抑制离子热电效应，可以进一步提高电子有机热电材料的综合性能，也可以和其他一些相关技术结合，实现性能优化或实现集成化效果[44]。

其次，对于有机离子热电材料，不同体系的研究尚缺乏系统性，针对离子塞贝克系数、离子电导率和热导率的理论预测亟须加强，以更好地从理论上指导有机离子热电材料的进一步发展，开发更多新的体系和更高性能的材料。

最后，有机离子热电材料的优(离子塞贝克系数大)、劣(电荷无法通过外接电路)特征明显，我们应该扬长避短，依照其自身特点来探索其在能源存储与转化、传感器、可穿戴电子学和生物电子学等领域的潜在应用。此外，有机离子热电材料有更多新颖的特性有待探索，也必将催生更多的新型应用。

参 考 文 献

[1] de Groot S R, Mazur P. Non-equilibrium Thermodynamics. NewYork: Dover Publication Inc, 1953.

[2] Simpkins P G, Greenberg-Kosinski S, MacChesney J B. Thermophoresis: The mass transfer mechanism in modified chemical vapor deposition. J Appl Phys, 1979, 50: 5676-5681.

[3] Stejskal J, Trchova M, Ananieva I A, Janca J, Prokes J, Fedorova S, Sapurina I. Poly(aniline-*co*-pyrrole): Powders, films, and colloids. Thermophoretic mobility of colloidal particles. Synth Met, 2004, 146: 29-36.

[4] Thamdrup L H, Larsen N B, Kristensen A. Light-induced local heating for thermophoretic manipulation of DNA in polymer micro- and nanochannels. Nano Lett, 2010, 10: 826-832.

[5] Würger A. Thermal non-equilibrium transport in colloids. Rep Progress Phys, 2010, 73: 126601.

[6] Burrows B. Discharge behavior of redox thermogalvanic cells. J Electrochem Soc, 1976, 123: 154-159.

[7] Duan J J, Feng G, Yu B Y, Li J, Chen M, Yang P H, Feng J M, Liu K, Zhou J. Aqueous thermogalvanic cells with a high Seebeck coefficient for low-grade heat harvest. Nat Commun, 2018, 9: 5146.

[8] Ikeshoji T. Thermoelectric conversion by thin-layer thermogalvanic cells with soluble redox couples. Bull Chem Soc Jpn, 1987, 60: 1505-1514.

[9] Mua Y, Quickenden T I. Power conversion efficiency, electrode separation, and overpotential in the ferricyanide/ferrocyanide thermogalvanic cell. J Electrochem Soc, 1996, 143: 2558-2563.

[10] Ouickenden T I, Mua Y. A review of power generation in aqueous thermogalvanic cells. J Electrochem Soc, 1995, 142: 3985-3994.

[11] Wijeratne K. Conducting polymerelectrodes for thermogalvanic cells. Sweden: Linköping University, 2018.

[12] Assael M J, Goodwin A R, Vesovic V, Wakeham W A. Experimental thermodynamics volume Ⅸ: Advances in transport properties of fluids. Royal Society of Chemistry, 2014.

[13] Agar J N, Mou C Y, Lin J L. Single-ion heat of transport in electrolyte-solutions: A

hydrodynamic theory. J Phys Chem, 1989, 93: 2079-2082.

[14] Wurger A. Transport in charged colloids driven by thermoelectricity. Phys Rev Lett, 2008, 101: 108302.

[15] Vigolo D, Buzzaccaro S, Piazza R. Thermophoresis and thermoelectricity in surfactant solutions. Langmuir, 2010, 26: 7792-7801.

[16] Eslahian K A, Majee A, Maskos M, Wurger A. Specific salt effects on thermophoresis of charged colloids. Soft Matter, 2014, 10: 1931-1936.

[17] di Lecce S, Albrecht T, Bresme F. A computational approach to calculate the heat of transport of aqueous solutions. Sci Rep, 2017, 7: 44833.

[18] di Lecce S, Bresme F. Thermal polarization of water influences the thermoelectric response of aqueous solutions. J Phys Chem B, 2018, 122: 1662-1668.

[19] Park M, Zhang X C, Chung M D, Less G B, Sastry A M. A review of conduction phenomena in Li-ion batteries. J Power Sources, 2010, 195: 7904-7929.

[20] Orazem M E, Tribollet B. Electrochemical Impedance Spectroscopy. Hoboben: John Wiley & Sons, 2017.

[21] Wang H, Ail U, Gabrielsson R, Berggren M, Crispin X. Ionic Seebeck effect in conducting polymers. Adv Energy Mater, 2015, 5: 1500044.

[22] Li T, Zhang X, Lacey S D, Mi R Y, Zhao X P, Jiang F, Song J W, Liu Z Q, Chen G, Dai J Q, Yao Y G, Das S, Yang R G, Briber R M, Hu L B. Cellulose ionic conductors with high differential thermal voltage for low-grade heat harvesting. Nat Mater, 2019, 18: 608-613.

[23] Froba A P, Rausch M H, Krzeminski K, Assenbaum D, Wasserscheid P, Leipertz A. Thermal conductivity of ionic liquids: Measurement and prediction. Int J Thermophys, 2010, 31: 2059-2077.

[24] Zhao Y S, Zhen Y P, Jelle B P, Bostrom T. Measurements of ionic liquids thermal conductivity and thermal diffusivity. J Therm Anal Calorim, 2017, 128: 279-288.

[25] Li F Y, Shi S Y, Ma W G, Zhang X. A switched vibrating-hot-wire method for measuring the viscosity and thermal conductivity of liquids. Rev Sci Instrum, 2019, 90: 075105.

[26] Wang H, Zhao D, Khan Z U, Puzinas S, Jonsson M P, Berggren M, Crispin X. Ionic thermoelectric figure of merit for charging of supercapacitors. Adv Electron Mater, 2017, 3: 1700013.

[27] Zhao D, Wang H, Khan Z U, Chen J C, Gabrielsson R, Jonsson M P, Berggren M, Crispin X. Ionic thermoelectric supercapacitors. Energy Environ Sci, 2016, 9: 1450-1457.

[28] Kim S L, Lin H T, Yu C. Thermally chargeable solid-state supercapacitor. Adv Energy Mater, 2016, 6: 1600546.

[29] Jiao F, Naderi A, Zhao D, Schlueter J, Shahi M, Sundstrom J, Granberg H, Edberg J, Ail U, Brill J, Lindstrom T, Berggren M, Crispin X. Ionic thermoelectric paper. J Mater Chem A, 2017, 5: 16883-16888.

[30] Kim B, Na J, Lim H, Kim Y, Kim J, Kim E. Robust high thermoelectric harvesting under a self-humidifying bilayer of metal organic framework and hydrogel layer. Adv Funct Mater, 2019, 29: 1807549.

[31] Bonetti M, Nakamae S, Roger M, Guenoun P. Huge Seebeck coefficients in nonaqueous electrolytes. J Chem Phys, 2011, 134: 114513.

[32] Kim S L, Hsu J H, Yu C. Thermoelectric effects in solid-state polyelectrolytes. Org Electron, 2018, 54: 231-236.

[33] Chang W B, Fang H, Liu J, Evans C M, Russ B, Popere B C, Patel S N, Chabinyc M L, Segalman R A. Electrochemical effects in thermoelectric polymers. ACS Macro Lett, 2016, 5: 455-459.

[34] Jia H Y, Ju Z Y, Tao X L, Yao X Q, Wang Y P. p-n Conversion in a water ionic liquid binary system for nonredox thermocapacitive converters. Langmuir, 2017, 33: 7600-7605.

[35] Zhao D, Martinelli A, Willfahrt A, Fischer T, Bernin D, Khan Z U, Shahi M, Brill J, Jonsson M P, Fabiano S, Crispin X. Polymer gels with tunable ionic Seebeck coefficient for ultra-sensitive printed thermopiles. Nat Commun, 2019, 10: 1093.

[36] Kim S L, Hsu J H, Yu C. Intercalated graphene oxide for flexible and practically large thermoelectric voltage generation and simultaneous energy storage. Nano Energy, 2018, 48: 582-589.

[37] Chang W B, Evans C M, Popere B C, Russ B M, Liu J, Newman J, Segalman R A. Harvesting waste heat in unipolar ion conducting polymers. ACS Macro Lett, 2016, 5: 94-98.

[38] Zhong C, Deng Y D, Hu W B, Qiao J L, Zhang L, Zhang J J. A review of electrolyte materials and compositions for electrochemical supercapacitors. Chem Soc Rev, 2015, 44: 7484-7539.

[39] Long L Z, Wang S J, Xiao M, Meng Y Z. Polymer electrolytes for lithium polymer batteries. J Mater Chem A, 2016, 4: 10038-10069.

[40] Armand M, Endres F, MacFarlane D R, Ohno H, Scrosati B. Ionic-liquid materials for the electrochemical challenges of the future. Nat Mater, 2009, 8: 621-629.

[41] Goossens K, Lava K, Bielawski C W, Binnemans K. Ionic liquid crystals: Versatile materials. Chem Rev, 2016, 116: 4643-4807.

[42] MacFarlane D R, Forsyth M, Howlett P C, Kar M, Passerini S, Pringle J M, Ohno H, Watanabe M, Yan F, Zheng W J, Zhang S G, Zhang J. Ionic liquids and their solid-state analogues as materials for energy generation and storage. Nat Rev Mater, 2016, 1: 15005.

[43] Zhao D, Fabiano S, Berggren M, Crispin X. Ionic thermoelectric gating organic transistors. Nat Commun, 2017, 8: 14214.

[44] Guan X, Cheng H L, Ouyang J Y. Significant enhancement in the Seebeck coefficient and power factor of thermoelectric polymers by the Soret effect of polyelectrolytes. J Mater Chem A, 2018, 6: 19347-19352.

第 **7** 章

有机热电器件的构建与功能化

热电器件是实现热电材料能量转换功能应用的载体，通常由电极、热电材料和基底三部分组成。尽管材料的热电优值从理论上决定了器件的最大效率，但是器件结构和界面性质等要素直接影响器件的实际能量转换效率、功率密度和稳定性等性质。此外，器件的不同功能对器件结构与性能要求也不同。对于环境热利用，器件应具备优异的微小温差创建性质，保证功率输出；可穿戴应用则需要器件具有优异的柔韧性、弯折稳定性和可柔性集成等特征；热电制冷不但要求器件具有高的能量转换效率，还需要低的界面电阻以降低焦耳热，实现大温差制冷。因此，功能导向的器件设计、界面优化和器件集成方法与技术是有机热电的核心问题。本章主要介绍有机热电器件基本结构、功能应用方向、关键集成技术和单分子热电器件的测试方法等，为读者提供有机热电器件的基础知识和构建方法。

7.1 有机热电器件的结构与工作原理

在有机发光二极管[1]、有机场效应晶体管[2]和有机太阳电池[3]等领域，人们利用一种器件表征材料的关键性能指标并展现其应用。热电器件的能量转换效率直接取决于材料的热电优值，而热电优值又取决于塞贝克系数、电导率和热导率三大参数。由于各参数的表征测试原理不同，通常采用不同的器件结构获取上述参数，从而计算材料的热电优值[4-8]。因此，最终应用的有机热电器件并不直接用于材料的性能参数表征。但是，有机热电器件仍然扮演着至关重要的角色，主要是由于：①器件的功率输出和能量转换效率是评估热电材料综合性能最为有效的方式；②通过印制的方式制备大面积柔性器件可以直接展现有机热电材料的优势；③结合器件的结构设计可以赋予有机热电材料新的功能，拓展其应用方向。尤为重要的是，热电器件的性能不仅取决于材料的热电优值，还与器件结构和界面性质等要素密切相关。所以，人们需要从器件结构、界面性质和器件集成等方面综合考虑有机热电器件的性能提升和功能调控的方法。

热电器件通常由 p 型和 n 型两种材料通过金属连接构成。如图 7-1 所示，典型的无机热电器件具有 π 形结构，当给器件施加温差后，p 型和 n 型材料的空穴和电子分别从热端向冷端扩散，通过塞贝克效应产生热电势。与此相反，当在一组器件上施加电压并形成通路时，器件通过珀尔帖效应在两端产生温差，从而实现热电制冷。但是单个器件的温差发电输出电压和制冷功率很低，需要将器件串联或并联集成，构成可实际工作的热电模块。除了器件自身，基底材料也是影响模块能量转换效率的重要因素。传统的无机热电器件通常利用热传导良好的陶瓷基板作为基底，热流沿垂直于陶瓷基底的方向传输。总体而言，π 形器件适合平板热源的工作环境，内部的热流密度均匀且易于发挥热电材料的性能，实现高效转换，是目前最广泛的器件结构。除了 π 形结构，人们根据不同的应用环境发展了不同结构的热电器件，其中环形结构[图 7-1 (b)、(e)][9, 10]和 Y 形结构[图 7-1 (c)、(f)][11]是具有代表性的器件结构。但是这些器件普遍存在热流密度和电流密度不均匀的问题，影响器件性能的提升。另外，异型热电器件对制备技术要求很高，增加了器件制备的难度和成本。

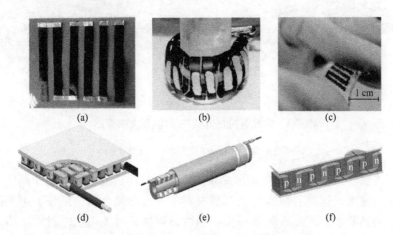

图 7-1　平板 π 形[(a)、(d)]、环形[(b)、(e)]和 Y 形[(c)、(f)]热电器件应用实例[(a)～(c)]和结构示意图[(d)～(f)][9, 11, 12](见文末彩图)

上述器件需要同时具有 p 型和 n 型材料，实际上利用单一的 p 型或 n 型有机材料也可构筑如图 7-2 中所示的单臂热电器件[13]。这类器件利用电极连接相邻热电单元的热端和冷端，可以用于热电材料的温差发电与珀尔帖制冷功能。但是由

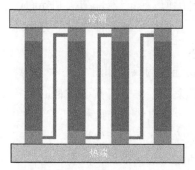

图 7-2 单极型器件结构示意图

于电极材料通常为金属材料，热导率高，从而会造成器件两端的漏热情况发生。因此，这类器件不利于维持温差，能量转换效率提高也十分困难，是一种非常规的热电器件结构。

有机热电材料具有轻薄、本征柔韧性好和室温区性能相对优异的特点。因此，理想的有机热电器件应具有优异的柔性、易于从周围环境中汲取低温热能、满足可穿戴应用需求。根据热流方向与基底延展方向的关系，已报道的有机热电器件主要包括垂直式、水平式和倾斜式器件，三种器件的结构如图 7-3 所示。

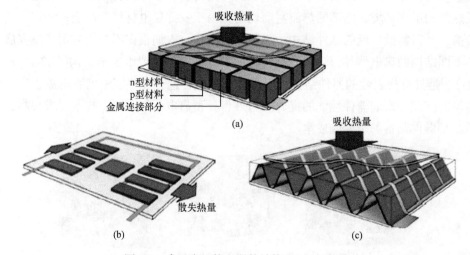

图 7-3 常见有机热电器件结构(见文末彩图)

(a)垂直式器件；(b)水平式器件；(c)倾斜式器件

垂直式器件具有典型的类 π 形结构[图 7-3(a)]，热流方向垂直于基底。为满足柔性应用需求，这类有机器件的基底材料多为柔性聚合物与纸张，可贴附在不同弯曲度的热源上实现高效热能转换。尽管该器件具有无机热电材料中应用最为广泛的结构，但是有机热电材料的薄膜厚度通常较低，不利于建立大温差，所以很多有机热电器件采用水平式结构[图 7-3(b)]。不同于薄膜厚度的调控，水平方向的薄膜尺寸易于控制，所以人们不仅可以在单元器件上建立较大温差并提高单组器件热电势，还可以通过卷曲形成高集成度的有机热电集成器件，满足大电压的功能应用需求。相对于垂直式和水平式结构，倾斜式结构[图 7-3(c)]和编织物的纤维结构十分类似，在有机热电材料功能应用方面优势十分突出。因此，可以利用纤维作为基底材料,通过材料复合和精细编织等策略制备可穿戴的有机热电器件。这类器件易于低成本和大面积制备,并且可以高效利用人体释放的热能发电,显示出有机热电材料在室温区微温差发电的优势。

7.2　热电器件性能评估方式

7.2.1　输出功率和能量转换效率

衡量热电器件性能的参数主要有开路电压、短路电流、能量转换效率和输出功率等。能量转换效率和输出功率是评估热电器件最重要的指标,其中能量转换效率为输出电功率和热源所消耗的能量之比。

当器件两端建立起稳定的温差时(热端和冷端温度分别为 T_H 和 T_C),此时通过改变负载 R_L,便可测得不同负载下的输出电压 V_{out} 和标准电阻引起的电压差 V_s,那么器件输出电流 $I_{out} = V_s / R_s$,输出功率 $P_{out} = V_{out} \times I_{out}$,因此可得器件输出电流 I_{out} 和输出电压 V_{out} 的线性关系与 I_{out}-P_{out} 曲线,如图 7-4 所示。当外部负载总电阻等于器件内阻时,可得该温差下器件最大输出功率 P_{max}。

根据热电器件能量转换效率定义可得

$$\eta = \frac{P_{out}}{Q_{in}} \times 100\% = \frac{P_{out}}{P_{out} + Q_{out}} \times 100\% \tag{7-1}$$

其中

$$Q_{out} = \frac{T_H - T_C}{H} \times \kappa \times A \tag{7-2}$$

式中,κ 为热流计热导率;A 为热流计横截面积;H 为测温点间距。因此可得 I_{out}-η 曲线和此时最大能量转换效率 η_{max}。

7.2.2　哈曼法测定热电优值

材料热电优值的测定一般需要电导率、塞贝克系数和热导率的分别测试。然而,不同参数的测试器件结构不同,且三种参数的测试误差易造成热电优值具有较大误差。实际上,利用器件性能测试也可获得热电材料的热电优值。

哈曼法[16-19]是应用较为广泛的性能评估方法,其原理(图 7-5)是在真空绝热环境下对器件施加微小直流电流,通过珀尔帖效应内部产生温度梯度最后达到热

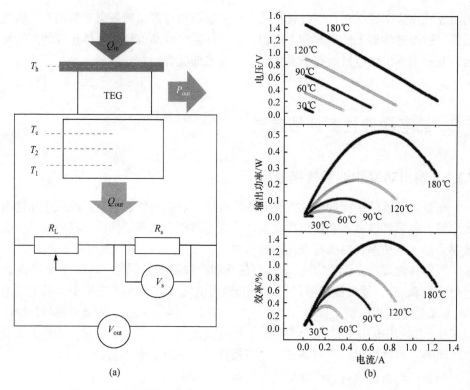

(a)

(b)

图 7-4 热电器件性能测试装置图(a)和常见性能测试曲线(b)[14, 15]

平衡，此时器件两端电压 U 为

$$U = U_R + U_T = IR + S \times \Delta T \qquad (7\text{-}3)$$

当断开电路时负载电压 U_R 变为 0，但是材料的温差电动势 U_T 会因为温度梯度的减小而逐渐降低。

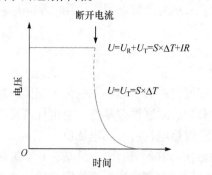

图 7-5 哈曼法测试器件热电优值原理图[16]

通过建立热平衡方程与电流电压方程，可以得到

$$ZT = \frac{U_T}{U_R} \qquad (7\text{-}4)$$

因此只要在连续测试中得到负载电压和热平衡时的温差电动势，便可求得该热电器件在冷端温度下的热电优值。该方法相对于稳态法更加快速，但是存在系统误差，无法单独对器件的电性能和热性能

参数进行测试。此外，为了达到绝热真空的测试环境来减少与外界各种热交换过程，应选择合适的样品尺寸，同时采用较小的测试电流。

7.3　有机热电器件研究进展

伴随着材料的发展，有机热电器件研究得到关注。首先，热电器件可以直接衡量材料在实际应用中的性能高低；其次，尽管有机热电材料性能仍有较大提升空间，但是有机热电器件在柔性穿戴器件和微温差低功耗器件等方面展现出了良好的应用前景。根据功能应用的不同，将从热电发电器件、光热电器件、热电传感器件和珀尔帖制冷器件四个方面来概述介绍相关进展。

7.3.1　热电发电器件

温差发电是有机热电器件最广泛的应用领域。近年来，可穿戴设备和集成智能器件是新一代电子器件的重要方向，但是满足上述特殊需求的电源仍有待开发。有机热电器件可利用人体热持续供电，可为上述应用提供可能的解决方案。

有机热电的前期研究主要集中于利用 p 型和 n 型材料制备 π 形结构器件。而有机热电材料需要同时满足高性能、空气稳定和易于大面积图案化制备的三大要求。PEDOT 是前期有机热电器件研究的主要对象之一。2011 年，瑞典科学家通过 TDAE 处理 PEDOT：Tos 来控制其氧化还原程度，可使得该材料的热电优值达到 0.25[20]。他们利用 PEDOT：Tos 作为 p 型材料和 TTF-TCNQ 作为 n 型材料，制备了含有 55 个集成单元的柔性热电器件，该器件在 10 K 温差下的输出功率为 0.128 μW。

相对于 p 型材料，大多数 n 型有机热电材料性能低且空气稳定性较差，但是乙烯基四硫醇镍的金属配位聚合物体系 $\{poly[K_x(Ni\text{-}ett)]\}$ 表现出良好的热电性能（热电优值为 0.30±0.03）和稳定性。2012 年，中国科学院化学研究所朱道本课题组利用 $poly[Na_x(Ni\text{-}ett)]$ 和 $poly[Cu_x(Cu\text{-}ett)]$ 分别作为 n 型和 p 型热电材料构筑了 35 组 p-n 串联的集成器件[图 7-6(a)、(c)]，当温差为 80 K 时，器件输出电流和电压分别为 10.1 mA 和 0.26 V，输出功率密度达 2.8 μW/cm²[21]。然而由于 $poly[Cu_x(Cu\text{-}ett)]$ 热电性能较低，400 K 时热电优值仅为 0.001，并且较低的集成度使得器件功率输出仍难以满足应用需求。随后在此基础上，通过进一步提高 Cu（Ⅰ）-ett 性能同时将器件集成度提高至 200 组[图 7-6(b)、(d)]，并实现柔性化制备，器件短路电流和开路电压分别超过 2.71 mA 和 1.51 V，最大输出功率达到 1 mW，可以实现液晶显示屏的驱动[22]和其他多种功率器件中能量供给需求。

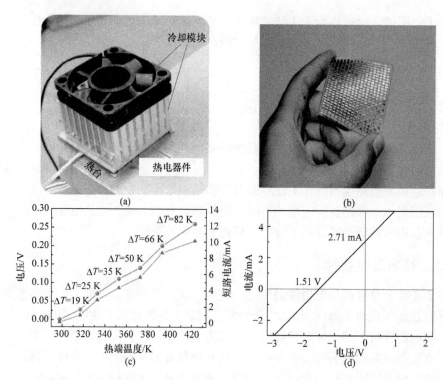

图 7-6 有机热电发电器件的光学照片[(a)、(b)]和性能曲线[(c)、(d)][21]

除了 π 形器件，人们利用单臂器件结构制备了多种薄膜器件。朱道本团队利用电化学沉积工艺制备了 poly[K_x(Ni-ett)]薄膜。通过该方法制备的 18 组 n 型单臂器件[图 7-7(a)、(b)]在 12 K 温差下的输出功率为 0.468 mW，功率密度为 577.8 mW/cm²[23]。日本科学家通过丝网印刷在纸基上用 PEDOT：PSS 制备了大面积的柔性热电器件，70 张串联和并联电路组成的模块在 50K 的温差下开路电压和短路电流分别为 0.2 V/0.012 V 和 4 μA/1.4 mA[24]。此外，有机热电器件作为重要的能量转换器件，可拓展更多的应用场景，如与有机晶体管集成构建自供电传感器。但是，目前大部分有机晶体管的操作电压通常高于 1 V，单个器件的功耗超过 1 μW，而有机热电材料的转换效率较低，器件的输出功率低于 0.1 μW。发电功率与能耗不匹配，迫切需要通过多个热电器件集成来提高输出功率。中国科学院化学研究所研究人员在纸基基底上集成了 162 个 PEDOT：PSS 的 p 型热电单臂[图 7-7(b)、(d)]，85.5 K 温差下实现了 0.52 V 和 0.32 μW 的电压和功率输出，将其与低电压晶体管传感器结合，构建了高性能有机自供电氨气传感[25]。

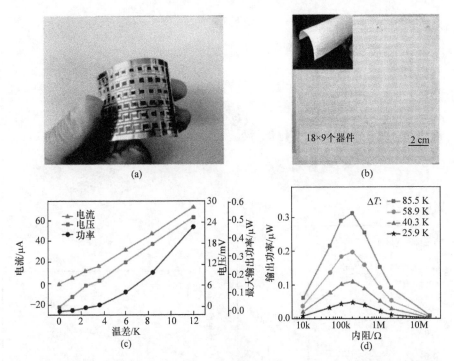

图 7-7　利用柔性基底制备的有机热电发电器件的光学照片[(a)、(b)]和热电性能测试
曲线[(c)、(d)][23-25]

7.3.2　光热电器件

　　光照与热电转换在单一器件中的结合主要包括两方面：一是光热与热电能量
转换的复合（光-热-电转换），通常光照区域会产生光热效应，引起局部温度升高
并在热电材料中建立温差；二是光对热电转换过程的调制（光-热电），光照不仅会
改变材料的载流子浓度，其激发态也会对电子结构产生影响。利用单一体系构筑
光-热-电器件对材料的光吸收、光热转换效率和热电转换性能等多个方面有很高
的要求并依赖于材料性能的调控。电化学合成的 PEDOS-C6 是早期报道的有机光
热电材料，通过控制氧化还原电势可改变该材料的掺杂程度从而影响其光学吸收
和热电性能，同时薄膜在近红外光区域有很强的吸收。基于该材料的垂直光热电
器件[图 7-8(a)、(c)]在 2.33 W/cm^2 的光照下可产生 8.69 K 的温差和超过 900 μV
的热电势[26]。poly[Cu$_x$(Cu-ett)]是另一类优异的光热电材料，该类薄膜不但具有
优异的光吸收、光热转换和热电性质，而且展现出光致增强的热电性质，在光照
下薄膜塞贝克系数从 52 μV/K 提高至 79 μV/K。利用这一特性，研究人员分别在
玻璃和柔性基底上制备了有机薄膜光热电器件[图 7-8(b)、(d)]。该器件不仅可以
在太阳光下产生 12 mV 的电势，还可以实现近红外光探测[27]。

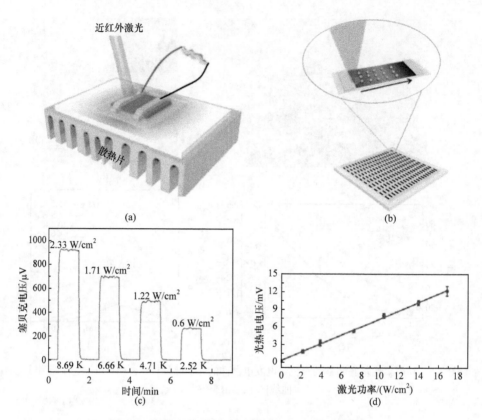

图 7-8 光热电效应在有机热电发电机中的应用[26, 27]

(a)、(b)两种光照热电器件结构示意图；输出电压随时间(c)及光照功率(d)的变化关系

7.3.3 热电传感器件

基于塞贝克效应，热电器件的热电势与器件两端的温差呈线性关系。因此，有机热电器件可展现温度传感功能。例如，人们利用 P3HT 与 Te 的复合纳米线制备了温度传感器，该传感器的温度检测灵敏度达到 0.15 K，响应和恢复时间分别为 17 s 和 9 s[28]。更有意思的是，热电材料还可以用于温度-压力双信号传感应用研究。中国科学院化学研究所朱道本团队首次提出了利用微孔结构化的有机热电复合材料（MFSOTE）制备自供电压力-温度双参数传感器（图 7-9）的概念。该类复合材料是通过将有机热电材料包覆具有良好机械性能的结构化支撑骨架上制备的，所以兼具热电性质与压缩形变的特性。如图 7-9(a)和(b)所示，当器件上存在温差 ΔT 时，器件产生的热电势与温差满足 $V_{therm}=S_T \times \Delta T$，恒定环境温度 T_0 后即可监测信号温度 T_S，且该信号主要受复合材料的塞贝克系数 S_T 影响。另外，支撑

物 MFSOTE 提供了良好的压制变形特性,所以对器件施加压力,可以实现压阻式的传感响应。基于上述原理,当对器件施加一个耦合的温度-压力信号时,V_{therm} 可以反映温度信息,导电性的变化可用于探测压力信号,且不相互干扰,实现对温度-压力双参数的独立、灵敏响应。更为重要的是,MFSOTE 的传热性质主要取决于包覆的有机热电材料,而复合物的形变特性主要受支撑骨架微观结构影响,因此通过选择合适的热电材料及支撑物,即可实现该类器件传感性能的可控调节。研究中他们制备了系列自供电、高灵敏度的多信号传感器。选用水溶性的有机热电材料 PEDOT:PSS 与多孔聚氨酯复合制备的 MFSOTE 器件可以实现对 0.1 K 微小温差的高精度响应,响应时间大约 2s,且由此计算出的 S_T 与 5%(体积分数)乙二醇掺杂的 PEDOT:PSS 塞贝克系数相当。器件在 0.1 K 以上的温差驱动下可以实现温差发电,并用于自供电的温度与压力传感,对压力响应的灵敏度可达 28.9 K/Pa,响应时间小至 20 ms。

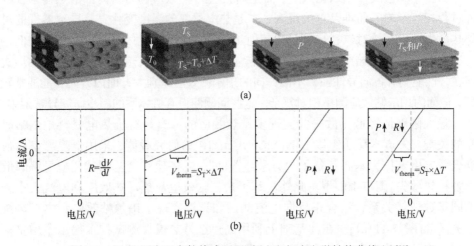

图 7-9 温度-压力双参数传感原理图(a)和相应电学性能曲线(b)[29]

结合溶液印制技术,朱道本课题组还成功在 2 cm×3 cm 区域内制备了 1350 个像素点的柔性传感矩阵,该矩阵可以模拟手指位置皮肤的功能,实现对压力和温度信号的高空间分辨识别。总体来说,新型有机热电复合材料为多功能传感器件研究提供了新思路;MFSOTE 器件的自供电性质、高灵敏性、快速的信号响应以及高稳定性有利于实现其在温度、压力以及温度-压力信号的实时检测中的应用,在健康检测和人工智能方面展现了广阔的应用前景[29]。利用类似的原理,瑞典林雪平大学 Crispin 课题组通过冷冻干燥 PEDOT:PSS、纳米原纤化纤维素(NFC)和环氧丙氧基三甲氧基硅烷(GOPS)的混合水溶液,制备了热电聚合物气凝胶器件,器件同样展现了优异的双参数传感特性[30]。

7.3.4　珀尔帖制冷器件

通过散热维持器件工作温度是保证电子设备高效运行的重要基础。伴随着电子器件微型化和集成度提升，电子器件对散热的需求越来越高。传统的空气对流散热控温技术涉及很多界面问题，存在换热效率低、噪声大等问题。实现原位高效散热控温是维持电子元器件工作稳定性的重要手段。珀尔帖器件是利用热电转换原理的制冷器件，具有结构紧凑、无噪声和振动等特点，有望实现集成式主动散热。珀尔帖制冷已有很多报道[31-37]，但在 2018 年前都是采用无机材料。近年来，有机热电材料快速发展，且在中低温范围内具有较好性能。考虑到制冷器件工作温度大多低于 100℃，有机珀尔帖器件可以充分发挥分子材料的优势。但是，在2018 年之前有机热电材料的珀尔帖效应精准实验观测和定量制冷研究从未报道。

准确揭示有机材料的珀尔帖效应主要具有三个方面的难题：一是热电材料在电流回路中不但展现珀尔帖效应，而且伴随焦耳热效应和材料内部的热传导，各种过程相互影响因而难以直接观测；二是热电材料的温度变化直接导致器件的对外热散失，包括热对流、热辐射和其他热交换，由于有机体系热导率相对较低，上述热散失的存在导致器件测试信号非常微弱；三是有机热电材料多以薄膜形式存在，性能具有各向异性强，不同方向的珀尔帖效应差别大，面内方向性能通常较高，但面内珀尔帖效应测量相对复杂，这些问题使得有机体系的制冷研究异常困难。

最大限度地降低热散失并实现多重热效应的分离是有机热电材料珀尔帖研究的关键。朱道本课题组以 poly[Na$_x$(Ni-ett)] 作为研究载体，采用低热导率高强度聚对二甲苯作为基底制备了"类悬浮器件"，并搭建高真空测试环境显著降低了各种热散失(图 7-10)[38]。此外，基于珀尔帖效应与焦耳热效应和电流大小的不同函数依赖关系，结合正反向电流测试和计算实现了珀尔帖效应和焦耳热效应的区分[图 7-11(a)]。在此基础上利用高速红外热像仪测试技术揭示了珀尔帖效应、焦耳热效应和热传导对于温度分布的影响。

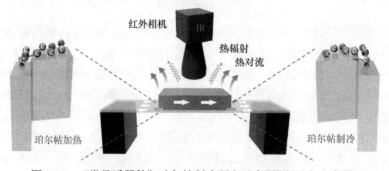

图 7-10　"类悬浮器件"珀尔帖制冷研究示意图[38](见文末彩图)

　　由于珀尔帖效应发生在界面处，0.01 s 内温差在电极/热电材料界面出现并向器件中心区域扩散[图 7-11(a)]。随着时间推移，热传导开始影响材料内部的温度分布，热量从热端向冷端扩散并在 3 s 内建立热平衡[图 7-11(b)]。得益于分子材料本征热导率低等特点，有机珀尔帖器件在建立大温差方面具有一定的优势，器件两端在 5 A/mm^2 的电流密度下可建立 41 K 的温差[图 7-11(c)]。

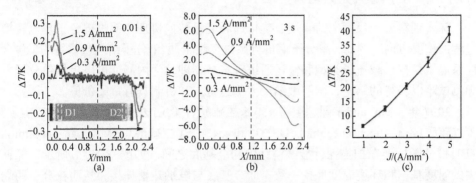

图 7-11　器件在施加电流 0.01s(a)、3s(b)时的温度分布，以及在不同电流密度下器件两端的温差(c)[38]

　　以上结果表明，有机热电材料在珀尔帖控温方面具有一定的应用潜力，但是利用有机热电材料制备实际应用的制冷器件还有很多的科学问题和技术难点需要解决。目前研究只针对单极性有机热电材料，实际器件需要 p 型和 n 型材料并制备 π 形器件。如何选择和实现 p/n 型有机热电臂的高度集成是珀尔帖制冷器件走向实际应用的重要一步。除此之外，珀尔帖器件涉及的界面电输运和热输运过程复杂，如何降低界面之间的接触电阻和接触热阻也是亟待解决的难题。

7.4　单分子热电器件

　　单分子热电器件是研究分子尺度内电荷输运和热传输的重要手段，此类器件制备主要挑战在于构建分子与电极的电接触与热接触、纳米尺度上温差的建立与准确测量、低维热输运能量的测试等。迄今，人们发展了多种单分子器件构筑技术，主要包括基于探针技术的扫描隧道显微镜裂结法(scanning tunneling microscopy break junction, STMBJ)与导电探针原子力显微镜法(conductive probe atomic force microscopy, CP-AFM)，机械控制裂结法(mechanically controlled break junction, MCBJ)和电极裂结法(electrode break junction, EBJ)。在上述技术手段的基础上，结合加热部件和温度测量部件可构建单分子热电测试系统。针对基于探针测试技术的实验体系，一般可以通过控制基底金盘加热，探针保持恒温的方式在单分子两端创建温差。对于基于裂结技术的测试体系，一般需要在测试电极原位集成微纳尺度的加热器和温度传感器。近年来，随着扫描探针显微技术的不断发展[39-41]，单分子热电器件领域也涌现出一系列重要的研究成果。

7.4.1   单分子塞贝克效应

深入理解分子尺度电荷输运、热传递和能量转换机理是明晰单分子热电转换过程的重要方向。例如，单分子塞贝克系数反映金属-单分子结的整体行为，包含体系电子结构、载流子类型和输运通道等丰富物理化学内涵，可以提供单分子电导测试难以获得的结论，阐明微纳尺度输运特点和机制具有重要价值。

2007 年，Majumdar 课题组将 1,4-苯二硫醇（1,4-benzenedithiol, BDT）、4,4′-苯二硫醇（4,4′-dibenzenedithiol, DBDT）和 4,4′-三苯二硫醇（4,4′-tribenzenedithiol, TBDT）分子桥连在扫描探针显微镜针尖和金基底之间，如图 7-12(a) 所示，探针尖的温度基本和环境温度保持一致，而金基底与电加热器连接，从而在分子两端形成温差[42]。当探针逐渐向金基底靠近时，探针和基底之间的量子化电导逐渐增大，当达到一定阈值时，电流放大器断开，电压放大器连接，实现分子桥两端塞贝克电压差的测定。三种体系的塞贝克系数分别为 $(8.7\pm2.1)\,\mu V/K\,(S_{Au\text{-}BDT\text{-}Au})$、$(12.9\pm2.2)\,\mu V/K\,(S_{Au\text{-}DBDT\text{-}Au})$ 和 $(14.2\pm3.2)\,\mu V/K\,(S_{Au\text{-}TBDT\text{-}Au})$，即随着分子长度增加，塞贝克系数增加，电阻表现出随分子长度增加而指数增加的趋势，与分子的隧穿传输机制一致。

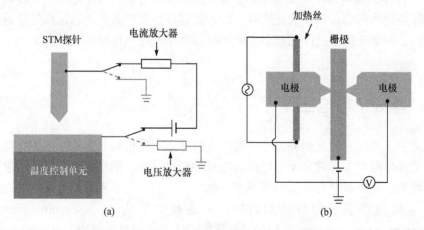

图 7-12   基于探针技术的分子热电性质测试平台 (a) 和基于裂结电极的场调控热电测试器件结构 (b) [42, 43]

随后人们陆续报道了一系列单分子器件，但是三端器件的热电性能测试始终难以实现。2014 年，Reddy 课题组将电加热模块紧密集成于金纳米线附近[图 7-12(b)]，利用 7 nm 的 Al 薄膜和 10 nm 的氮化硅薄膜分别作为栅极和介电层，在源漏电极之间刻蚀出一个纳米间隙，电加热模块利用焦耳热效应在水平方向产生温度梯度，从而在纳米间隙之间形成温差[43]。该温度场可通过超高真空热扫描显微镜法进行温度分布的表征，同时通过其建立的热量分布模型可得出纳米间隙两端的实际温差。通过将上述制备的基底分别浸泡在联苯-4,4′-二硫醇(biphenyl-4,4′-dithiol，BPDT)和富勒烯(fullerene, C_{60})的溶液中即可制备出对应的单分子器件，从而实现对分子电荷传输的静电调控(图 7-13)。对于 Au-BPDT-Au 分子结，当栅压从–8 V 到 8 V 变化时，量子电导($G_{\text{Au-BPDT-Au}}$)线性减小[图 7-13(a)]。当施加不同的温差时，分子结两端对应不同的热电压，而计算得到的塞贝克系数随着栅压正向增加而减小[图 7-13(b)]。此外，Au-BPDT-Au 分子结的塞贝克系数都为正值，表明该分子结内的电荷传输主

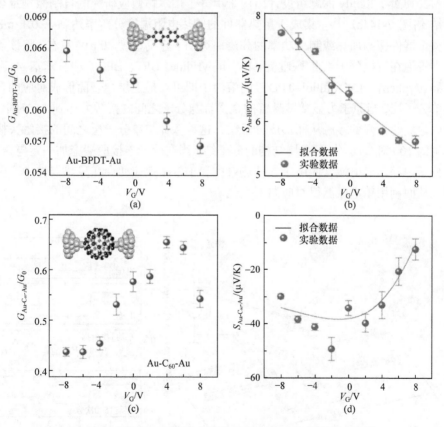

图 7-13　静电场对不同分子结电导率和塞贝克系数的调控[43]

Au-BPDT-Au 分子结的电导率(a)和塞贝克系数(b)随调控栅压变化趋势；Au-C_{60}-Au 分子结的电导率(c)和塞贝克系数(d)随调控栅压变化趋势。其中 G_0 为电导率的量子化单位，$G_0=7.748\times10^5$S

要由 HOMO 能级决定。对于未与材料分子接触的器件，栅压的改变未对分子结两端的电导和塞贝克系数产生明显的调控，这也表明之前的器件确实在纳米间隙中形成了分子结。而对于 Au-C$_{60}$-Au 分子结，栅压从–8 V 变为 8 V 的过程中电导和塞贝克系数的调控都出现了最大值，这主要由电荷的共振传输引起，并且塞贝克系数为负值，说明该传输主要由靠近费米能级附近的 LUMO 能级决定[图 7-13(c)、(d)]。

7.4.2　单分子珀尔帖效应

单分子珀尔帖效应是单分子塞贝克效应的逆过程，理论上可以在单分子尺度实现原位制冷。研究单分子珀尔帖效应可以探究金属/半导体界面性质对珀尔帖性质的影响，还能对单分子制冷器件的制备奠定科学基础。单分子结珀尔帖系数较小，微弱的温差变化很容易受到外界环境影响，因此开展单分子珀尔帖效应研究要求测试平台的能量分辨率极高。

2018 年，Reddy 课题组设计出用于单分子珀尔帖效应研究的自制微型量热器件结构[图 7-14(a)][44]。集成于量热器件的铂热电阻温度分辨率达到了 0.1 mK，而整个器件探测加热或制冷功率的分辨率达到了超高精度 30 pW 左右。将该器件分别浸泡在有机分子 4,4'-联吡啶(4,4'-bipyridine, BP)、BPDT 和三苯基-4,4'-二硫醇(terphenyl-4,4'-dithiol, TPDT)的溶液中即可在最上层金表面形成对应的自组装单分子层，当原子力显微镜悬臂的金探针与分子之间的接触力达到 1 nN 时，便可以建立起良好的接触从而形成分子结，这种探针与单分子层之间的接触大概会产生约 100 对金属-分子-金属结构的分子结。当在分子连接两端施加一定电压时，在分子内部形成电流，而由于焦耳热效应和珀尔帖效应便会在量热器件中产生温差，从而利用铂电极测得对应温度变化。

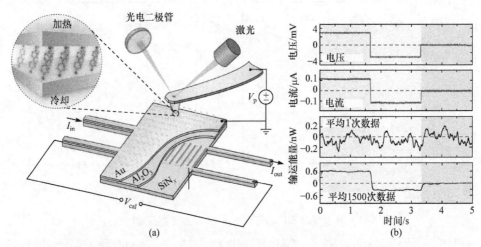

图 7-14　(a)单分子珀尔帖效应测试平台示意图；(b)珀尔帖效应测试方法[44]

　　即使制备测试平台识别精度很高,单分子帕尔帖效应依然十分微弱。图 7-14(b) 展现了器件测试的输入信号和相应的输出信号。单次测试结果表明测试信号内包含很大噪声。通过多次测试并且平均数据之后可以消除背景噪声的影响,从而获得高信噪比的有效信号。

　　从图 7-15(a)可以看到当电压为–8～0 V 时,器件为制冷模式,其中电压为–3 V 时器件制冷功率达到最大, 为 300 pW。当电压为正值时, 器件为加热模式, 电压为 3 V 时, 加热功率达到 600 pW。随后单独测得该分子结的电导和塞贝克系数分别为 37 μS 和(13.0±0.6)μV/K,利用 Landauer 理论,将电导和塞贝克系数代入即可得不同电压下器件热量传输功率。通过比较, 理论计算结果和实验结果有着十分好的匹配性。

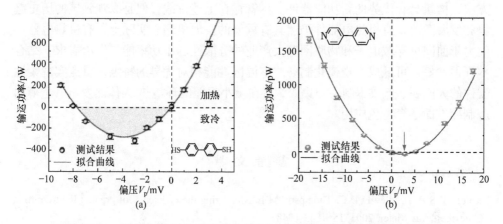

图 7-15　p 型单分子(a)和 n 型单分子(b)在不同偏压下的加热/制冷功率[44]

　　除此之外, 基于 Au-BP-Au 的分子结都展现了珀尔帖效应[图 7-15(b)]。从图中可以发现采用 BP 分子后, 由于体系塞贝克系数变为(–6.9±0.4)μV/K,相关的测试信号更加微弱, 只有在很窄的偏压范围内才能展现出制冷效果。除此之外, BP 分子结的珀尔帖效应只有在正偏压的情况才能展现出制冷效果,这一结果可以很好地符合拟合结果。以上结果第一次从实验角度验证了分子尺度的珀尔帖效应, 为后续的研究奠定了坚实的基础。

7.5　挑战与展望

　　近十年来, 有机热电材料的发展迅猛, 多种分子体系的发现和掺杂方法的提出推动了材料性能持续提高。相对而言, 有机热电器件的发展相对滞后, 成为制约该领域进一步发展的瓶颈问题。目前有机热电器件的主要挑战集中于性能精确评估、器件效率提高的基本策略和独特性功能拓展三大方面。在性能精确评估方面，热电材料不同的参数测量需要不同的器件结构，特别是薄膜热导率测试在薄膜厚度、器件尺寸、数据拟合各方面均存在困难，导致缺乏广泛接受的器件性能评价方法和标准。此外，器件整体的发电功率、能量转换效率和珀尔帖制冷等性能的评估尚处于萌芽阶段。整体而言，有机热电器件迫切需要建立可广泛接受的测量评估方法体系。在高性能器件构筑方面，界面电阻、界面热阻、材料聚集态结构和器件结构都会对器件的功率输出和能量转换效率产生重要影响，但这些影响规律和优化策略缺乏理论模型与器件优化实践。在热电过程调控与功能拓展方面，关键挑战是如何揭示有机材料热电能量转换过程中展现的新效应和过程调控方法，构筑具有优势的新功能器件。尽管存在上述挑战，但是纵观领域的历史趋势和发展潮流，有机热电器件仍然具有重要的发展机遇。实际上，有机热电器件致力于面向可穿戴电子和物联网等大产业的分散性、小功率能量供给需求，结合本征柔性好、可低成本规模化制备、室温区性能相对优异的特点，重点实现柔性器件的大面积、低成本制备与集成，可在微小温差的环境热/人体热发电、超薄固态制冷方面孕育特色应用。

参 考 文 献

[1] Forrest S R, Bradley D D C, Thompson M E. Measuring the efficiency of organic light-emitting devices. Adv Mater, 2003, 15: 1043-1048.

[2] Uemura T, Rolin C, Ke T H, Fesenko P, Genoe J, Heremans P, Takeya J. On the extraction of charge carrier mobility in high-mobility organic transistors. Adv Mater, 2016, 28: 151-155.

[3] Li N, McCulloch I, Brabec C J. Analyzing the efficiency, stability and cost potential for fullerene-free organic photovoltaics in one figure of merit. Energy Environ Sci, 2018, 11: 1355-1361.

[4] Bubnova O, Crispin X. Towards polymer-based organic thermoelectric generators. Energy Environ Sci, 2012, 5: 9345-9362.

[5] Poehler T O, Katz H E. Prospects for polymer-based thermoelectrics: State of the art and theoretical analysis. Energy Environ Sci, 2012, 5: 8110-8115.

[6] He M, Qiu F, Lin Z Q. Towards high-performance polymer-based thermoelectric materials. Energy Environ Sci, 2013, 6: 1352-1361.

[7] Zhang Q, Sun Y M, Xu W, Zhu D B. Organic thermoelectric materials: Emerging green energy materials converting heat to electricity directly and efficiently. Adv Mater, 2014, 26: 6829-6851.

[8] McGrail B T, Sehirlioglu A, Pentzer E. Polymer composites for thermoelectric applications. Angew Chem Int Ed, 2015, 54: 1710-1723.

[9] Dorling B, Ryan J D, Craddock J D, Sorrentino A, El Basaty A, Gomez A, Garriga M, Pereiro E,

Anthony J E, Weisenberger M C, Goni A R, Muller C, Campoy-Quiles M. Photoinduced p- to n-type switching in thermoelectric polymer-carbon nanotube composites. Adv Mater, 2016, 28: 2782-2789.

[10] Weinberg F J, Rowe D M, Min G. Novel high performance small-scale thermoelectric power generation employing regenerative combustion systems. J Phys D, 2002, 35: L61-L63.

[11] Trung N H, Toan N V, Ono T. Flexible thermoelectric power generator with Y-type structure using electrochemical deposition process. Appl Energy, 2018, 210: 467-476.

[12] Luo T, Pan K. Flexible thermoelectric device based on poly(ether-*b*-amide12) and high-purity carbon nanotubes mixed bilayer heterogeneous films. ACS Appl Energy Mater, 2018, 1: 1904-1912.

[13] Hong C T, Kang Y H, Ryu J, Cho S Y, Jang K S. Spray-printed CNT/P3HT organic thermoelectric films and power generators. J Mater Chem A, 2015, 3: 21428-21433.

[14] Wang H, McCarty R, Salvador J R, Yamamoto A, König J. Determination of thermoelectric module efficiency: A survey. J Electron Mater, 2014, 43: 2274-2286.

[15] Min G, Rowe D M. Conversion efficiency of thermoelectric combustion systems. IEEE Trans Energy Conversion, 2007, 22: 528-534.

[16] Venkatasubramanian R, Siivola E, Colpitts T, O'Ouinn B. Thin-film thermoelectric devices with high room-temperature figures of merit. Nature, 2001, 413: 597-602.

[17] Iwasaki H, Yokoyama S Y, Tsukui T, Koyano M, Hori H, Sano S. Evaluation of the figure of merit of thermoelectric modules by Harman method. Jap J Appl Phys, 2003, 42: 3707-3708.

[18] Min G, Rowe D M. A novel principle allowing rapid and accurate measurement of a dimensionless thermoelectric figure of merit. Meas Sci Technol, 2001, 12: 1261-1262.

[19] Barako M T, Park W, Marconnet A M, Asheghi M, Goodson K E. Thermal cycling, mechanical degradation, and the effective figure of merit of a thermoelectric module. J Electron Mater, 2012, 42: 372-381.

[20] Bubnova O, Khan Z U, Malti A, Braun S, Fahlman M, Berggren M, Crispin X. Optimization of the thermoelectric figure of merit in the conducting polymer poly(3,4-ethylenedioxythiophene). Nat Mater, 2011, 10: 429-433.

[21] Sun Y M, Sheng P, Di C A, Jiao F, Xu W, Qiu D, Zhu D B. Organic thermoelectric materials and devices based on p- and n-type poly(metal 1, 1, 2, 2-ethenetetrathiolate)s. Adv Mater, 2012, 24: 932-937.

[22] Sheng P, Sun Y M, Jiao F, Di C A, Xu W, Zhu D B. A novel cuprous ethylenetetrathiolate coordination polymer: Structure characterization, thermoelectric property optimization and a bulk thermogenerator demonstration. Synth Met, 2014, 193: 1-7.

[23] Liu L Y, Sun Y H, Li W B, Zhang J J, Huang X, Chen Z J, Sun Y M, Di C A, Xu W, Zhu D B. Flexible unipolar thermoelectric devices based on patterned poly[K$_x$(Ni-ethylenetetrathiolate)] thin films. Mater Chem Front, 2017, 1: 2111-2116.

[24] Wei Q S, Mukaida M, Kirihara K, Naitoh Y, Ishida T. Polymer thermoelectric modules screen-printed on paper. RSC Adv, 2014, 4: 28802-28806.

[25] Zheng C Z, Xiang L Y, Jin W L, Shen H G, Zhao W R, Zhang F J, Di C A, Zhu D B. A flexible

self powered sensing element with integrated organic thermoelectric generator. Adv Mater Technol, 2019, 4: 1900247.

[26] Kim B, Shin H, Park T, Lim H, Kim E. NIR-sensitive poly (3,4-ethylenedioxyselenophene) derivatives for transparent photo-thermo-electric converters. Adv Mater, 2013, 25: 5483-5489.

[27] Huang D Z, Zou Y, Jiao F, Zhang F J, Zang Y P, Di C A, Xu W, Zhu D B. Interface-located photothermoelectric effect of organic thermoelectric materials in enabling NIR detection. ACS Appl Mater Interfaces, 2015, 7: 8968-8973.

[28] Yang Y, Lin Z H, Hou T, Zhang F, Wang Z L. Nanowire-composite based flexible thermoelectric nanogenerators and self-powered temperature sensors. Nano Research, 2012, 5: 888-895.

[29] Zhang F J, Zang Y P, Huang D Z, Di C A, Zhu D B. Flexible and self-powered temperature-pressure dual-parameter sensors using microstructure-frame-supported organic thermoelectric materials. Nat Commun, 2015, 6: 8356.

[30] Han S B, Jiao F, Khan Z U, Edberg J, Fabiano S, Crispin X. Thermoelectric polymer aerogels for pressure-temperature sensing applications. Adv Funct Mater, 2017, 27: 1703549.

[31] Chowdhury I, Prasher R, Lofgreen K, Chrysler G, Narasimhan S, Mahajan R, Koester D, Alley R, Venkatasubramanian R. On-chip cooling by superlattice-based thin-film thermoelectrics. Nat Nanotechnol, 2009, 4: 235-238.

[32] da Camara Santa Clara Gomes T, Abreu Araujo F, Piraux L. Making flexible spin caloritronic devices with interconnected nanowire networks. Sci Adv, 2019, 5: eaav2782.

[33] Bulman G, Barletta P, Lewis J, Baldasaro N, Manno M, Bar-Cohen A, Yang B. Superlattice-based thin-film thermoelectric modules with high cooling fluxes. Nat Commun, 2016, 7: 10302.

[34] Flipse J, Bakker F L, Slachter A, Dejene F K, van Wees B J. Direct observation of the spin-dependent Peltier effect. Nat Nanotechnol, 2012, 7: 166-168.

[35] Grosse K L, Bae M H, Lian F F, Pop E, King W P. Nanoscale Joule heating, Peltier cooling and current crowding at graphene-metal contacts. Nat Nanotechnol, 2011, 6: 287-290.

[36] Zhao D, Tan G. A review of thermoelectric cooling: Materials, modeling and applications. Appl Thermal Engineering, 2014, 66: 15-24.

[37] Zuev Y M, Chang W, Kim P. Thermoelectric and magnetothermoelectric transport measurements of graphene. Phys Rev Lett, 2009, 102: 096807.

[38] Jin W L, Liu L Y, Yang T, Shen H G, Zhu J, Xu W, Li S Z, Li Q, Chi L F, Di C A, Zhu D B. Exploring Peltier effect in organic thermoelectric films. Nat Commun, 2018, 9: 3586.

[39] Pelliccione M, Jenkins A, Ovartchaiyapong P, Reetz C, Emmanouilidou E, Ni N, Bleszynski Jayich A C. Scanned probe imaging of nanoscale magnetism at cryogenic temperatures with a single-spin quantum sensor. Nat Nanotechnol, 2016, 11: 700-705.

[40] Hapala P, Svec M, Stetsovych O, van der Heijden N J, Ondracek M, van der Lit J, Mutombo P, Swart I, Jelinek P. Mapping the electrostatic force field of single molecules from high-resolution scanning probe images. Nat Commun, 2016, 7: 11560.

[41] Albisetti E, Petti D, Pancaldi M, Madami M, Tacchi S, Curtis J, King W P, Papp A, Csaba G,

Porod W, Vavassori P, Riedo E, Bertacco R. Nanopatterning reconfigurable magnetic landscapes via thermally assisted scanning probe lithography. Nat Nanotechnol, 2016, 11: 545-551.

[42] Reddy P, Jang S Y, Segalman R A, Majumdar A. Thermoelectricity in molecular junctions. Science, 2007, 315: 1568-1571.

[43] Kim Y, Jeong W, Kim K, Lee W, Reddy P. Electrostatic control of thermoelectricity in molecular junctions. Nat Nanotechnol, 2014, 9: 881-885.

[44] Cui L J, Miao R J, Wang K, Thompson D, Zotti L A, Cuevas J C, Meyhofer E, Reddy P. Peltier cooling in molecular junctions. Nat Nanotechnol, 2018, 13: 122-127.

第 **8** 章

有机热电材料的性能测试方法

无量纲的热电优值 ZT 是衡量热电材料性能的关键参数，主要由电导率 σ、塞贝克系数 S 和热导率 κ 决定，即 $ZT = S^2 \sigma T / \kappa$。由于三个参数之间相互制约且直接影响热电性能，建立准确的热电参数测试方法对于推动有机热电材料的发展尤为重要。在传统热电材料性能测试过程中，四探针法是广泛使用的电导率测试方法，塞贝克系数依赖于样品两端温差及其热电势的精确测量。相对而言，热导率测试较为复杂，一般通过绝对法和比较法等方法测试。但是，有机热电材料的主要参数测试存在三方面问题：一是已发展的有机材料主要以薄膜形式存在，各向异性强，需要独立评价面内和面外的性能参数；二是有机材料的电导率较低，特别是在低掺杂状态下阻抗高，塞贝克系数准确测量困难；三是有机体系的热导率低且难以沉积厚度达数微米的薄膜，使得热导率测试极为复杂和困难。本章将从测试原理、方法和误差分析等方面来介绍目前有机材料和器件热电参数测试的主要方法。

8.1 电导率的测试

电导率是描述材料导电能力的基本物理量，与材料的电荷输运机制密切相关，主要取决于载流子迁移率和载流子浓度（$\sigma = nq\mu$）。由于直接测量材料的载流子迁移率和载流子浓度十分困难，且不同体系的测试方法与模型有所区别，因此材料的电导率通常由其电阻计算得到。四探针法可消除接触电阻等带来的测试误差，是有机热电材料广泛应用的电导率测试方法。

8.1.1 四探针法的基本原理

四探针法是利用四根探针与样品接触来测定样品电导率的方法。其中两根探针上施加恒定电流，另外两根探针用来测定电压，通过计算即可得到样品电导率。相较于两探针法，四探针法可以扣除测试中的导线电阻和接触电阻，因此测试结果精度更高。根据四根探针在样品表面接触的具体位置，主要分为直线四探针法和方形四探针法。从待测样品的尺寸考虑，热电材料主要分为块体材料和薄膜材料。由于有机样品主要通过溶液法和热蒸镀等方法制备，即厚度在几纳米至微米的薄膜样品，在实际测试过程中样品的横向尺寸较大，并且薄膜厚度远远小于探针之间的间距，因此本部分主要介绍薄膜材料四探针测试的基本原理和方法。

图 8-1 为四探针法测量薄膜样品电导率的示意图。其中 1、2、3、4 为四个探针在薄膜样品表面的接触点，探针间距为 L，厚度为 d，并且 $d \ll L$，I_+ 表示电流从探针 1 流入样品，I_- 表示电流从探针 4 流出样品。此时探针电流在薄膜内近似为平面放射状，其等位面可近似为圆柱面。对于任意排列的四个探针，探针 1 的电流 I 在样品中 r 处形成的电势为

$$(V_r)_1 = \int_r^\infty \frac{\rho I}{2\pi r d} \mathrm{d}r = -\frac{\rho I}{2\pi d} \ln r \tag{8-1}$$

式中，ρ 为薄膜的平均电阻率，探针 1 的电流在探针 2、3 间所引起的电势差 V_{23} 为

$$(V_{23})_1 = -\frac{\rho I}{2\pi d} \ln \frac{r_{12}}{r_{13}} = \frac{\rho I}{2\pi t} \ln \frac{r_{13}}{r_{12}} \tag{8-2}$$

同理，探针 4 的电流 I 在探针 2、3 间所引起的电势差为

$$(V_{23})_4 = \frac{\rho I}{2\pi d} \ln \frac{r_{42}}{r_{43}} \tag{8-3}$$

所以探针 1 和探针 4 的电流 I 在探针 2、3 之间所引起的电势差为

$$V_{23} = \frac{\rho I}{2\pi d} \ln \frac{r_{13} r_{42}}{r_{12} r_{43}} \tag{8-4}$$

于是得到四探针法测无限薄层样品电阻率的普遍公式为

$$\rho = \frac{2\pi d V_{23}}{I} \Big/ \ln \frac{r_{13} r_{42}}{r_{12} r_{43}} \tag{8-5}$$

对于直线四探针，当 $r_{12} = r_{43} = L$，$r_{13} = r_{42} = 2L$ 时可得

$$\rho = \frac{2\pi d V_{23}}{I} \Big/ 2\ln 2 = \frac{\pi d}{\ln 2} \cdot \frac{V_{23}}{I} \tag{8-6}$$

对于方形四探针，当 $r_{12} = r_{43} = L$，$r_{13} = r_{42} = \sqrt{2}L$ 时可得

$$\rho = \frac{2\pi d}{\ln 2} \cdot \frac{V_{23}}{I} \tag{8-7}$$

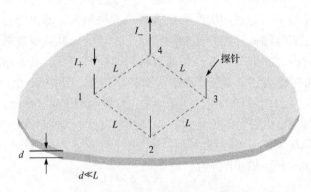

图 8-1　无限薄层样品电导率测量

8.1.2　四探针法在有机样品电阻率测定中的应用

1. 平行电极结构测定电阻率

有机热电材料通常为薄膜样品，直接与探针接触往往会造成薄膜损坏，因此电导率测试中较多采用在样品和基底之间(底电极)或者在样品表面(顶电极)构筑金属电极的方法制备器件，进而施加电流和测量电压[1]。金是广泛应用的电极材料，电极厚度根据样品形貌通常为 30～100 nm，器件结构如图 8-2 所示。

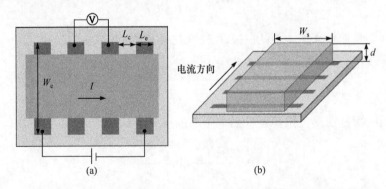

图 8-2　常用平行电极法测电阻器件的俯视(a)和立体(b)示意图

对于图 8-2 中所示的器件，电流从外侧电极依次注入和流出样品，利用中间两电极测量电压差，当薄膜样品厚度比较均匀时，通过 $\sigma = IL_c/VW_sd$（其中，V 为

电压差；I 为流经样品的电流大小；W_s 为样品宽度；L_c 为电极沟道宽度；d 为样品厚度)即可计算材料电导率。值得注意的是，由于存在电极外侧区域漏电效应，电极和沟道的设计尺寸也会对测试结果产生影响。相关研究表明，测试 σ_m 与材料真实电导率 σ_0 之间的相对误差和电极尺寸之间存在如图 8-3 所示的关系[2]。

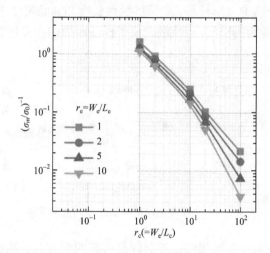

图 8-3　电极和沟道宽长比对电导率测试相对误差的影响[2]

图 8-3 表明器件电极和沟道尺寸对于测试结果的相对误差有较大影响，当沟道宽长比为 100 时，电极宽长比从 10 减小至 1 会使得电导率的相对误差增加一个数量级。而当电极宽长比一定时，沟道宽长比越大，相对误差越小，当电极宽长比为 10 时，如果沟道宽长比为 100，那么测试的相对误差可减小至 0.3%左右。因此为满足测试相对误差小于 1%，当电极宽长比为 10 时，那么沟道宽长比需要至少大于 50。

2. 范德堡结构测定电阻率

由于样品加工制备技术的不同，很多有机样品具有不规则形状，如溶液法制备的晶体、电化学法生长的薄膜等，此时通过构筑平行电极来测试样品的电阻率会引入计算误差。范德堡法是由范德堡(van der Pauw)在 1958 年提出的一种由四探针法发展而来的测试半导体方块电阻和霍尔效应的常用技术[3]。其优点在于可测量具有不规则形状样品的电导率，并且不必测量样品的尺寸和接触点的间距。但是缺点在于金属电极或探针和样品之间的接触面积、位置等会影响测试结果的准确性，特别对于有机样品，通过构筑电极来和样品形成良好电接触，因此电极尺寸会对测试结果产生影响。所以了解范德堡测试具体图案及其相应尺寸要求对于获得准确的电导率数值十分重要[4]。

范德堡法对于测试样品有以下几点要求:①样品为厚度均匀的薄片(样品厚度

远小于其长度和宽度）；②样品必须均匀并且各向同性；③触点尽量位于样品边缘；④电极或者探针与样品接触的面积尽可能小。

图 8-4 为目前常用的范德堡法测试样品形状，由于制备样品的简易性，其中正方形和圆形是最普遍的范德堡法电极分布和样品几何形状。相关研究表明，对于接触点位于四个角的方形样品，如果接触点长度和样品尺寸之比小于 0.1，那么测试误差小于 10%[4]。此外，当接触点位于样品四周的中点位置而非角落时，测试误差会进一步减小。

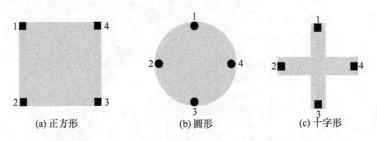

(a) 正方形   (b) 圆形   (c) 十字形

图 8-4   用于范德堡法测试样品的常见图案

在实际测试中应用范德堡法需要对样品进行两个方向的测量。当电流 I 从触点 1 流入[图 8-4(a)]，触点 2 流出时，可得 3、4 两点电压读数 V_1，当电流方向改变后，电压读数为 V_2，那么 $R_{12,34} = (V_2 - V_1)/2I$。随后改变电流从触点 2 流入，触点 3 流出，得到电压表读数 V_3，改变电流方向得到电压表读数 V_4，则可以得到 $R_{23,41} = (V_4 - V_3)/2I$。接着按照同样的方法改变触点以及电流方向可以得到 $R_{34,12}$ 和 $R_{41,23}$，则有

$$\rho_A = \frac{\pi}{\ln 2} d \frac{R_{12,34} + R_{23,41}}{2} f_A \tag{8-8}$$

$$\rho_B = \frac{\pi}{\ln 2} d \frac{R_{34,12} + R_{41,23}}{2} f_B \tag{8-9}$$

$$\rho = \frac{\rho_A + \rho_B}{2} \tag{8-10}$$

其中，几何系数 f_A 和 f_B 分别是电阻比例 Q_A 和 Q_B 的函数

$$Q_A = \frac{R_{12,34}}{R_{23,41}} \tag{8-11}$$

$$Q_B = \frac{R_{34,12}}{R_{41,23}} \tag{8-12}$$

Q 和 f 的关系可由式 (8-13) 得到：

$$\frac{Q-1}{Q+1} = \frac{f}{\ln 2}\cosh^{-1}\left[\frac{1}{2}\exp\left(\frac{\ln 2}{f}\right)\right] \tag{8-13}$$

通常得到的两个电阻率 ρ_A 和 ρ_B 相差应该在 10%以内，否则该样品可能均匀性较差、存在各向异性或者存在测试的偶然误差，随后可得到该样品的平均电阻率：

$$\rho_{av} = \frac{\rho_A + \rho_B}{2} \tag{8-14}$$

最后便可推导出样品在测试区域内的平均电阻率及电导率。

8.2　塞贝克系数的测试

塞贝克系数测试主要依赖于样品两端温差和电压差测量。对于有机薄膜样品，其制备工艺、形貌、尺寸等不同，同时温度精准测量的复杂性、低电导下的高阻抗等问题使得塞贝克系数的准确测量面临一系列难题。本节将从温差创建、温差测量、塞贝克电压测试和误差分析四方面来介绍塞贝克系数的测试方法。

8.2.1　温差创建

塞贝克系数测试中温差的建立方式主要有两种。第一种为外部热源建立温差[5-8]，如图 8-5 所示，待测样品两端固定在温差控制模块并形成良好的热接触，加热块、加热电阻丝或者珀尔帖元件使得样品两端形成稳定的温差，通过样品和两端的热传导使得样品沿某一方向产生温差。第二种为原位电阻丝加热法[5,9-11]，如图 8-6 所示，该方法通过在基底上制备图案化电极的方式来建立温差。利用焦耳热效应，通过加热薄膜一侧电阻丝，使得基底沿热源-薄膜的方向产生温差，由于基底是均匀导热物质，因此可认为在较短距离内该温差随距离均匀减小，通过计算即可得所测电压差两端对应的温差。

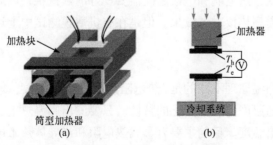

图 8-5　外部热源建立温差应用实例[5, 6]

(a)、(b)分别表示水平和垂直方向构建温差

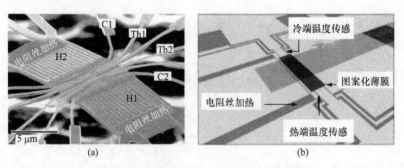

图 8-6　原位电阻丝加热法在塞贝克系数测试中的应用[9, 10]

(a)器件为两侧加热，其中：H1、H2、C1、C2、Th1、Th2 分别表示加热电阻丝 1 和 2，四探针电流端接线 1 和 2，
以及四探针测温端接线 1 和 2；(b)器件为单侧加热

8.2.2　温差测量

实时准确测量样品两端温差是塞贝克系数测试中的另一关键要求，目前常用的测温方法主要有热电偶法、热电阻法、红外测温法、扫描热显微镜法等[12]。

1. 热电偶法

热电偶测温原理基于热电效应，即将两种不同材质的导体组成闭合回路，当两端存在温度梯度时，回路中就会有电流通过，此时两端之间就会产生电动势——热电动势。两种不同成分的均质导体为热电极，温度较高的一端为工作端，温度较低的一端为自由端，自由端通常处于某个恒定的温度下，通过拟合热电动势与温度的关系，即可通过某一温度下电动势反推得到温度值。热电偶的主要优点包括装配简单、测量精度高、热响应快、测量范围大（由热电极材料决定）和使用寿命长。为了实现准确的温度测量，热电偶与样品接触的位置应尽可能接近测试热电压的区域。由于有机样品大多采用金属电极测定塞贝克电压，可将热电偶与电极相接，为了两者在测试中不相互产生影响，热电偶表面需要绝缘处理。此外，为了准确测量温度，热电偶和电极之间需要良好的热接触，因此可利用绝缘导热硅脂、硅胶等来提高热接触的效果。但是在有机薄膜测试中上述方法很难避免对薄膜的损坏。

2. 热电阻法

与热电偶的测温原理不同的是，热电阻是基于电阻-温度依赖关系进行温度测量的，即电阻值随温度变化而变化的特性。只要测出感温热电阻随温度的变化关系，就可以测量出温度。目前主要有金属热电阻和半导体热敏电阻两类。金属热电阻的电阻值和温度一般可用近似关系式[式 (8-15)]表示，即

$$R_T = R_{T_0} \left[1 + \alpha (T - T_0) \right] \tag{8-15}$$

式中，R_T 为温度 T 时的电阻值；R_{T_0} 为温度 T_0 时的电阻值；α 为电阻-温度系数。金属热电阻一般适用于 $-200 \sim 500\,℃$ 范围内的温度测量，其特点是测量准确、稳定性好。对于有机样品，大多采用沉积金属热电阻来测定薄膜两侧温差。为了实现温度的准确测量，往往需要对待测样品进行图案化处理，避免多余的导电区域对热电阻测定产生串扰。

3. 红外测温法

红外测温的原理是当物体的温度高于绝对零度时，由于内部热运动会向四周辐射电磁波，其中包含波段位于 $0.75 \sim 100\ \mu m$ 的红外线，该辐射与物体温度成比例，借助专用镜头将其聚集在探测器上，随后产生与该辐射成比例的电信号(图 8-7)。该信号得到放大，并通过接受连续的数字信号处理而转化为与物体温度成比例的输出信号。如此一来，在显示器上便会显示出温度的测量值。

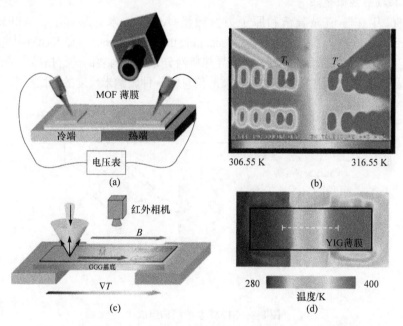

图 8-7　红外测温法在塞贝克系数测试中的应用[13,14](见文末彩图)

红外相机测定 MOF[(a)、(b)]、YIG[(c)、(d)]薄膜温度的示意图[(a)、(c)]和温度分布[(b)、(d)]

红外测温法在有机薄膜温度分布测定中的优点在于其测量方式是非接触式的，不会对薄膜产生破坏。但是缺点在于其影响误差的因素很多，主要考虑以下三个方面：首先，发射率是物体相对于黑体辐射能力大小的物理量，即相同温度下低发射率物体比高发射率物体的红外辐射要少，这主要与物体的透过率、形状、表面粗糙度等有关，还与测试的温度、方向、角度有关。物体的发射率越大，反射率就越小，背景和反射的影响就会越小，测试的准确性也就越高。在实际的测试过程中必须注意不同物体和测温仪相对应的发射率，对辐射率的设定要尽量准确，以减小所测温度的误差。有机薄膜通常厚度较小，透光率很高，因此发射率较小，难以准确测定。但是，有机薄膜与基底之间有着良好的热接触，因此通常采用测定发射率较高的有机薄膜器件的基底来测定薄膜的具体温度分布。其次，距离系数$(K = S'/D)$是红外测温仪到目标的距离S'与测温目标直径D的比值，它对红外测温的精确度有很大影响，K值越大，分辨率越高。如果受到测试条件限制，红外测温仪与被测样品距离较远，则需要选用高光学分辨率的红外测温仪，以减小测量误差。因此使用红外测温仪前应查看所用仪器的具体要求标准和样品尺寸，从而设置合适的测量距离。最后，被测物体所处的环境对测量的结果有很大影响。在实际测量工作中，周围环境温度越高，产生附加辐射影响越大，误差也越大；被测物体本身温度越高，测量精度越高。

4. 扫描热显微镜法

1986 年在隧道显微镜和原子力显微镜（AFM）技术的基础上，Williams 和 Wickramasinghe 发明了扫描热显微术（scanning thermal microscopy，SThM）[15]。SThM（图 8-8）是通过材料表面的温度分布和导热特性分布对材料表面进行扫描成像，从而获得样品表面热分布和相关热物理性质等信息的一种微纳米尺度的测试技术。

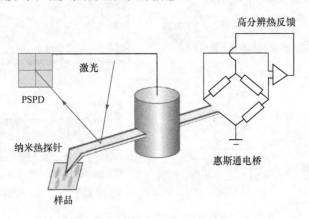

图 8-8　SThM 系统结构组成图

SThM 主要有两种工作模式：热力模式（TCM）和热传导模式（CCM）。在 TCM 下，探头在扫描样品表面时，给探头施加恒定电流，探针接触扫描试样的表面后，探针的温度会发生变化。温度变化导致探针电阻发生变化，进而根据温度的差异对试样表面进行成像。在 CCM 下，保持探针温度不变，在扫描试样表面时，探针作为加热器加热试样，当热量由探针传递给试样后，探针温度下降造成其电阻下降，改变电桥平衡，产生电压变化，最终获得 CCM 热扫描图。

8.2.3　塞贝克电压测试

相较于无机样品，很多有机样品的电导率通常较低，因此器件电阻值较大。当样品电阻值为 1 MΩ，测试电流为 1 nA 时，样品两端电压降达到 1 mV 左右，而通常有机样品塞贝克系数测试中热电压在十几微伏至几百微伏左右，因此电阻值太大将会造成较大的测试误差。为避免该问题，一方面在器件制备时应尽量增大薄膜厚度，降低器件电阻值；另一方面需要尽量选择阻抗较大的电源表或构建放大电路来降低器件背景信号。

1. 静态法

静态法(单点法)，即固定温差ΔT，当温差稳定时，同时采集样品两端的温度和热电压(图 8-9)。这种方法的主要局限性在于：①为了达到稳定的温差，需要很长的测量时间或者多次测量求其平均值；②由于测试仪器的缘故，不可避免地会在热电压上增加其他测试信号带来的杂散电压及随机误差。为了减小杂散电压对塞贝克系数测试的影响，在静态法测试中应选择合适的温差范围。如果温差太小，那么其他测试信号对于热电压的影响更加严重。但是温差太大的情况下，如利用原位电阻丝加热法来建立温差，器件实际的温度又会超出设定温度。

2. 准静态法

准静态法(斜率法)，即保持样品平均温度不变时，多次改变温差ΔT测量电压差ΔV(图 8-10)。通过曲线回归法用公式$\Delta V = A\Delta T + B$拟合ΔV-ΔT曲线，得到的系数A即为校正后的塞贝克系数。准静态法测试速度较快，并且可以排除其他测试信号的影响，因此可以选择较小的温差获得更加准确的塞贝克系数-温度依赖关系。理论上利用公式拟合得到的结果中常数B为零，但是接触电势的存在使得未加温差时器件两端仍有电压差存在，即常数B通常不为零[16]。准静态法的实际测试中建议测五组以上ΔV和ΔT，设定的多组温差以固定温差梯度递增。此外，由于样品和测试仪器之间往往通过金线或者探针连接，而金属又有其确定的塞贝克系数S_M，因此最终的样品塞贝克系数为S-S_M。

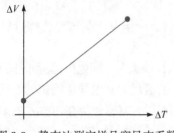

图 8-9　静态法测定样品塞贝克系数

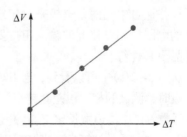

图 8-10　准静态法测定样品塞贝克系数

8.2.4 误差分析

为了获得准确的塞贝克系数，测试时应满足以下几点要求：①样品为均匀材料并且其塞贝克系数只与温度有关；②温度和电压均保持稳定状态；③温差和电压差在同一位置同时测定[16]；④探针、金属导线或电极与样品有着良好的热接触和电接触[17]；⑤测量小电压（如微伏）时外部环境影响降至最小。如图 8-11 所示数据，在测试过程中，更改扫描条件或者是环境温度的变化带来器件电极与探针接触变差，所得信号会发生明显变化，带来较大误差甚至是错误的结论。

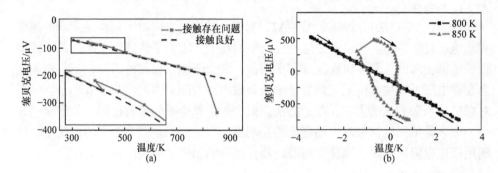

图 8-11 接触对塞贝克系数测试的影响[17]

变温条件(a)和不同温差下(b)塞贝克系数测试值

因为塞贝克系数由 $\Delta V/\Delta T$ 获得，因此温差和电压差的测定都可能会对塞贝克系数的确定引入误差。通常当温差为 3～5 K（部分资料显示为 5～20 K）时，塞贝克系数测试的相对误差较小。如果温差较大，那么热电压 ΔV 和温差 ΔT 拟合的线性较差，误差较大；如果温差较小，那么温差的准确性会对塞贝克系数的确定产生较大的影响。

通常电阻值和塞贝克系数在同一区域连续测试会获得更小的测试误差，即更准确的功率因子。因此，对于有机薄膜，当使用平行电极结构测试材料热电性能时，往往通过中间两条电极来测定塞贝克系数。同时，塞贝克系数测试要求所测样品的电阻值相对仪器的输入阻抗要足够小，因此利用电极测试要比探针针尖接触样品更具优势。

从图 8-12(b) 中可以看到，当 W_e/L_c 一定、W_e/L_e 越大时，即电极趋近于平行的线状电极时，测试的相对误差会越小。但是区别于沟道尺寸对电导率测试的影响，塞贝克系数测试中沟道宽长比 W_e/L_c 超过 10 时，相对误差基本保持在 30%左右。考虑到误差叠加，通过计算发现当 W_e/L_c 增加，功率因子的相对误差一直减小，但是当 W_e/L_e 为 10、W_e/L_c 为 100 时，功率因子的相对误差仍为 56%左右，因此在设计电极和沟道尺寸时，应充分考虑误差叠加对最终功率因子计算的影响。

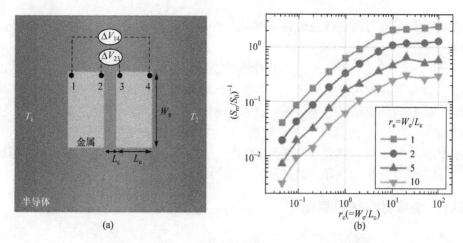

图 8-12　电极尺寸对塞贝克系数测试相对误差的影响[2]

(a)热电器件结构示意图；(b)塞贝克系数相对值与电极尺寸关系图

综上考虑，可通过以下三种方法来减小由电极尺寸引起的测试误差：①对待测样品精确图案化，减少电极外侧导电通道；②使用平行的线状电极（W_e/L_e 越大，误差越小）；③由电极和沟道宽长比几何结构造成的误差在各种样品的塞贝克系数中是普适的，因此可利用图 8-12(b)进行数据的修正，得到该样品的真实塞贝克系数值 S_0。

8.3　热导率的测试

热导率（κ）用于表征材料的导热能力，是计算热电材料性能热电优值的重要参数之一。热导率准确测试对可靠评估材料的热电性能具有重要意义。热导率可由傅里叶方程描述，即

$$\kappa = -\frac{Q'}{\nabla T} \tag{8-16}$$

式中，Q' 为热流密度矢量，表示单位面积的热通量；∇T 为温度梯度。

由热导率定义公式可知，表征材料热导率需要确定待测样品上的热流密度和温差。根据加热方式和测温方式的特点，可以将热导率测试方法分为稳态法和瞬态法[18]。对于稳态法，热源功率在测试过程中保持恒定，经过一定时间后样品中建立恒定的温度梯度。根据通过样品的热量，产生的温差及样品尺寸，可以推导出热导率。而对于瞬态法，施加在样品上的热流随时间变化而变化。通过分析样

品热响应信号随时间或随施加热流频率的变化，可计算得到与材料热性质有关的参数。

　　根据测试样品的不同形态及不同的测量温度范围，通常需要使用不同的测试方法。块体材料的热导率测试方法主要有绝对法[19]、比较法、脉冲加热法[20]、热线法[21]、径向热流法[22]、平行热导法[23]。薄膜热导率的测试方法主要包含稳态法中的悬膜法[24]、双热偶法[25]、比较法[26]，以及瞬态法中的三倍频(3ω)法[27-30]、激光闪光法[31]、周期热流法和热盘法[32, 33]。在以下小节中，将对一些代表性的块体材料和薄膜材料的热导率测试方法进行介绍。

8.3.1　块体材料热导率测试

1. 绝对法和比较法

　　绝对法是一种稳态测试方法，通常适用于长方体或者圆柱形规则块体样品。图 8-13 展示了绝对法测试块体样品热导率的典型结构。测试样品的两端

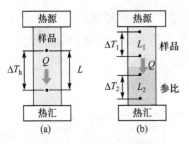

图 8-13　绝对法(a)和比较法(b)测量热导率的示意图

分别为热源和热汇。加热端对样品施加恒定的加热功率，使样品中形成稳定的温度梯度。通过热敏电阻或者热电偶测量样品长度 L 范围内的温差 ΔT，根据傅里叶公式[(式 8-16)]，可推导出样品的热导率：

$$\kappa = -\frac{QL}{A\Delta T} \qquad (8\text{-}17)$$

$$Q = P - Q_{\text{loss}} \qquad (8\text{-}18)$$

式中，Q 为流过样品的总热流量；A 为样品的横截面积；P 为热源功率；Q_{loss} 为由于辐射、传导和对流耗散到环境中的热量。

　　为了减小绝对法的实验误差，通常需要尽量降低样品与周围环境的热交换，包括辐射、对流以及热电偶导线的导热等引起的热量耗散。一般情况下，总热损失应控制在流经样品总热流量的 2%以下。因此，测试过程通常在真空环境或在绝热板的保护下进行，并且需要尽量降低加热器—样品—热沉之间的界面热阻。此外，绝对法测试不适用于一些热膨胀系数较大的有机半导体材料。此类样品在测试过程中可能会发生弯曲，或与加热器、热沉之间产生间隙，导致热阻增加。为使样品中能够建立稳定的温差，在测试过程中需要等待较长的时间(最长可达几小时)。

　　比较法是在绝对法的基础上衍生出的测试方法，其目的在于减小绝对法测试中界面热阻和热量散失导致的测试误差。如图 8-13(b)所示，比较法测试引入热导率已知的标准样品作为参比，样品和参比上各有至少两个温度传感器用于温差

的测试。由于标准样品和待测样品是热串联，通过两者的热流量相等。待测样品的热导率可以通过式 (8-19) 获得：

$$\kappa_1 = \frac{A_2 \Delta T_2 L_1}{A_1 \Delta T_1 L_2} \kappa_2 \tag{8-19}$$

式中，κ_1 和 κ_2 分别为待测样品和标准样品的热导率；A_1 和 A_2 分别为待测样品和标准样品的横截面积；L_1 和 L_2 分别为待测样品和标准样品的长度。由于标准样品的导热系数已知，因此不需再进行热流测量，从而消除了相关误差。但此时仍需要确保通过标准样品和待测样品之间的总热量相等。比较法对于待测样品热导率和标准样品热导率的相对大小有一定要求，当标准样品与待测样品的热导率值接近时，比较法的测试精度最佳。

2. 脉冲加热法

稳态测试方法具有建立温差时间长、热耗散对测量准确性影响较大等缺点。而瞬态测试方法能够快速响应的优点可以解决以上问题。脉冲加热法是在绝对法基础上开发的瞬态热导率测试方法[图 8-14 (a)][34]。

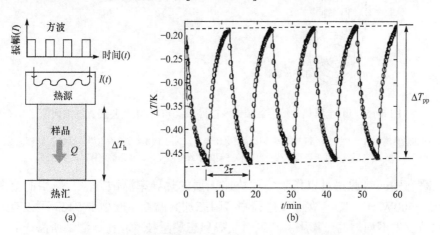

图 8-14 脉冲加热法测量的示意图 (a) 以及热源和热汇温差随时间的变化 (b)[34]

测试过程中对热源施加角频率为 ω 的周期性电流。热源和热汇之间的温差 $\Delta T = T_h - T_c$ 会随加热信号周期性变化[35]。通过图 8-14 (b) 所示的温差-时间曲线，热源和热汇之间温差振荡的差值 ΔT_{pp} 与待测样品的热导率相关，热导率的计算公式为

$$\kappa = \frac{R_t I_0^2}{\Delta T_{pp}} \tanh \left(\frac{\kappa \pi}{2 \omega C_V} \right) \tag{8-20}$$

式中，ω 为加热电流的角频率；I_0 为加热电流的幅值；C_V 为样品的恒容热容；R_t 为热阻。

3. 瞬态平面热源法

瞬态平面热源(transient plane source，TPS)法，又称热盘法，是一种瞬态热导率测试方法，其原理如图 8-15 所示[32]。双线螺旋结构的薄金属片或金属盘作为连续平面热源和温度传感器，经过电绝缘后夹在两个相同的薄板状测试样品之间。在测试过程中，金属盘通过微小恒定电流使其升温，通过金属盘瞬时温升引起的电阻变化确定待测样品的热物性。该测试方法要求传感器的边缘到样品边的距离远大于 $2\sqrt{at_{\max}}$，其中，a 为样品的热扩散系数，$t_{\max}$ 为该次瞬态测试时间最大值[35]。

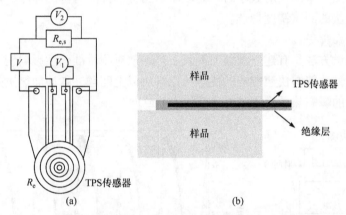

图 8-15   (a)金属热盘传感器结构及电路；(b)TPS 法实验装置的剖面图

V 表示向加热盘施加恒定电压。V_1 和 V_2 表示连接精密电压表，分别用于测试非线性电阻传感器 R_e 和标准电阻 $R_{e,s}$ 两端的电压，由此可以得到线性电阻传感器的精确电阻变化，从而确定样品的热物性

瞬态平面热源法可以作为一种快速无损的热导率测试方法，适用的范围为 $0.005 \sim 500\mathrm{W}/(\mathrm{m \cdot K})$。在测试过程中，瞬态加热温差一般小于 5 K，可以有效避免样品发生不均匀的热膨胀。与绝对法等稳态测量技术相比，测试所需样品尺寸小，适用于厚度几百微米到毫米级的样品。但该方法要求两个薄板状样品的侧面非常平整，因此粉末或颗粒状的材料往往难以满足测试要求。

上述的几种块体材料热导率测试方法中，大部分方法会受样品几何尺寸和形状的影响，因此这些方法一般难以直接应用于薄膜材料的热导率测试中。

8.3.2   薄膜材料热导率测试

1. 3ω 法

3ω 法是测量薄膜热导率的常用方法。1990 年，Cahill 首次提出 3ω 法的概念，将三次谐波分量应用于固体材料热导率的测试[36]。3ω 法具有测试精度高、使用范围广、探测器可以微型化等特点，目前该方法已经成为一种广泛使用的薄膜热导率测试方法[37]。

图 8-16 为 3ω 法的基本器件结构和电路图[38]。采用 3ω 法测试热导率需要在待测样品表面制备条状金属电极作为热源和传感器。对于导电样品，金属电极和样品之间需要增加高热导率的绝缘层。当角频率为 ω 的交流电流 $I = I_0\cos(\omega t)$ 经过金属电极时，电流在金属桥连电极上产生的焦耳热功率为

$$P(t) = \frac{1}{2}I_0^2 R\left[\cos(2\omega t) + 1\right] \tag{8-21}$$

式中，I_0 为电流的峰值；R 为金属丝的电阻。焦耳热效应产生的周期性热量将以 2ω 的角频率对电极和样品加热，电极和样品吸收热量后产生角频率为 2ω 的热波振荡：

$$\Delta T_{2\omega} = \Delta T_0\cos(2\omega t + \phi) \tag{8-22}$$

式中，ΔT_0 为温度变化的峰值；ϕ 为相位差。电极作为热源的同时也作为信号检测器，温度振荡导致金属丝的电阻以 2ω 角频率呈周期性变化。2ω 的电阻和 1ω 的电流信号组合从而导致金属丝两端的电压产生 3ω 的振荡：

$$V_{h,3\omega} = \frac{1}{2}V_{h,0}\beta_h\Delta T_{2\omega} \tag{8-23}$$

式中，β_h 为金属带的电阻温度系数(temperature coefficient of resistance，TCR)；$V_{h,0}$ 和 $V_{h,3\omega}$ 分别为 1ω 和 3ω 的电压信号。由于 3ω 电压信号强度大约为 1ω 电压信号的千分之一，直接测试 $V_{h,3\omega}$ 十分困难，因此一般采用如图 8-16(b)所示的差分电路和锁相放大器探测相关的微弱信号。随后，得到的监测信号仅有由金属线产生的三次谐波电压 $V_{h,3\omega}$。通过 $V_{h,3\omega}$ 信号可以得到温度波动的幅值，相应的模型可以求解材料的热导率。

式(8-23)中 $V_{h,3\omega}$ 和 $\Delta T_{2\omega}$ 是包含实部和虚部的复杂参数，实部和虚部分别代表同相和反相信号：

$$V_{h,3\omega} = V_{h,3\omega,x} + iV_{h,3\omega,y} \tag{8-24}$$

$$\Delta T_{2\omega} = \Delta T_{2\omega,x} + i\Delta T_{2\omega,y} \tag{8-25}$$

其中：

$$\Delta T_{2\omega,x} = |\Delta T_{2\omega}|\cos\phi \tag{8-26}$$

$$\Delta T_{2\omega,y} = |\Delta T_{2\omega}|\sin\phi \tag{8-27}$$

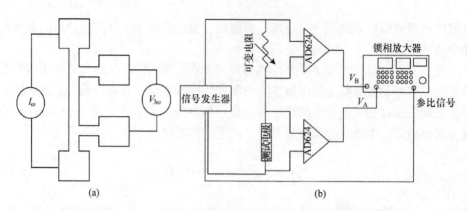

图 8-16 3ω 法的基本器件结构 (a) 和测试电路 (b)[38]

AD624 为差分放大器。利用差分放大器可以分别得到可变电阻和测试金属电极的电压 V_A 和 V_B，并输入锁相放大器。测试时，信号发生器产生交流电通过金属测试线，引起温度振荡。通过调整可变电阻器，在固定频率 ω 下可以得到 V_A-V_B 最小值，此时可变电阻 R_v 等于金属线的电阻

理论上 $\Delta T_{2\omega}$ 的实部和虚部都可以用来得到样品的热导率，但在实际测试过程中，虚部数值往往很小，因此用实部分量，即测量实部电压分量更为准确。

为了得到 $\Delta T_{2\omega}$ 和热导率之间的关系，假设样品厚度远大于金属电极的半宽度，此时近似认为金属加热带为一个无限的一维加热器，周围形成了一个圆柱形的温度剖面。为进一步简化计算，假设金属加热器与外界不存在任何形式的热交换，此时可将该圆柱沿平面切割 (图 8-17)。在该模型下，推导出热源引起的径向温度梯度为

$$\Delta T_{2\omega}\left(r\right)=-\frac{P_h}{\kappa \pi l_h}\ln\frac{r_2}{r_1} \tag{8-28}$$

式中，P_h 为薄膜吸收的热功率幅值；l_h 为热源的长度；r_2 和 r_1 分别为圆柱形温度剖面的半径。由式 (8-28) 可以看出，样品的导热系数越小，在热源距离为 r 的位置与热源的温差越大。

结合式 (8-23) 和式 (8-28) 可以获得 κ 与 k_s（双对数坐标下 3ω 电压信号和加热频率的斜率）的函数关系：

$$\kappa=\frac{V_0^3\beta_h}{4\pi l_h R_{0,h}k_s} \tag{8-29}$$

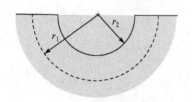

图 8-17 样品中无限半圆柱温度剖面的几何示意图[35]

式中，$R_{0,h}$ 为金属热源的电阻。这种通过斜率 k_s 得到样品热导率的方法称为斜率 3ω 法。

上述推导过程是基于理想型线热源和半无限大固体中的假设条件，由于实际样品几何尺寸有限，所以测试过程中需要调节加热频率、金属加热器宽度确保热波的穿透深度在线性区域内。如图 8-18(a)所示，样品中受金属热源影响的区域可以分为三个部分：平面区、过渡区和线性区。平面区位于样品薄膜的表面，其范围小于 $0.2b_h$ 厚度。图 8-18(b) 显示了同相和反相温差信号随振荡频率的变化。在平面区内，温度振荡的同相分量与虚部大小相等，但符号相反，导致温度和电流之间存在 45°的相位滞后，同相温度衰减速度比线性区慢。在平面区内，金属热源与该区域的任意点之间温差很小。线性区表示金属加热器半宽度的 5 倍与薄膜厚度的 1/5 之间的区域。在该区域内，同相温度随加热频率的对数线性衰减。通过合并线性区域的上限和下限，可知样品的最小厚度取决于金属加热器的半宽度，且需要满足 $t_s \geq 25b_h$。过渡区表示线性区和平面区之间的区域。线性区 $(5b_h < r < 0.2t_s)$ 金属热源的加热频率为

$$\frac{100a}{16\pi t_s^2} < f_{\text{linear}} < \frac{a}{100\pi b_h^2} \tag{8-30}$$

式中，a 为样品的热扩散系数。利用式(8-30)可以粗略地确定线性区，以得到该区域的斜率，从而计算出热导率。

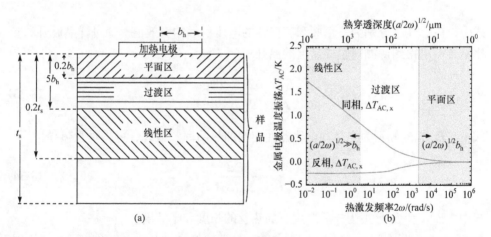

图 8-18 (a)金属热源影响下样品的横截面及区域划分[39]；(b)同相和反相温度振荡信号随加热频率(2ω)的变化

斜率法测定样品热导率对样品的制备和实验操作的要求较高，测试结果的相对误差较大。Chen 课题组研究发现，采用斜率法测定的基底热导率受金属丝的加热宽度和薄膜厚度的影响，不同金属丝宽度测定的基底热导率变化可达到 20%，所得薄膜热导率与真实值的误差为 40%[40]。此外如果样品具有多层结构，需要了

解每一层的热物性参数，附加变量的引入(每层膜的厚度和热导率)及界面热阻都会导致斜率 3ω 法结果的相对误差增加。如果薄膜的热导率各向异性较强，且与基底的热导率相差较小，用斜率 3ω 法计算的温升受薄膜和基底的不确定度影响较大，此时差分 3ω 法更为适用。

差分 3ω 法引入没有样品层的试样作为参比，可以减去基底和绝缘层的贡献，从而准确得到薄膜上的温度变化。以下将以各向异性薄膜的垂直(面外)和水平(面内)热导率测试为例介绍差分 3ω 测试技术。

为了得到垂直热导率，金属加热带的宽度要远大于薄膜的厚度，此时待测样品中的热量传导近似为一维传输，金属丝的温度变化对垂直热导率敏感[图 8-19(a)]。由于膜厚远小于热穿透深度，所测得的金属丝的热响应为基底(参比)和样品热响应的叠加：

$$\Delta T_{\mathrm{f}} = \Delta T_{\mathrm{s}} + \Delta T_{\mathrm{r}} \tag{8-31}$$

式中，ΔT_{f}、ΔT_{r} 和 ΔT_{s} 分别为总温升、参比温升和样品温升。ΔT_{f} 和 ΔT_{r} 可以根据式(8-32)计算得到：

$$\Delta T = 2\beta_{\mathrm{h}} \frac{V_{3\omega}}{V_{1\omega}} \tag{8-32}$$

式中，$V_{1\omega}$、$V_{3\omega}$ 分别为一倍频和三倍频的电压信号的有效值。通过样品温升和参比温升可以得到待测薄膜样品层的温升：

$$\frac{\Delta T_{\mathrm{f}}}{P_{\mathrm{s}}} = \frac{\Delta T_{\mathrm{s}}}{P_{\mathrm{s}}} + \frac{\Delta T_{\mathrm{r}}}{P_{\mathrm{r}}} \tag{8-33}$$

式中，P_{s} 和 P_{r} 分别为样品和参比器件上的加热功率。最终，可得垂直热导率为

$$\kappa_{\perp} = \frac{P_{\mathrm{s}} d}{2b_{\mathrm{h}} l \Delta T_{\mathrm{s}}} \tag{8-34}$$

式中，d、l 和 b_{h} 分别为样品厚度、加热丝的长度和半宽度。

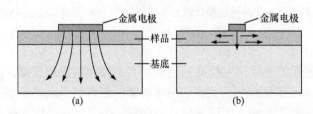

图 8-19　差分 3ω 法测试垂直(a)和平行热导率(b)热流流向示意图

在进行水平热导率的测试时,金属丝的宽度要小于或与被测样品的膜厚相当,此时薄膜中热量传导属于二维传输,膜内传热过程受到水平和垂直热导率的共同影响[图 8-19(b)]。宽电极和窄电极的温差变化可以通过式(8-35)计算:

$$\frac{\Delta T_{2D}}{\Delta T_{1D}} = \left(\frac{\kappa_\perp}{\kappa_{//}}\right)^{\frac{1}{2}} \frac{2b_h}{d} \frac{K(\lambda)}{2K(\lambda)'} \tag{8-35}$$

式中,$K(\lambda)$ 和 $K(\lambda)'$ 分别为第一类完全椭圆积分和互补的第一类完全椭圆积分;b_h 和 d 分别为窄电极宽度和待测薄膜厚度;ΔT_{2D} 和 ΔT_{1D} 分别为窄线宽探测器和宽线宽探测器温升的比值。λ 的函数式为

$$\frac{1}{\lambda} = \cosh\left[\frac{\pi}{4} \frac{2b_h}{d_f} \left(\frac{\kappa_\perp}{\kappa_{//}}\right)^{\frac{1}{2}}\right] \tag{8-36}$$

采用差分 3ω 法测试薄膜的各向异性热导率需要满足一定的测试条件,为了得到准确的 $\kappa_{//}$,薄膜厚度 d 和电极宽度 b_h、热导率各向异性程度 $\kappa_\perp/\kappa_{//}$ 需要满足一定的要求。当 $(b_h/d)(\kappa_\perp/\kappa_{//})^{1/2}<0.1$,$\kappa_{//}$ 的灵敏度大于 0.35,可以比较准确地测试样品的水平热导率。当 $(b_h/d)(\kappa_\perp/\kappa_{//})^{1/2}=0.1$ 时,$\kappa_\perp$ 和 $\kappa_{//}$ 的不确定度分别为 10%和 19%。当 $(b_h/d)(\kappa_\perp/\kappa_{//})^{1/2}=1$ 时,$\kappa_\perp$ 和 $\kappa_{//}$ 的不确定度分别为 10%和 56%。

图 8-20 显示差分 3ω 方法在测试 PEDOT∶PSS 热导率方面的应用[41]。200 nm 和 1.4 μm 厚度的 PEDOT∶PSS 薄膜分别用于获取 $\kappa_\perp$ 和 $\kappa_{//}/\kappa_\perp$。通过宽电极(50 μm)和窄电极(2 μm)温升的比值,可得 DMSO 和 EG 处理的 PEDOT∶PSS 的 $\kappa_{//}/\kappa_\perp$ 分别为 1.40 和 1.62,其 $\kappa_{//}$ 分别为 0.52 W/(m·K) 和 0.42 W/(m·K)。

总体来说,3ω 方法优势在于:第一,相对于传统的稳态方法减小了辐射热量损失引起的误差;第二,由于探测器可以微型化,所以测试所需的样品量相对较少;第三,利用探测器温升和频域特性关系推导物性参数的方法响应信号强,测量热导率范围广[0.1~20 W/(m·K),薄膜样品]。但对于有机半导体热导率的测试,样品和金属加热传感器之间需绝缘层加以隔离,这会引入额外的热阻,且会对测试的灵敏度和准确性有一定的影响。此外,金属加热传感器不可移植,破坏了样品表面,被认为是一种有损的检测方法。

2. 时域热反射法

接触热阻是温度测量误差的重要来源。与上述热导率测试方式不同,时域热反射(time-domain thermoreflectance,TDTR)法是一种非接触式的光学加热和光学探测技术,可用于薄膜和块体材料的热导率、热容、热扩散系数等热物性参数测量。

图 8-21 为时域热反射法的实验装置图[42]。一束超快脉冲激光通过偏振分束器(polarization beam splitter,PBS)后分为泵浦加热光束和探测光束。为了提高信噪

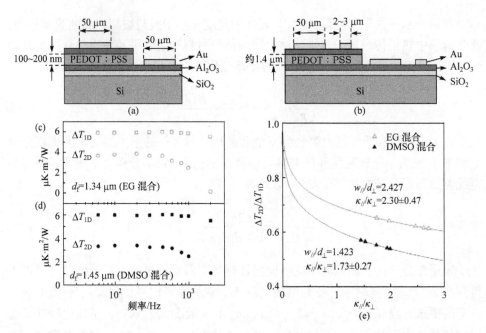

图 8-20 （a）差分 3ω 法测量 PEDOT：PSS 垂直热导率的横切面示意图，图上分为含 PEDOT：PSS 薄膜的样品区和不含 PEDOT：PSS 的参比区，金属丝尺寸为 50 μm×2.6 mm，Al₂O₃ 层厚度为 40 nm；（b）PEDOT：PSS 平行热导率的横切面示意图，50 μm 和 2～3 μm 的金属热源被用于测量垂直和水平热导率的比值；EG（c）和 DMSO（d）处理的 PEDOT：PSS 层的宽电极（ΔT_{1D}）和窄电极（ΔT_{2D}）上的温升和频率的关系；（e）由 $\Delta T_{2D}/\Delta T_{1D}$ 得到的 PEDOT：PSS 薄膜的各向异性（$\kappa_{//}/\kappa_{\perp}$）[41]

比，泵浦加热光束由声光调制器（acousto-optical modulator，AOM）或电光调制器（electro-optical modulator，EOM）对激光进行由千赫兹到兆赫兹的频率调制，此时加热激光的角频率为 ω_0。当该激光照射在涂有金属薄膜（通常为铝或钨）样品表面时，样品表面温度产生周期性振荡并导致金属薄膜的发射率随之变化。探测光束通过一个机械延迟装置，可以使加热光束和探测光束之间产生几皮秒到几纳秒的时间延迟。利用锁相放大器可得样品的热反射信号 Z，进一步可从中提取同相信号 V_{in} 和反相信号 V_{out}，分别代表样品表面的温度变化和正弦变化泵浦激光引起的正弦变化温度信号。在实际数据求解过程中，通常使用同相和反相的信号比值 V_{in}/V_{out}，采用数值优化算法将实验数据拟合传热模型，使两者的平方差最小化，容差值小于 1%，从而得到样品的热导率、热容等相关信息[43]。

图 8-22 为时域热反射法在有机热电材料热导率测试中的应用[44]。在面内热导率测试中，入射激光束垂直于 PEDOT：PSS 薄膜的平面，而在面外热导率测试中，PEDOT：PSS 薄膜被固定在金刚石刀片切开的环氧树脂内，入射激光束的方向和原始薄膜平面平行，调节激光斑点大小以及激光的加热频率使获得的实验数据为

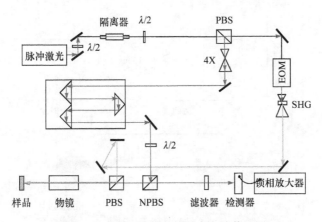

图 8-21　TDTR 法测试热导率实验装置图

样品面内方向的热性质。利用该方法，Cahill 课题组发现，当电导率较大($\sigma \approx 500$ S/cm)时，由于电子热导率对面内热导率的贡献，DMSO 混合的 PEDOT：PSS 薄膜的热导率具有高度的各向异性，面内和面外热导率分别为 1.0 W/(m·K) 和 0.3 W/(m·K)。

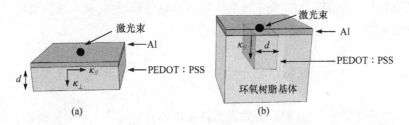

图 8-22　测试 PEDOT：PSS 薄膜面外(a)及面内(b)热导率时加热激光与样品表面相对位置示意图[44]

　　时域热反射法具有样品制备简单、检测快速、可适用于薄膜和块体材料等优点。但是由于此方法的实验装置复杂，需要被测样品的表面非常平整从而减小漫反射对实验的干扰。此外，对于面内热导率的测量，需要相对面外热导率测量更小的激光斑点尺寸以及更低的加热激光频率。但仪器精度限制了激光斑点的大小以及加热激光频率。根据文献报道，该方法对于具有高于 5 W/(m·K) 的面内热导率测试准确度较高。对于有机热电材料来说，由于其面内热导率的值一般都小于该值，因此时域热反射法在有机热电材料中的广泛应用还需要进一步的发展。

　　3. 激光闪光法

　　Parker 等最早提出了激光闪光法测试材料热导率的方法。该方法是一种非接触无损测试技术，适用温度范围宽(−120～2800℃)、测试精度高[45]，其原理如图 8-23 所示。

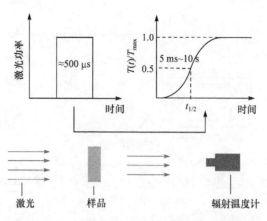

图 8-23 激光闪光法的原理以及实验装置示意图

　　测试样品需要在前后表面各喷涂一层非常薄的石墨或其他高辐射涂层用以增强样品前表面的光吸收和后表面的红外发射信号。当脉冲激光照射在样品前表面，后表面的温度会迅速上升。利用红外显微镜（精度为±0.2 K）可以监测样品后表面温度随时间的变化情况[46]。假定样品中是一维热传导（忽略横向热损失），样品的热扩散系数为

$$a = 1.388 \frac{d^2}{\pi^2 t_{1/2}} \tag{8-37}$$

式中，d 为样品厚度；$t_{1/2}$ 为样品后表面温度达到最大值的一半所需要的时间。在使用激光闪光法获得材料的热扩散系数后，结合材料密度 ρ 和等压比热 C_P，可计算得到样品的热导率为

$$\kappa = a\rho C_P \tag{8-38}$$

　　激光闪光法的显著优点在于所需样品尺寸小（5～12 mm），测量速度快（1～2 s），不需要测量绝对温度，热扩散系数可以仅由温度随时间的变化决定。但是这种方法需要通过其他实验单独测试样品的比热和密度，可能会使测试不确定度叠加引入更大的误差。此外，激光闪光法测试的样品厚度受到加热脉冲和红外探测器的时间分辨能力的限制，目前商用的激光闪光法仪器要求被测试样品的厚度在 100 μm及以上。

　　目前，激光闪光法已被用于有机/无机杂化热电材料的热导率测试。例如，Yao等利用激光闪光法证明当单壁碳纳米管/聚苯胺（single-walled carbon nanotube/polyaniline，SWCNT/PANI）中的 SWCNT 含量从 30%增加到 89%时，复合物的热导率从 0.34 W/(m·K)增长到 0.48 W/(m·K)[47]。

8.4　载流子浓度和迁移率的测试

测试材料载流子迁移率的方法有多种，如场效应晶体管法、霍尔效应法、飞行时间法、空间电荷限制电流法、微波法等。结合电导率测试结果以及电导率与迁移率、载流子浓度的关系（$\sigma = nq\mu$），还可以进一步计算材料的载流子浓度。以上所列的几种方法中，最常用的是场效应晶体管法和霍尔效应法，接下来将分别介绍。

8.4.1　场效应晶体管法

场效应晶体管是利用栅压电场调控半导体层导电能力的有源器件，是研究有机半导体电荷输运性质的重要载体。场效应迁移率是单位电场下载流子的平均漂移速度，它反映了在不同电场下空穴或电子在半导体中的迁移能力。在有机场效应晶体管中，栅电极诱导有机半导体层与介电层的界面产生电荷并形成导电沟道，利用栅压电场的调控作用，通过测试场效应晶体管的转移特性曲线和输出曲线，可以获得迁移率等参数[48]。

利用场效应晶体管法可测量有机材料的迁移率，结合四探针等技术测量得到材料的电导率，再根据电导率与载流子浓度、迁移率的关系公式，计算得到材料的载流子浓度。但是，场效应迁移率仅适用于部分高迁移率有机半导体，且仅展现材料在电场调控条件下的电荷输运性质。有机热电材料的载流子迁移率通常受化学掺杂状态的影响，因此，人们难以利用场效应晶体管精确研究有机热电材料的载流子浓度和迁移率，而是通过场调控研究揭示相关调控的基本规律和主体分子体系的电荷输运性质。

8.4.2　霍尔效应法

霍尔效应是基本的磁电效应之一，由美国物理学家霍尔于 1879 年在金属中发现。如 1.2.4 节所述，霍尔效应是指当电流通过位于垂直磁场中的导体或半导体时，磁场会对运动的电荷产生一个垂直于电荷运动方向上的洛伦兹力，从而在垂直于导体或半导体与磁感线的方向上产生电势差的现象。

如图 8-24 所示，对于 p 型半导体，沿 x 轴导电的载流子是空穴，在 z 轴方向的磁场作用下，根据左手定则，空穴将受到一个沿 y 轴负方向的洛伦兹力作用，力的大小为 $F_L=qvB$，其中，q 为电荷量；v 为电荷的运动速度；B 为磁场大小。洛伦兹力作用导致的电荷积累将使材料内部产生空间静电场，即霍尔电场，该静电场对电荷的作用力 F_E 与洛伦兹力的方向相反，将阻止电荷继续偏转，其大小为 $F_E=qE_H=qV_H/L$，其中，E_H 为霍尔电场；V_H 为霍尔电压。当 $F_L=F_E$ 时，运动电荷的偏转和积累达到动态平衡，即 $qvB=qV_H/L$，所以霍尔电压的大小可以表示为

$$V_H = vBL \tag{8-39}$$

流过霍尔器件的电流 $I=dQ/dt=Ldvnq$，其中，Ld 为与电流方向垂直的横截面积；n 为单位体积内的自由电荷数，即载流子浓度，则

$$V_H = IB/nqd \tag{8-40}$$

定义霍尔系数 $R_H=1/nq$，则

$$V_H = R_H IB/d \tag{8-41}$$

由以上分析可知，通过测定材料的霍尔系数(或霍尔电压)，可以求得其载流子浓度。结合四探针等方法测得材料的电导率 σ，根据公式 $\sigma = nq\mu$，可以求得材料的霍尔迁移率 $\mu_H=\sigma/nq$ 或 $\mu_H=\sigma R_H$。

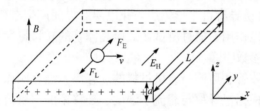

图 8-24　霍尔效应原理图

　　根据上面的分析，利用霍尔效应可以进行材料载流子浓度和迁移率的表征。标准的霍尔器件有范德堡(van der Pauw)器件结构和霍尔棒(Hall bar)器件结构，对应的测试方法被分别称为范德堡法和霍尔棒法，这两种方法各有优缺点[49]。以图 8-4(a)的正方形范德堡结构器件为例，当外加电流与测试电压的方向平行时，可用于计算材料的电阻率和电导率(详见 8.1.2 节)；当样品处于垂直磁场中，且外加电流与测试电压方向交叉垂直，则可用于计算材料的霍尔系数和载流子浓度。对于霍尔响应测试，假设沿正方形范德堡结构器件的对角线方向的外加电流为 I，则与之垂直的另一对角线方向测得的电压 V 为霍尔电压 V_H，对应的霍尔系数 R_H 和载流子浓度 n 分别为

$$|R_H| = \frac{d}{B}\frac{|V_H|}{I} \tag{8-42}$$

$$n = \frac{IB}{q|V_H|d} \tag{8-43}$$

在实际测试中，可以沿多个方向分别测试，结合磁场换向和电流换向的方法以消

除潜在的热电磁副效应产生的影响，并在最后对结果进行平均求值，以减小测量误差。

在如图 8-25 所示的霍尔棒结构器件中，假设磁场方向垂直纸面向里，外加的电流沿 5-6 方向，则在 1-4 或 2-3 两个平行电极之间测量电势差可以计算材料的电导率，$\sigma = (I/V_{14})(L/Wd)$，其中，$W$ 为样品宽度；L 为 1 和 4 电极之间的长度；d 为样品厚度。在 1-2 或 3-4 两个对电极之间测量的电势差即为霍尔电压，此时 $V_H = V_{21} = V_{34} = R_H BI/d$。根据式 (8-42) 和式 (8-43) 计算得出材料的霍尔载流子浓度和迁移率。

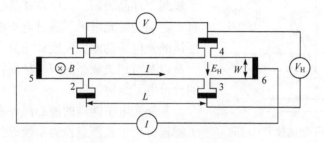

图 8-25　霍尔棒法器件结构图

综上，范德堡法的器件结构简单，但其测试结果的解析尤其是对材料电导率的解析更为复杂，并且由电极触点等导致的结果误差也更大，此外，范德堡结构器件无法实现精确磁阻测试；而霍尔棒法对器件结构的加工要求更为苛刻，但其测试结果的解析更为简单，并且该结构的器件可直接应用于磁阻相关信息的测试研究，从而深入探究电荷在磁场中的输运行为。

尽管霍尔效应是研究材料载流子浓度和迁移率的重要方法，但是利用霍尔效应研究有机热电体系的相关参数目前还存在一定的问题：①多数有机分子材料的电荷以分子间的电荷跳跃方式进行传输，电导率和迁移率都相对较小，霍尔响应信号并不明显；②有机霍尔器件的低噪声要求对于器件结构和加工精度要求更高，高性能的微尺寸有机霍尔器件构筑和测试存在一定挑战。基于上述问题，目前仅有少数分子材料利用霍尔效应研究了掺杂半导体的载流子浓度和迁移率[50,51]。

8.5　态密度的测试

态密度定义为单位能量间隔内的电子态数目。态密度与能带结构密切相关，是能带结构的一个可视化结果。固体材料的许多电子学和光学性质都与态密度有关。有机热电材料的 HOMO 和其态密度以及 LUMO 和其态密度，可以分别采用紫外光电子能谱(ultraviolet photoelectron spectroscopy, UPS)和反光电子能谱(inverse photoelectron spectroscopy, IPES)的方法测试得到，也可以采用扫描隧道谱(scanning tunneling spectroscopy, STS)的方法进行测试。

8.5.1　光电子能谱技术

用于态密度表征的光电子能谱技术主要包括紫外光电子能谱和反光电子能谱。紫外光电子能谱(图 8-26)利用真空紫外光(能量 5~100 eV)作为激发源，在超高真空条件下辐照于样品表面，从而在样品表面激发出具有一定动能的光电子。通过电子能量探测器对抵达的光电子动能、强度和角分布等信息进行测量以及对相关数据的解析从而得到样品内部的价带电子结构信息。

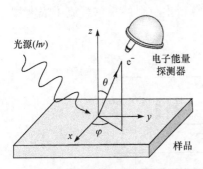

图 8-26　光电子能谱技术原理图

紫外光电子能谱的核心部件有激发源、电子能量分析器及能量检测系统等部分。实验室常用的紫外光源是稀有气体放电共振灯，He、Ne、Ar 等气体都可用作真空紫外灯的气体源。同步辐射光源由于可以任意选择所需要的激发能量且具有能量连续可调、单色性好、强度高等特点，也常作为紫外光电子能谱的重要激发源之一。由于紫外光电子能谱的低能电子信号容易受残余气体分子的散射，并且电子能谱分析技术本身的表面灵敏度要求，使得光源、样品室、电子能量分析器、检测器等都必须在超高真空(10⁻⁹~10⁻¹⁰ Torr)条件下工作。一方面，在超高真空条件下，样品表面发射出来的电子的平均自由程相对于仪器的内部尺寸足够大，可以减少电子在运动过程中同残留气体分子发生碰撞而损失信号强度；另一方面，超高真空环境降低了活性残余气体的分压，因在记录谱图所必需的时间内，残留气体会吸附到样品表面，甚至有可能和样品发生化学反应，从而影响电子从样品表面上发射并产生外来干扰谱线。

Crispin 等在研究 PEDOT 体系相关性质时，利用紫外光电子能谱测试了 PEDOT∶PSS 和 PEDOT∶Tos 在费米能级附近的价电子态密度(图 8-27)[52]。测试结果表明，在相同的测试条件下，采用 5%二甘醇处理的 PEDOT∶PSS 的价带谱强度在结合能 1.5 eV 附近快速衰减并伴随着平滑拖尾到达费米能级。在该结合能范围内，只有 π 电子对能谱的信号有贡献作用，这种拖尾现象与无序度引起的局部填充态有关。而 PEDOT∶Tos 的紫外光电子能谱图则在费米能级位置表现出明显更多的价电子态密度，并且其峰形与 PEDOT∶PSS 由无序度产生的拖尾现象完全不同。以上结果表明，PEDOT∶Tos(功函数为 4.3 eV)的价带比 PEDOT∶PSS(功函数为 5.1 eV)的价带更靠近费米能级。当材料的电荷迁移率相对固定时，根据莫特公式和

爱因斯坦关系可以推导出材料的塞贝克系数与态密度之间存在以下关系[52]:

$$S \propto \frac{\mathrm{d}\ln\sigma(E)}{\mathrm{d}E}\bigg|_{E_\mathrm{F}} = \frac{1}{\sigma(E)}\frac{\mathrm{d}\sigma(E)}{\mathrm{d}E}\bigg|_{E_\mathrm{F}} \propto \frac{1}{\sigma(E)}\frac{\mathrm{d}N(E)}{\mathrm{d}E}D(E)\bigg|_{E_\mathrm{F}} \qquad (8\text{-}44)$$

式中,S 为塞贝克系数;$\sigma(E)$ 为电导率;$N(E)$ 为态密度;$D(E)$ 为扩散系数。由该式可知,塞贝克系数与费米能级附近的态密度斜率呈一定的正比关系。

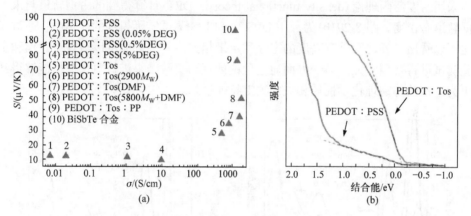

图 8-27　PEDOT∶PSS 和 PEDOT∶Tos 的塞贝克系数与电导率关系曲线(a)和相应的紫外光电子能谱图(b)[52]

利用光电效应的紫外光电子能谱只能测量占据态和 HOMO 能级的信息,而反光电子能谱的物理过程正好相反,可用于测量未占据态和 LUMO 能级对应的信息。如图 8-28 所示,反光电子能谱通过入射的低能电子耦合填充到待测样品的未占据轨道,这些入射耦合的电子衰减到低处未占据态的过程中跃迁发射出光子,通过检测在衰减过程中发射的光子能量、光子计数及入射电子能量,从而直接探测出材料费米能级以上的电子态,是直接测量分子材料 LUMO 能级和未占据轨道态密度信息的有效手段。

反光电子能谱实验装置的核心部件主要由一个能量较低的电子源和透镜组、带通滤波器、光电倍增器等组成的光子检测器所组成,所需的超高真空环境(真空度高于 10^{-9}Torr)及其他辅助设备与紫外光电子能谱设备相同。传统反光电子能谱的电子源和光子检测器的能量通常控制在紫外区(9~30 eV)。然而,传统反光电子能谱的电子枪能量范围对大多数分

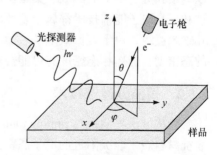

图 8-28　反光电子能谱技术原理图

子材料具有明显的损伤，因此在有机材料的反光电子能谱实验研究中效果并不好。日本千叶大学 Hiroyuki Yoshida 教授在研究中采用激发能量更低的 Erdman-Zipf 型低能电子枪，并且保持了良好的电子束单色性和稳定性，对分子材料的辐照损伤几乎可以忽略不计，可专门应用于分子材料未占据轨道能级的测试[53, 54]。

图 8-29 是采用紫外光电子能谱(UPS)和低能反光电子能谱(LEIPS)共同表征 2-Cyc-DMBI 掺杂 C_{60} 体系的占据态和未占据态的电子结构的结果[55]。图 8-29(a) 为采用密度泛函理论(density functional theory，DFT)计算得到的占据轨道与未占据轨道态密度，图 8-29(b) 为利用 UPS 和 LEIPS 测试实际得到的能谱图，通过对比可以看出二者之间具有高度的定性和定量相关性，一方面可以对理论建模和实验测试进行互相验证，另一方面通过理论计算和实验结果进行对比分析能够得到更为丰富的与物理化学性质相关的关键特征信息。

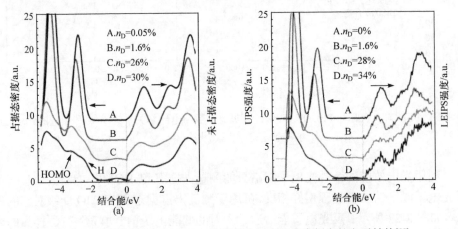

图 8-29　C_{60} 掺杂 2-Cyc-DMBI 体系的占据态和未占据态的电子结构[55]

(a)理论计算结果；(b) UPS 和 LEIPS 实验测试结果

综上所述，利用光电子能谱技术测定的实验结果，经过谱图的理论分析，可以直接和分子轨道的能级、类型及态密度等对照。需要强调的是，紫外光电子能谱和反光电子能谱技术都属于表面敏感的探测技术，样品探测深度通常只有一至几纳米量级，由于表面缺陷及表面态的存在，光电子能谱技术测到的是样品表面的态密度，与体相态密度有可能会存在一定差别。

8.5.2　扫描隧道谱技术

扫描隧道显微镜(scanning tunneling microscope，STM)的扫描隧道谱也可用于表征材料费米能级附近的电子态密度[56, 57]。在扫描隧道显微镜的实验中，当探针在样品表面沿 xy 平面逐点扫描时，得到某一信号(如恒流模式下的针尖高度或恒高模式下的隧穿电流值)在样品表面的强度分布,就可得到样品表面扫描区域的空间分布图像。将扫描探针显微镜的针尖悬停在样品表面固定的某一点,临时关闭反馈回路,改变偏压的大小,记录隧穿电流随外加偏压的变化关系并对电流值进行数值微分,从而得到 dI/dV 谱,它可以反映样品表面该点处的局域态密度在不同能量下的分布;如果保持同一偏压,改变针尖位置,记录隧穿电流得到扫描区域的 dI/dV 图像,由此可以反映同一能量的电子局域态密度的空间分布。

图 8-30 为采用扫描隧道谱技术得到的具有不同分子排布取向的 Ni-卟啉 (Ni-porphyrin)分子的 dI/dV-V 谱[58],图中显示了 Ni-卟啉分子的 HOMO、LUMO、LUMO+1 轨道的具体位置和态密度分布曲线,其中,HOMO 轨道分布于正电压区域,LUMO 轨道分布于负电压区域。从图中可以看出,当 Ni-卟啉分子的分子骨架排列取向一致时,其 HOMO 和 LUMO 轨道态密度明显变窄,并且 LUMO 轨道能量降低导致其传输带隙变窄。

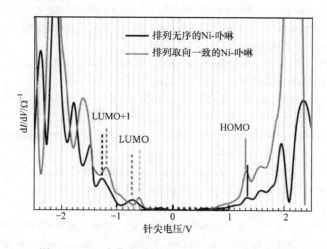

图 8-30　Ni-卟啉分子的 dI/dV-V 扫描隧道谱图[58]

扫描隧道谱适用于少数原子/分子层的导电样品,对样品要求更为苛刻,本书在此不进行详细介绍,感兴趣的读者可以进一步翻阅专业书籍。

8.6　总结

本章概述了常见的有机样品热电参数测试方法,不同测试方法各有优缺点。由于热导率测试的复杂性,目前集成三种热电参数同时测量的仪器还比较少,因此三种参数单独测试的误差叠加会对最终热电优值的确定造成较大影响。相较于塞贝克系数和热导率，电导率的测试方法比较成熟，测量的相对误差也比较小。塞贝克系数测试的关键点在于确定电压测量位置的实际温度，各种热交换过程都增加了塞贝克系数测试的难度。目前，将热导率测试的误差控制在 5%范围内仍然是一个挑战性的工作，需要根据样品的不同特点，包括其制备方法、几何尺寸、表面粗糙度、适用的温度测量范围及测量时间等来选择合适的方法。对于选定的测试方法，要深入了解其测试原理和潜在的误差来源，精确校准仪器，避免一些人为因素造成的误差。此外，还可以通过不同的测量方法来交叉验证测试结果，提高测试的准确性和可信度。

参 考 文 献

[1] Kim B, Shin H, Park T, Lim H, Kim E. NIR-sensitive poly(3,4-ethylenedioxyselenophene) derivatives for transparent photo-thermo-electric converters. Adv Mater, 2013, 25: 5483-5489.

[2] Reenen S V, Kemerink M. Correcting for contact geometry in Seebeck coefficient measurements of thin film devices. Org Electron, 2014, 15: 2250-2255.

[3] van der Pauw L J. A method of measuring the resistivity and Hall coefficient on lamellae of arbitrary shape. Philips Tech Rev, 1958, 20: 220-224.

[4] Chwang R, Smith B J, Cronell C R. Contact size effects on the van der Pauw method for resistivity and Hall coefficient measurement. Solid-State Electron, 1974, 17: 1217-1227.

[5] Bahk J H, Favaloro T, Shakouri A. Thin films thermoelectric characterization techniques. Annual Rev Heat Transfer, 2013, 16: 51-99.

[6] Zhu Q, Kim H S, Ren Z F. A rapid method to extract Seebeck coefficient under a large temperature difference. Rev Sci Instrum, 2017, 88: 094902.

[7] Liu J, Zhang Y C, Wang Z, Li M K, Su W B, Zhao M L, Huang S L, Xia S Q, Wang C L. Accurate measurement of Seebeck coefficient. Rev Sci Instrum, 2016, 87: 064701.

[8] Wei Q S, Mukaida M, Kirihara K, Naitoh Y, Ishida T. Recent progress on PEDOT-based thermoelectric materials. Materials (Basel), 2015, 8: 732-750.

[9] Liu Y, Zhang M L, Ji A, Yang F H, Wang X D. Measuring methods for thermoelectric properties of one-dimensional nanostructural materials. RSC Adv, 2016, 6: 48933-48961.

[10] Broch K, Venkateshvaran D, Lemaur V, Olivier Y, Beljonne D, Zelazny M, Nasrallah I, Harkin D J, Statz M, Pietro R D, Kronemeijer A J, Sirringhaus H. Measurements of ambipolar Seebeck coefficients in high-mobility diketopyrrolopyrrole donor-acceptor copolymers. Adv Electron Mater, 2017, 3: 1700225.

[11] Warwick C N, Venkateshvaran D, Sirringhaus H. Accurate on-chip measurement of the Seebeck coefficient of high mobility small molecule organic semiconductors. APL Mater, 2015, 3: 096104.

[12] Christofferson J, Maize K, Ezzahri Y, Shabani J, Wang X, Shakouri A. Microscale and nanoscale thermal characterization techniques. J Electron Packaging, 2008, 130: 041101.

[13] Agrawal M, Vasyuchka V I, Serga A A, Karenowska A D, Melkov G A, Hillebrands B. Direct

measurement of magnon temperature: New insight into magnon-phonon coupling in magnetic insulators. Phys Rev Lett, 2013, 111: 107204.

[14] Erickson K J, Leonard F, Stavila V, Foster M E, Spataru C D, Jones R E, Foley B M, Hopkins P E, Allendorf M D, Talin A A. Thin film thermoelectric metal-organic framework with high Seebeck coefficient and low thermal conductivity. Adv Mater, 2015, 27: 3453-3459.

[15] Gmelin E, Fischer R, Stitzinger R. Sub-micrometer thermal physics : An overview on SThM techniques. Thermochim Acta, 1998, 310: 1-17.

[16] Iwanaga S, Toberer E S, LaLonde A, Snyder G J. A high temperature apparatus for measurement of the Seebeck coefficient. Rev Sci Instrum, 2011, 82: 063905.

[17] Borup K A, de Boor J, Wang H, Drymiotis F, Gascoin F, Shi X, Chen L, Fedorov M I, Müller E, Iversen B B, Snyder G J. Measuring thermoelectric transport properties of materials. Energy Environ Sci, 2015, 8: 423-435.

[18] Abad B, Borca-Tasciuc D A, Martin-Gonzalez M S. Non-contact methods for thermal properties measurement. Renew Sust Energ Rev, 2017, 76: 1348-1370.

[19] Pope A L Z B, Tritt T M. Description of removable sample mount apparatus for rapid thermal conductivity measurements. Cryogenics, 2001, 41: 725-731.

[20] Sundqvist B. Thermal diffusivity measurements by Ångström's method in a fluid environment. Int J Thermophy, 1991, 12: 191-206.

[21] Wei G S, Liu Y S, Zhang X X, Yu F, Du X Z. Thermal conductivities study on silica aerogel and its composite insulation materials. Int J Heat and Mass Tran, 2011, 54: 2355-2366.

[22] Taha-Tijerina J, Castaños-Guitrón B, Peña-Parás L, Tovar-Padilla M, Alvarez-Quintana J, Maldonado-Cortés D. Impact of silicate contaminants on tribological and thermal transport performance of greases. Wear, 2019, 426-427: 862-867.

[23] Zawilski B M, Littleton R T, Tritt T M. Description of the parallel thermal conductance technique for the measurement of the thermal conductivity of small diameter samples. Rev Sci Instrum, 2001, 72.

[24] Weathers A, Khan Z U, Brooke R, Evans D, Pettes M T, Andreasen J W, Crispin X, Shi L. Significant electronic thermal transport in the conducting polymer poly (3,4-ethylenedioxythiophene). Adv Mater, 2015, 27: 2101-2106.

[25] Swartz E T, Pohl R O. Thermal resistance at interfaces. Appl Phys Lett, 1987, 51: 2200-2202.

[26] Lambropoulos J C, Jolly M R, Amsden C A, Giiman S E, Sinicropi M J, Diakomihalis D, Jacobs S D. Thermal conductivity of dielectric thin films. J Appl Phys, 1989, 66: 4230-4242.

[27] Wilson A A, Munoz Rojo M, Abad B, Perez J A, Maiz J, Schomacker J, Martin-Gonzalez M, Borca-Tasciuc D A, Borca-Tasciuc T. Thermal conductivity measurements of high and low thermal conductivity films using a scanning hot probe method in the 3ω mode and novel calibration strategies. Nanoscale, 2015, 7: 15404-15412.

[28] Park B K, Park J, Kim D. Note: Three-omega method to measure thermal properties of subnanoliter liquid samples. Rev Sci Instrum, 2010, 81: 066104.

[29] Wang H N, Sen M. Analysis of the 3-omega method for thermal conductivity measurement. Int J Heat and Mass Tran, 2009, 52: 2102-2109.

[30] Tong T, Majumdar A. Reexamining the 3-omega technique for thin film thermal characterization. Rev Sci Instrum, 2006, 77: 104902.

[31] Kyaw A K K, Yemata T A, Wang X Z, Lim S L, Chin W S, Hippalgaonkar K, Xu J W. Enhanced thermoelectric performance of PEDOT：PSS films by sequential post-treatment with formamide. Macromol Mater Eng, 2018, 303: 1700429.

[32] He Y. Rapid thermal conductivity measurement with a hot disk sensor. Thermochim Acta, 2005, 436: 130-134.

[33] Gustafsson S E. Transient plane source techniques for thermal conductivity and thermal diffusivity measurements of solid materials. Rev Sci Instrum, 1991, 62: 797-804.

[34] Maldonado O. Pulse method for simultaneous measurement of electric thermopower and heat conductivity at low temperatures. Cryogenics, 1992, 32: 908-912.

[35] Zhao D L, Qian X, Gu X K, Jajja S A, Yang R G. Measurement techniques for thermal conductivity and interfacial thermal conductance of bulk and thin film materials. J Electron Packaging, 2016, 138: 040802.

[36] Cahill D G. Thermal conductivity measurement from 30 to 750 K: The 3ω method. Rev Sci Instrum, 1990, 61: 802-808.

[37] Olson B W, Graham S, Chen K. A practical extension of the 3ω method to multilayer structures. Rev Sci Instrum, 2005, 76: 053901.

[38] Boussatour C. Measurement of the thermal conductivity. Poly Testing, 2018, 70: 503.

[39] Faghani F. Thermal conductivity measurement of PEDOT：PSS by 3-omega technique. Linköping: Linköping University, 2010.

[40] Borca-Tasciuc T, Kumar A R, Chen G. Data reduction in 3ω method for thin-film thermal conductivity determination. Rev Sci Instrum, 2001, 72: 2139-2147.

[41] Kim G H, Shao L, Zhang K, Pipe K P. Engineered doping of organic semiconductors for enhanced thermoelectric efficiency. Nat Mater, 2013, 12: 719-723.

[42] Schmidt A J, Chiesa M, Chen X Y, Chen G. An optical pump-probe technique for measuring the thermal conductivity of liquids. Rev Sci Instrum, 2008, 79: 064902.

[43] Schmidt A J, Chen X Y, Chen G. Pulse accumulation, radial heat conduction, and anisotropic thermal conductivity in pump-probe transient thermoreflectance. Rev Sci Instrum, 2008, 79: 114902.

[44] Liu J, Wang X J, Li D Y, Coates N E, Segalman R A, Cahill D G. Thermal conductivity and elastic constants of PEDOT：PSS with high electrical conductivity. Macromolecules, 2015, 48: 585-591.

[45] Parker W J, Jenkins R J, Butler C P, Abbott G L. Flash method of determining thermal diffusivity, heat capacity, and thermal conductivity. J Appl Phys, 1961, 32: 1679-1684.

[46] Czichos H S T. Springer Handbook of Materials Measurement Methods. Berlin: Springer, 2006.

[47] Yao Q, Wang Q, Wang L M, Chen L D. Abnormally enhanced thermoelectric transport properties of SWNT/PANI hybrid films by the strengthened PANI molecular ordering. Energy Environ Sci, 2014, 7: 3801-3807.

[48] 胡文平. 有机场效应晶体管. 北京: 科学出版社, 2011.

[49] Lake Shore 7500/9500 Series Hall System User's Manual-APPENDIX A: Hall effect measurement. http://www.lakoshore.com/products/categories/downloads/material-characterizati on-products/measureready-instrwments-mql-fasthall-measurement-controller.[2020-04-12].

[50] Ohashi C, Izawa S, Shinmura Y, Kikuchi M, Watase S, Izak M, Naito H, Hiramoto M. Hall effect in bulk-doped organic single crystals. Adv Mater, 2017, 29:1605619.

[51] Kang K, Watanabe S, Broch K, Sepe A, Brown A, Nasrallah I, Nikolka M, Fei Z P, Heeney M, Matsurnoto D, Marumoto K, Tanaka H, Kuroda S I Simnghaus H. 2D coherent charge transport in highly ordered conducting polymers doped by solid state diffusion. Nat Mater, 2016,15: 896-902.

[52] Bubnova O, Khan Z U, Wang H, Braun S, Evans D R, Fabretto M, Hojati-Talemi P, Dagnelund D, Arlin J B, Geerts Y H, Desbief S, Breiby D W, Andreasen J W, Lazzaroni R, Chen W M M, Zozoulenko I, Fahlman M, Murphy P J, Berggren M, Crispin X. Semi-metallic polymers. Nat Mater, 2014, 13: 190-194.

[53] Yoshida H. Near-ultraviolet inverse photoemission spectroscopy using ultra-low energy electrons. Chem Phys Lett, 2012, 539-540: 180-185.

[54] Yoshida H. Low-energy inverse photoemission spectroscopy using a high-resolution grating spectrometer in the near ultraviolet range. Rev Sci Instrum, 2013, 84: 103901.

[55] Gaul C, Hutsch S, Schwarze M, Schellhammer K S, Bussolotti F, Kera S, Cuniberti G, Leo K, Ortmann F. Insight into doping efficiency of organic semiconductors from the analysis of the density of states in n-doped C_{60} and ZnPc. Nat Mater, 2018, 17: 439-444.

[56] 侯建国, 王炜花, 王兵. 扫描隧道显微术中的微分谱学及其应用. 物理, 2006, 35: 27-33.

[57] 罗常红, 白春礼. 扫描隧道谱的原理与应用. 化学通报, 1994, 3: 14-19.

[58] Kundu B, Chakrabarti S, Matsushita M M, Pal A J. Energy levels of metal porphyrins upon molecular alignment during layer-by-layer electrostatic assembly: Scanning tunneling spectroscopy vis-à-vis optical spectroscopy. RSC Adv, 2016, 6: 47410-47417.

缩略语对照表

简写	全称	中文
AFM	atomic force microscope	原子力显微镜
AOM	acousto-optical modulator	声光调制器
CT-CPX	charge transfer complex	电荷转移复合物
DFT	density functional theory	密度泛函理论
DOS	density of states	态密度
DSC	differential scanning calorimetry	差示扫描量热法
EDL	electrical double layer	双电层
EIS	electrochemical impedance spectroscopy	电化学阻抗谱
EOM	electro-optical modulator	电光调制器
FET	field-effect transistor	场效应晶体管
HOMO	highest occupied molecular orbital	最高占据分子轨道
IE	ionization energy	电离能
IPA	ion pair	离子对
IPES	inverse photoelectron spectroscopy	反光电子能谱
ITESC	ionic thermoelectric supercapacitor	离子热电超级电容器
LFM	laser flash method	激光闪光法
LUMO	lowest unoccupied molecular orbital	最低未占分子轨道
ME	mobility edge	迁移率边
MS	metal-semiconductor	金属-半导体
MIS	metal-insulator-semiconductor	金属-绝缘层-半导体
MTPS	modified transient plane source	改良瞬态平面热源(法)
NIR	near infrared	近红外
NNH	nearest neighbor hopping	邻近跳跃(模型)

OFET	organic field-effect transistor	有机场效应晶体管
OSC	organic semiconductor	有机半导体
PBS	polarization beam splitter	偏振分束器
STM	scanning tunneling microscope	扫描隧道显微镜
SThM	scanning thermal microscopy	扫描热显微术
STS	scanning tunneling spectroscopy	扫描隧道谱
TCR	temperature coefficient of resistance	电阻温度系数
TDTR	time-domain thermoreflectance	时域热反射(法)
TGC	thermogalvanic cell	热电化学电池
TPS	transient plane source	瞬态平面热源(法)
UV-vis	ultraviolet visible spectroscopy	紫外-可见光谱
UPS	ultraviolet photoelectron spectroscopy	紫外光电子能谱
VRH	variable range hopping	变程跳跃

物理量符号表

字符	含义
ZT	热电优值
PF	功率因子
S	塞贝克系数
S_i	离子塞贝克系数
S_T	盐溶液的稳态索雷系数
T	热力学温度
ΔT	温差
∇T	温度梯度
Π	珀尔帖系数
β	汤姆逊系数
η	热电转换效率
σ	电导率
σ_i	离子电导率
κ	热导率
κ_i	离子热导率
α	热扩散系数
κ_e	电子热导率
κ_L	声子热导率
μ	迁移率
μ_i	离子迁移率
n	载流子浓度或电荷数
h	普朗克常量

k_B	玻尔兹曼常量
L	洛伦兹常量
F	法拉第常数
λ	重组能
t	电荷转移积分
q	电荷量
C_V	恒容比热
C_P	等压比热
l_p	声子平均自由程
C_{ox}	绝缘层电容
V_{GS}	栅电压
V_T	阈值电压
V_{DS}	源漏电压
ω	角频率

索 引

彩　　图

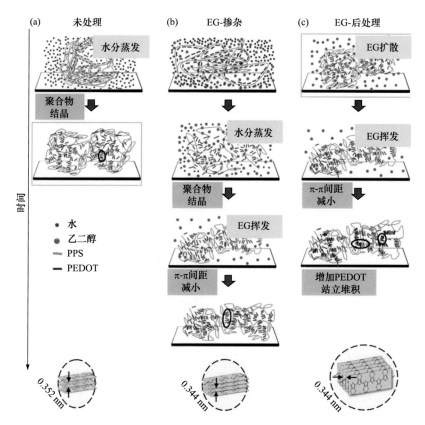

图 3-8　通过 GIWAXS 表征推演得到的 PEDOT：PSS 成膜过程示意图[62]

(a)PEDOT：PSS 溶液直接成膜；(b)将 EG 加入到 PEDOT：PSS 溶液后成膜；(c)用 EG 处理 PEDOT：PSS 薄膜

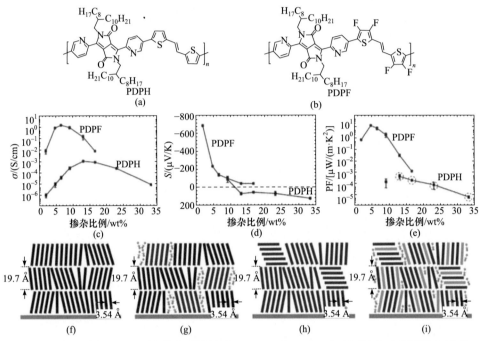

图 4-4 PDPH(a) 和 PDPF(b) 的分子结构式；PDPH 和 PDPF 在不同掺杂比例下的电导率 (c)、塞贝克系数 (d) 和功率因子 (e)；PDPH 在本征 (f) 及 N-DMBI 掺杂状态下 (g) 的堆积示意图；PDPF 在本征 (h) 及 N-DMBI 掺杂状态下 (i) 的堆积示意图[12]

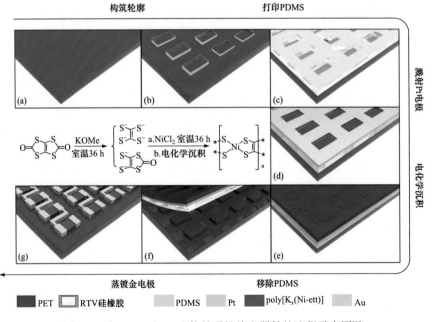

图 4-8 基于 poly(Ni-ett) 构筑柔性热电器件的流程示意图[1]